高职高专水利工程类专业"十二五"规划系列教材

工程地质与土力学

主　编　谢永亮　龙立华　张　信
副主编　李　培　邢　芳　路立新　刘　苍
主　审　何向红

华中科技大学出版社
中国·武汉

内 容 简 介

本书为高职高专水利工程类专业"十二五"规划系列教材之一,其内容的深度和难度根据高等职业技术教育的教学特点和专业需要进行设计和编写。

本书共分为 9 个项目,项目 1 和项目 2 讲述水利工程地质评价及地质问题的处理。项目 3 至项目 8 讲述土的基本指标检测与运用、土方工程压实检测与运用、土体渗透变形及其防治、地基变形计算、地基强度计算、挡土墙的稳定性验算。项目 9 介绍工程地质勘查报告的阅读。

本书可作为高职高专水利水电工程、工业与民用建筑、道路桥梁、工程监理、工程造价等专业的教材,也可供相关专业工程技术人员参考使用。

图书在版编目(CIP)数据

工程地质与土力学/谢永亮,龙立华,张信主编. —武汉:华中科技大学出版社,2013.8(2023.6重印)
ISBN 978-7-5609-9031-6

Ⅰ.①工… Ⅱ.①谢… ②龙… ③张 Ⅲ.①工程地质-高等职业教育-教材 ②土力学-高等职业教育-教材 Ⅳ.①P642 ②TU43

中国版本图书馆 CIP 数据核字(2013)第 113671 号

工程地质与土力学 　　　　　　　　　谢永亮　龙立华　张　信　主编

策划编辑:谢燕群　熊　慧
责任编辑:熊　慧
封面设计:李　嫚
责任校对:封力煊
责任监印:周治超
出版发行:华中科技大学出版社(中国·武汉) 　　　电话:(027)81321913
　　　　　武汉市东湖新技术开发区华工科技园 　　　邮编:430223
录　　排:武汉市洪山区佳年华文印部
印　　刷:武汉开心印印刷有限公司
开　　本:787mm×1092mm　1/16
印　　张:17.25
字　　数:450 千字
版　　次:2023 年 6 月第 1 版第 7 次印刷
定　　价:45.00 元

高职高专水利工程类专业"十二五"规划系列教材

编审委员会

主　任　汤能见

副主任（以姓氏笔画为序）

邹　林　汪文萍　陈向阳　徐水平　黎国胜

委　员（以姓氏笔画为序）

马竹青　吴　杉　宋萌勃　张桂蓉　陆发荣

易建芝　孟秀英　胡秉香　胡敏辉　姚　珧

桂剑萍　高玉清　颜静平

前　　言

　　《工程地质与土力学》属于高职高专水利工程类专业"十二五"规划系列教材。本书在编写中以高职教育教学大纲和有关教育部文件为准绳,考虑了水利类各专业今后的就业岗位(群)和该岗位(群)要求的职业能力,采用最新的各类规范、技术标准、规程编写,体现了高职高专专业特色。

　　本书由具有丰富教学经验和实践经验的人员编写,教材的内容组织采用"逆向推导"的思维方法,按照任务驱动模式,模拟工作情境,从任务中的技能需求向理论方向寻求界定相关知识的外延和内涵,最后通过技能应用将知识串连,突出岗位操作能力,考虑到与教学实践活动的结合,并重视职业活动的真实性。本书在编写过程中,将工程案例、基本知识、试验技能有机地融为一体,充分体现本学科的实用性和技能应用性。每一个项目内容自成体系,掌握该项目相关的理论、技能可以独立完成一项工程任务,同时,各项目又是紧密联系的整体,共同形成完整的工程地质与土力学知识框架,使知识内容系统化。

　　本书编写人员有长江工程职业技术学院的谢永亮、张信、李培、路立新,湖北水利水电职业技术学院的龙立华,河南水利与环境职业学院的邢芳,湖南水利水电职业技术学院的刘苍。具体的分工为:长江工程职业技术学院的谢永亮编写项目3,湖北水利水电职业技术学院的龙立华编写项目5和项目7,长江工程职业技术学院的张信编写项目6,长江工程职业技术学院的李培编写项目8,河南水利与环境职业学院的邢芳编写项目1和项目4,长江工程职业技术学院的路立新编写项目9,湖南水利水电职业技术学院的刘苍编写项目2。本书由谢永亮、张信、龙立华任主编,李培、邢芳、路立新、刘苍任副主编,长江工程职业技术学院的何向红任主审。

　　由于编者的水平有限,书中不妥之处在所难免,恳请读者批评指正。

编　者

2013 年 8 月

目　　录

项目 1　水利工程地质评价

任务 1　岩石性质评价

❖任务导入❖

水利史上有个非常著名的事故。1926 年,美国加利福尼亚州的圣弗朗西斯水坝建成。2 年后,这座高约 70 m 的混凝土大坝被冲垮。事后查明,坝基一部分位于倾向河谷的片岩上,坝基的另一部分位于黏土充填的砾岩上,砾岩含有石膏脉。水库蓄水后,砾岩中的石膏遇水溶解,砾岩中的胶结物很快崩解,渗透水流将其淘蚀冲刷,引起大坝失事。

可见,岩石性质不同,对水利工程地质环境的影响也不同。要在地壳上建造水工建筑物,就要对组成地壳的各种矿物和岩石的性质非常熟悉。

【任务】

（1）认识常见的矿物和岩石的基本性质。

（2）评价常见的矿物和岩石。

❖知识准备❖

模块 1　地球概述

地球是宇宙中沿一定轨道运转的,由具有不同状态、不同物质的同心圈层组成的椭球体。按组成地球物质的形态,地球可划分为内圈层和外圈层等两部分。

1. 地球内圈层

地球的内圈层为三个部分,从外到内分别是地壳、地幔和地核,如图 1-1 所示。

（1）地壳:地球内圈层最外部的一层薄壳,约占地球体积的 0.5%,平均厚度为 33 km,主要由固体岩石组成。

（2）地幔:地壳与地幔的分界面称为莫霍面。地幔为自莫霍面以下至深度约 2900 km 的范围,约占地球体积的 83.3%,主要由含铁、锰较多的硅酸盐组成。

（3）地核:地幔以下为地核,分为外地核、过渡层和内地核三层。地核的总质量约占整个地球质量的 31.5%,其体积占整个地球体积的 16.2%。

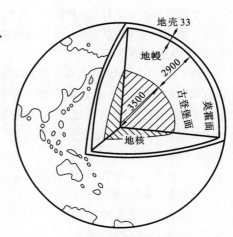

图 1-1　地球的内部构造（单位:km）

2. 地球外圈层

地球外圈层分为大气圈、水圈和生物圈等三部分。

（1）大气圈：氮气约占空气总容积的 78%，氧气约占空气总容积的 21%。地球的大气圈按距离地球表面由近至远依次划分为对流层、平流层、中间层、热层和散逸层。

（2）水圈：地球的水是由地球诞生初期弥漫在大气层中的水蒸气慢慢凝结形成的，总水量约 $1.4 \times 10^9 \text{ km}^3$。水圈主要由海洋构成，海洋的面积约占地球表面积的 71%，海洋水约占地球总水量的 97.3%。

（3）生物圈：地球上动物、植物和微生物所存在和活动的范围称为生物圈。

模块 2　　造岩矿物

矿物是在各种地质作用中所形成的具有相对固定化学成分和物理性质的均质物体，是组成岩石的基本单位。绝大多数矿物呈固态，只有极少数呈液态（如自然汞）和气态（如火山喷气中的 CO_2、SO_2 等）。已发现的矿物有 3000 多种，但组成岩石的主要矿物仅有 20～30 种。这些组成岩石主要成分的矿物称为造岩矿物，如石英、方解石及正长石等。

1. 矿物的形态

矿物的形态是指矿物的外形特征，一般包括矿物单体及同种矿物集合体的形态。矿物形态受其内部构造、化学成分和生成时的环境制约。

1）单体形态

大多数造岩矿物是结晶质，少数为非晶质。结晶质矿物内部质点（原子、分子或离子）在三维空间有规律地重复排列，形成空间格子构造，如食盐为立方晶体格架。

非晶质矿物，其性能极其复杂，截至目前，人们对其的研究还很粗浅。非晶质矿物的内部质点排列无规律性，故没有规则的外形。常见的非晶质矿物有玻璃矿物和胶体矿物两种。

常见的矿物单体形态有如下几种。

（1）片状、鳞片状，如云母、绿泥石等。

（2）板状，如长石、板状石膏等。

（3）柱状，如角闪石（长柱状）、辉石（短柱状）等。

（4）立方体状，如岩盐、方铅矿、黄铁矿等。

（5）菱面体状，如方解石、白云石等。

2）矿物集合体形态

同种矿物多个单体聚集在一起的整体就是矿物的集合体。矿物集合体的形态取决于单体的形态和它们的集合方式。集合体按矿物结晶粒度大小进行分类，肉眼可分辨其颗粒的称为显晶质矿物集合体，肉眼不能辨认的则称为隐晶质矿物集合体或非晶质矿物集合体。

常见的矿物集合体形态有如下几种。

（1）粒状，如橄榄石等。

（2）纤维状，如石棉、纤维石膏等。

（3）肾状、鲕状，如赤铁矿等。

（4）钟乳状，如褐铁矿等。

（5）土状，如高岭石等。

（6）块状，如石英等。

2. 矿物的物理性质

由于成分和结构不同,因此每种矿物都有其特有的物理性质。矿物的物理性质是鉴别矿物的主要依据。

1) 颜色

颜色是矿物对不同波长可见光吸收程度不同的反映。它是矿物最明显、最直观的物理性质,可分为自色和他色等。自色是矿物本身固有的成分、结构所决定的颜色,具有鉴定意义,例如,黄铁矿的颜色是浅黄铜色。他色则是由某些透明矿物混有不同杂质或其他原因引起的。

2) 条痕

条痕是矿物粉末的颜色,一般是指矿物在白色无釉瓷板(条痕板)上划擦时所留下的粉末的颜色。某些矿物的条痕与矿物的颜色是不同的,如黄铁矿的颜色为浅黄铜色,而其条痕为绿黑色。条痕比矿物的颜色更为固定,但只适用于一些深色矿物,对浅色矿物无鉴定意义。

3) 透明度

透明度是指矿物允许光线透过的程度,肉眼鉴定矿物时,一般可分成透明、半透明、不透明三级。这种划分无严格界限,鉴定时以矿物的边缘较薄处为准。透明度常受矿物厚薄、颜色、包裹体、气泡、裂隙、解理及单体和集合体形态的影响。

4) 光泽

光泽是矿物表面反射光线时表现的特点,根据矿物表面反光能力的强弱,用类比方法常分为四个等级:金属光泽、半金属光泽、金刚光泽及玻璃光泽。另外,矿物由于其表面不平或集合体形态不同等,可形成某种独特的光泽,如丝绢光泽、脂肪光泽、蜡状光泽、珍珠光泽、土状光泽等。矿物遭受风化后,光泽强度就会有不同程度的降低,如玻璃光泽变为脂肪光泽等。

5) 解理和断口

矿物在外力作用(敲打或挤压)下,沿着一定方向破裂并产生光滑平面的性质称为解理。这些平面称为解理面。根据解理产生的难易和肉眼所能观察的程度,矿物的解理可分成五个等级:最完全解理、完全解理、中等解理、不完全解理、最不完全解理。不同种类的矿物,其解理发育程度不同。有些矿物无解理,有些矿物有一向或数向程度不同的解理。如云母有一向解理,长石有二向解理,方解石则有三向解理。

矿物受外力作用,无固定方向破裂并呈各种凹凸不平的断面称为断口。断口有时可呈一种特有的形状,如贝壳状、锯齿状、参差状等。

6) 硬度

硬度是指矿物抵抗外力的刻划、压入或研磨等机械作用的能力。在鉴定矿物时常用一些矿物互相刻划比较来测定其相对硬度,一般用 10 种矿物分为 10 个相对等级作为标准,称为摩氏硬度计,如表 1-1 所示。实际工作中还可以用常见的物品来大致测定矿物的相对硬度,如指甲硬度为 2~2.5,玻璃硬度为 5.5~6,小钢刀硬度为 5~5.5。

表 1-1　摩氏硬度计

硬度	1	2	3	4	5	6	7	8	9	10
矿物	滑石	石膏	方解石	萤石	磷灰石	长石	石英	黄玉	刚玉	金刚石

7) 其他性质

相对密度、磁性、电性、发光性、弹性和挠性、脆性和延展性等性质对于鉴定某些矿物有时也是十分重要的。观察与稀盐酸反应的程度,是鉴定方解石、白云石等矿物的有效手段之一。

3. 造岩矿物简易鉴定方法

正确地识别和鉴定矿物,对岩石命名、鉴定和研究岩石的性质来说,是一项不可或缺且非常重要的工作。准确的鉴定方法需借助各种仪器或化学分析,最常用的为偏光显微镜、电子显微镜等。但对于一般常见矿物,用简易鉴定方法(或称肉眼鉴定方法)即可进行初步鉴定。所谓简易鉴定方法,即借助一些简单的工具,如小刀、放大镜、条痕板等,对矿物进行直接观察、测试的方法。为了便于鉴定,表1-2列出了常见造岩矿物的鉴定特征。

表 1-2　常见造岩矿物的主要特征

编号	矿物名称	形状	颜色	光泽	硬度	解理	相对密度	其他特征
1	石英	块状、六方柱状	无色、乳白色	玻璃、油脂	7	无	2.6~2.7	晶面有平行条纹,贝壳状断口
2	正长石	柱状、板状	玫瑰色、肉红色	玻璃	6	完全	2.3~2.6	两组晶面正交
3	斜长石	柱状、板状	灰白色	玻璃	6	完全	2.6~2.8	两组晶面斜交,晶面上有条纹
4	辉石	短柱状	深褐色、黑色	玻璃	5~6	完全	2.9~3.6	—
5	角闪石	针状、长柱状	深绿色、黑色	玻璃	5.5~6	完全	2.8~3.6	—
6	方解石	菱形六面体	乳白色	玻璃	3	三组完全	2.6~2.8	滴稀盐酸起泡
7	云母	薄片状	银白色、黑色	珍珠、玻璃	2~3	极完全	2.7~3.2	透明至半透明,薄片具有弹性
8	绿泥石	鳞片状	草绿色	珍珠、玻璃	2~2.5	完全	2.6~2.9	半透明,鳞片无弹性
9	高岭石	鳞片状	白色、淡黄色	暗淡	1	无	2.5~2.6	土状断口,吸水膨胀滑黏
10	石膏	纤维状、板状	白色	玻璃、丝绢	2	完全	2.2~2.4	易溶解于水,产生大量 SO_4^{2-}

注:① 硬度是指其抵抗外力刻划的能力,硬度等级越高,硬度越大;
　　② 解理是指矿物受外力作用后沿一定方向裂开成光滑平面的性质,无解理即称为断口。

模块 3　岩浆岩

1. 岩浆岩的成因与产状

岩浆岩又称火成岩,是由岩浆凝固后形成的岩石。岩浆是上地幔或地壳深处部分熔融的产物,绝大多数岩浆成分以硅酸盐为主,含有挥发组分,也可以含有少量固体物质。

岩浆岩主要是岩浆通过地壳运动,沿地壳薄弱地带上升、冷却、凝结而形成的。其中侵入周围岩层(简称围岩)中形成的岩浆岩称为侵入岩。根据形成深度,侵入岩又可分为深成岩(形成深度约大于 5 km)和浅成岩(形成深度约小于 5 km)等两类。而岩浆喷出地表形成的岩浆岩则称为喷出岩,包括火山碎屑岩和熔岩。其中,后者是岩浆沿火山通道喷溢地表冷凝固结而形成的。

岩浆岩的产状是指岩浆岩体的形态、规模、与围岩的接触关系、形成时所处的地质构造环境及距离当时地表的深度等方面的特征。所谓岩体是指在天然产出条件下,含有诸如裂隙、节理、层理、断层等的原位岩石。岩浆岩的产状(见图 1-2)可分为侵入岩体产状和喷出岩体产状等两大类。

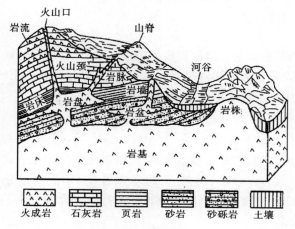

图 1-2　岩浆岩的产状

1) 侵入岩体产状

(1) 岩基。

岩基是规模庞大的岩浆岩体,其分布面积一般大于 100 km²,与围岩接触面不规则。构成岩基的岩石多是花岗岩或花岗闪长岩等,岩性均匀稳定,是良好的建筑地基,如三峡坝址区就选定在面积大于 200 km² 的花岗闪长岩岩基的南部。

(2) 岩株。

岩株是形体较岩基小的岩浆岩体,面积小于 100 km²,平面上呈圆形或不规则状。岩株边缘常有一些不规则的树枝状岩体冲入围岩中,岩株有时是岩基的一部分,主要由中、酸性岩组成,是岩性均一的良好地基。

(3) 岩盘。

岩盘又称岩盖,是一种中心厚度较大、底部较平、顶部呈穹隆状的层间侵入体,由中、酸性岩构成。岩体边缘与围岩岩层是平行的,分布范围可达数平方公里。

(4) 岩床。

岩浆沿原有岩层层面侵入、延伸且分布厚度稳定的层状侵入体称为岩床。岩床主要由基性岩构成。常见的厚度为几十厘米至几米,延伸长度为几百米至几千米。

(5) 岩脉和岩墙。

岩脉是沿岩体裂隙侵入形成的狭长形岩浆岩体,与围岩层理等斜交。岩墙是沿岩层裂隙或断层侵入形成的近于直立的板状岩浆岩体。岩墙与围岩之间通常没有成因上的联系。而近似岩墙的岩脉与围岩之间有成因上的密切关系。

2）喷出岩体产状

喷出岩的产状与火山喷发方式和喷出物的性质有关，主要有以下两种类型。

（1）中心式喷发。

中心式喷发是指岩浆沿着一定的圆管状管道喷出地表的喷发形式。它是近代火山活动最常见的喷发形式之一。随着中、酸性熔浆喷发，常有强烈的爆炸现象。而基性熔浆喷发则属宁静式喷发。常见形状是火山喷发物——熔岩和火山碎屑物围绕火山通道堆积形成的锥状体，称为火山锥。火山锥全部由火山碎屑物质组成的称为火山碎屑锥，全部由熔岩组成的称为熔岩锥，有火山碎屑也有熔岩的称为混合锥或层状火山锥。黏度较小的基性熔浆常自火山口沿某一方向流出，形成熔岩流。

（2）裂隙式喷发。

岩浆沿一定方向的断裂运动溢出地表称为裂隙式喷发，若喷发的是黏度小的基性熔浆，则常常沿地面流动，形成面积较大的熔岩被，如云、贵、川交界处面积广泛的峨嵋玄武岩。若喷发的是黏度较大的熔浆，则可形成火山锥或熔渣堤、熔岩脊。

2. 岩浆岩的矿物成分

岩浆岩主要由 SiO_2、Al_2O_3、Fe_2O_3、FeO、MgO、CaO、Na_2O、K_2O 等氧化物和 H_2O 组成。其中 SiO_2 是最多且最重要的，它是反映岩浆性质和直接影响岩浆岩矿物成分变化的主要因素。常依 SiO_2 的质量分数，将岩浆岩划分为超基性岩（SiO_2 的质量分数小于 45%）、基性岩（SiO_2 的质量分数为 45%～52%）、中性岩（SiO_2 的质量分数为 52%～65%）和酸性岩（SiO_2 的质量分数大于 65%）。

3. 岩浆岩的结构

岩浆岩的结构是指岩石中矿物的结晶程度、晶粒大小、晶粒形状及它们的相互组合关系。岩浆岩的结构特征是岩浆成分和岩浆冷凝时的物理环境的综合反映。它是区分和鉴定岩浆岩的重要标志之一，同时也直接影响岩石的力学性质。岩浆岩的结构分类如下。

1）按岩石中矿物结晶程度划分

（1）全晶质结构。岩石全部由结晶矿物所组成，如图 1-3 中的 1 所示，多见于深成岩中，如花岗岩。

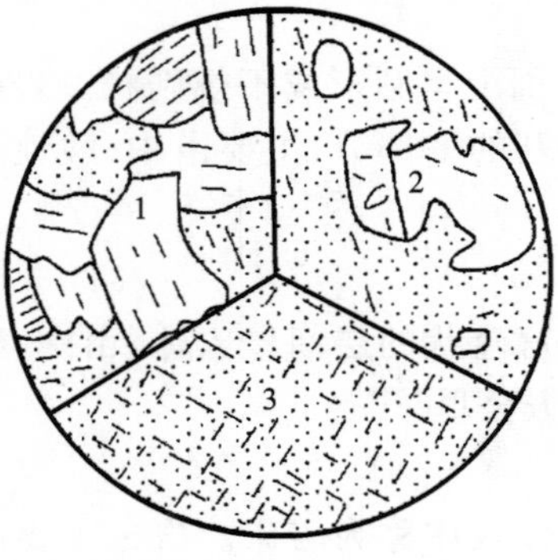

图 1-3　按结晶程度划分的三种结构
1—全晶质结构；2—半晶质结构；3—玻璃质结构

（2）半晶质结构。由结晶质矿物和非晶的玻璃质所组成，如图 1-3 中的 2 所示，多见于喷出岩中，如流纹岩。

（3）玻璃质（非晶质）结构。岩石几乎全部由玻璃质所组成，如图 1-3 中的 3 所示，多见于喷出岩中，如黑曜岩、浮岩等，是岩浆迅速上升至地表时温度骤然下降，来不及结晶所致。

2）按岩石中矿物颗粒的绝对大小划分

（1）显晶质结构。凭肉眼观察或借助放大镜就能分辨出岩石中的矿物晶体颗粒的称为显晶质结构。显晶质结构按矿物颗粒的直径大小又可分为：粗粒结构，晶粒直径大于 5.0 mm；中粒结构，晶粒直径为 1.0～5.0 mm；细粒结构，晶粒直径为 0.1～1.0 mm。

（2）隐晶质结构。晶粒直径小于 0.1 mm，肉眼和放大镜均不能分辨，在显微镜下才能看出矿物晶粒特征，岩石呈致密状的称为隐晶质结构。这是浅成侵入岩和熔岩常有的一种结构。

3）按岩石中矿物颗粒的相对大小划分

（1）等粒结构。等粒结构是岩石中同种主要矿物的颗粒粗细大致相等的结构。

（2）不等粒结构。不等粒结构是岩石中同种主要矿物的颗粒大小不等，且粒度大小呈连续变化系列的结构。

（3）斑状结构及似斑状结构。岩石由两组直径相差甚大的矿物颗粒组成，其大晶粒散布在细小晶粒中，大的称为斑晶，细小的和不结晶的玻璃质称为基质。基质为隐晶质及玻璃质的，称为斑状结构；基质为显晶质的，则称为似斑状结构。斑状结构为浅成岩及部分喷出岩所特有的结构。其形成原因是，斑晶先形成于地壳深处，而基质是后来含斑晶的岩浆上升至地壳较浅处或喷溢地表后才形成的，似斑状结构主要分布于某些深成侵入岩中。

4. 岩浆岩的构造

岩浆岩的构造是指岩石中的矿物集合体的形状、大小、排列和空间分布等所反映出来的岩石构成的特征。常见的岩浆岩构造有如下几种。

1）块状构造

其特点是岩石在成分和结构上是均匀的，无定向排列，是岩浆岩中最常见的一种构造。

2）流纹构造

流纹构造是由不同颜色的矿物、玻璃质和拉长的气孔等沿熔岩流动方向作定向排列所形成的一种流动构造。它是酸性熔岩中最常见的一种构造。

3）气孔构造

岩浆喷出地表后，压力骤降导致挥发组分的大量出溶，出溶的气体上升、汇集、膨胀，可在熔岩中，尤其是熔岩流的上部形成大量的圆形、椭圆形或管状孔洞，称为气孔构造。

4）杏仁状构造

熔岩流中的气孔被石英、方解石、绿泥石等次生矿物充填，形似杏仁，称为杏仁状构造。如北京三家店一带的辉绿岩就具有典型的杏仁状构造。

5. 岩浆岩的分类及简易鉴定方法

1）岩浆岩的分类

岩浆岩的分类依据主要为岩石的化学成分、矿物组成、结构、构造、形成条件和产状等。首先，根据岩浆岩的化学成分（主要是 SiO_2 的含量）及由化学成分所决定的岩石中矿物的种类与含量关系，将岩浆岩分成酸性岩、中性岩、基性岩及超基性岩。其次，根据岩浆岩的形成条件将岩浆岩分为喷出岩、浅成岩和深成岩。在此基础上，再进一步考虑岩浆岩的结构、构造、产状等因素。据此划分的岩浆岩的主要类型如表 1-3 所示。

2）岩浆岩的简易鉴定方法

在野外进行鉴定时，首先观察岩体的产状等，判定是不是岩浆岩及属何种产状类型。然后观察岩石的颜色以初步判断岩石的类型。含深色矿物多、颜色较深的，一般为基性或超基性岩；含深色矿物少、颜色较浅的，一般为酸性或中性岩。相同成分的岩石，隐晶质的较显晶质的颜色要深一些。应注意岩石总体的颜色，并应在岩石的新鲜面上观察。接着观察岩石中矿物的成分、组合及特征，并估计每种矿物的含量，即可初步确定岩石属何大类。进一步观察岩石的结构、构造特征,区别是喷出岩还是浅成岩或深成岩。最后综合分析,根据表 1-3 确定岩石的名称。

表 1-3　岩浆岩分类表

岩石类型			酸　性	中　性		基　性	超基性
化学成分特点			富含 Si、Al			富含 Fe、Mg	
SiO$_2$ 的含量/(%)			>65	65~52		52~45	<45
颜色			浅色(灰白、浅红、褐等)→深色(深灰、黑、暗绿等)				
矿物成分　成因　构造　结构		主要的	正长石 石英	正长石	斜长石 角闪石	斜长石 辉石	橄榄石 辉石
		次要的	黑云母 角闪石	角闪石 黑云母	黑云母 辉石	角闪石 橄榄石	角闪石
喷出岩	流纹状 气孔状 杏仁状 块状	玻璃质 隐晶质 火山碎屑 斑状	黑曜岩、浮岩、火山凝灰岩、火山角砾岩、火山集块岩				
			流纹岩	粗面岩	安山岩	玄武岩	苦橄岩
侵入岩	浅成岩	块状	隐晶质 似斑状 细粒	伟晶岩、细晶岩、煌斑岩等各种脉岩类			
			花岗斑岩	正长斑岩	闪长玢岩	辉绿岩	苦橄玢岩
	深成岩	块状	全晶质 等粒状	花岗岩	正长岩	闪长岩	辉长岩	橄榄岩 辉石岩

采取上述直接观察鉴定岩石的方法,可简便快速地大致鉴定出大多数岩石的类别和名称,但有些岩石,特别是结晶颗粒细小的岩石,用这种方法是难以鉴别的。这时,若要准确地定出岩石的名称,则必须借助一些精密仪器,最常用的是偏光显微镜。

模块 4　沉积岩

1. 沉积岩的形成
沉积岩的形成是一个长期而复杂的地质作用过程,一般可分为 4 个阶段。

1) 先成岩石的破坏阶段
地表或接近地表的岩石受温度变化、水、大气和生物等因素作用,在原地发生机械崩解或化学分解,形成松散碎屑物质、新的矿物或溶解物质,称为风化作用。风化产物是沉积岩的重要物质来源之一。风、流水、地下水、冰川、湖泊、海洋等各种外力在运动状态下对地面岩石及风化产物的破坏作用称为剥蚀作用。剥蚀作用可分为机械剥蚀作用和化学剥蚀作用(溶蚀作用)等两种。

2) 搬运阶段
搬运是指,风化作用和剥蚀作用的产物被水流、风、冰川、重力及生物等运到其他地方的过程。搬运方式包括机械搬运和化学搬运两种。流水的搬运使得碎屑物质颗粒逐渐变细,并从棱角状变成浑圆形。化学搬运是将胶体和溶解物质带到湖、海中去的过程。

3）沉积阶段

当搬运能力减弱或物理化学环境改变时，被搬运的物质脱离搬运介质而停止运移，这种作用称为沉积作用。沉积作用根据环境不同可分为海洋沉积和大陆沉积等两种，前者又分为滨海沉积、浅海沉积、半深海沉积和深海沉积，后者又分为河流沉积、湖泊沉积、沼泽沉积、冰川沉积、风力沉积等。沉积作用一般可分为机械沉积、化学沉积和生物化学沉积等三类。机械沉积作用是受重力支配的，碎屑物质通常按颗粒大小顺序沉积，即沿搬运方向依次沉积砾粒、砂粒、粉粒和黏粒，这种现象称为分选作用。例如，在同一条河流上，上游沉积物质颗粒较粗，往中、下游物质颗粒逐渐变细。化学沉积包括胶体溶液和真溶液的沉积，如氧化物、硅酸盐、碳酸盐等的沉积。生物化学沉积主要是由生物遗体沉积及生物活动所引起的，如藻类进行光合作用，吸收 CO_2，促进碳酸盐的沉淀。

4）成岩阶段

成岩阶段即松散沉积物转变成坚硬沉积岩的阶段。成岩作用主要有如下三种。

（1）压固作用：上覆沉积物的重力作用，导致下伏沉积物孔隙减小，水分挤出，从而变得紧密坚硬。

（2）胶结作用：其他物质充填到碎屑沉积物粒间孔隙中，从而将分散的颗粒黏结在一起。

（3）重结晶作用：沉积物在压力和温度逐渐增大情况下，可以溶解或局部溶解，导致物质质点重新排列，使非晶物质变成结晶物质，这种作用称为重结晶作用。

2. 沉积岩的矿物成分

组成沉积岩的常见矿物仅有 20 多种，按成因类型可分为以下几种。

1）碎屑矿物

碎屑矿物也称原生矿物，是原岩风化破碎后残存下来的矿物，如石英、长石、白云母等一些耐磨损而抗风化性较强和较稳定的矿物。

2）黏土矿物

黏土矿物是原岩经风化分解后生成的次生矿物，如高岭石、蒙脱石、伊利石等。

3）化学沉积矿物

化学沉积矿物是从真溶液或胶体溶液中沉淀出来的或是由生物化学沉积作用形成的矿物，如方解石、白云石、石膏，以及石盐、铝、铁和锰的氧化物或氢氧化物等。

4）有机质及生物残骸

有机质及生物残骸是由生物残骸或经有机化学变化而形成的矿物，如贝壳、硅藻土、泥炭、石油等。

在以上矿物中，石英、长石及白云母也是岩浆岩中常见的矿物，其他矿物则是在地表条件下形成的特有矿物。岩浆岩中的橄榄石、辉石、角闪石、黑云母等暗色矿物易于化学风化，所以在沉积岩中极少见到。

3. 沉积岩的结构

沉积岩的结构是指沉积岩组成物质的形状、大小和结晶程度等特征，主要有下列三种。

1）碎屑结构

碎屑结构是碎屑物质被胶结物黏结起来而形成的一种结构，其特征有以下三点。

（1）颗粒大小。按碎屑粒径大小，碎屑结构可分为下列几类。

① 砾状结构，碎屑粒径大于 2 mm。

② 粗砂结构,碎屑粒径为 0.5～2.0 mm。

③ 中砂结构,碎屑粒径为 0.25～0.5 mm。

④ 细砂结构,碎屑粒径为 0.05～0.25 mm。

⑤ 粉砂质结构,碎屑粒径为 0.005～0.05 mm。

（2）颗粒圆度。据碎屑颗粒的磨圆程度,颗粒圆度可分为棱角状、次棱角状、次圆状和圆状等四种,如图 1-4 所示。颗粒磨圆程度受颗粒硬度、相对密度的大小及搬运历程等因素的影响。

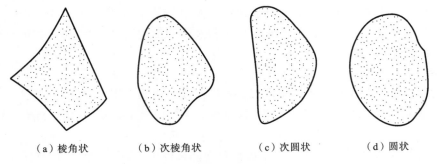

| （a）棱角状 | （b）次棱角状 | （c）次圆状 | （d）圆状 |

图 1-4　碎屑颗粒的形状

（3）胶结物及胶结方式。胶结物的性质及胶结类型对碎屑岩类的物理力学性质有显著的影响。常见的胶结物有以下几种。

① 硅质,如玉髓、蛋白石、石英等,其颜色浅,岩性坚固,强度高,抗水性及抗风化性强。

② 铁质,如赤铁矿、褐铁矿等,常呈红色或棕色,岩石强度次于硅质胶结构的。

③ 钙质,如方解石、白云石等,呈白灰、青灰等色,岩石较坚固,强度较大,但性脆,具可溶性,遇盐酸起泡。

④ 泥质,如黏土矿物,多呈黄褐色,性质松软、易破碎,遇水后易泡软、松散。

⑤ 其他,如石膏、海绿石等。

胶结类型是指胶结物与碎屑颗粒之间的相对含量和颗粒之间的相互关系。常见的有三种胶结类型如图 1-5 所示。

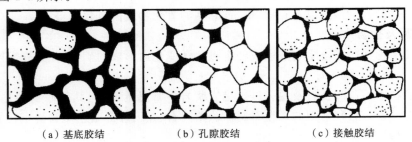

| （a）基底胶结 | （b）孔隙胶结 | （c）接触胶结 |

图 1-5　沉积岩的胶结类型

基底胶结:胶结物含量多,碎屑颗粒孤立地散布于胶结物中,彼此互不接触。这种胶结方式的坚固程度视胶结物性质而定。

孔隙胶结:碎屑颗粒紧密接触,胶结物充填于粒间孔隙中。这种胶结方式通常不很坚固。

接触胶结:胶结物含量极小,碎屑颗粒互相接触,胶结物仅存在于颗粒的接触处。这种胶结方式最不牢固。

2）泥质结构

泥质结构是几乎全部由小于 0.005 mm 的黏土颗粒组成，比较致密均一和质地较软的结构。这种结构是黏土岩的主要特征。

3）化学结构

化学结构是由岩石中的颗粒在水溶液中结晶（如方解石、白云石等）或呈胶体形态凝结沉淀（如燧石等）而成的，可分为鲕状结构、结核状结构、纤维状结构、致密状结构和晶粒状结构等。

4）生物结构

生物结构几乎全部是由生物遗体或生物碎片所组成的，如生物碎屑结构、贝壳结构等。

4. 沉积岩的构造

沉积岩的构造是指沉积岩各种物质成分形成的特有的空间分布和排列方式。

1）层理构造

层理是沉积岩在形成过程中，由于沉积环境的改变所引起的沉积物质的成分、颗粒大小、形状或颜色在垂直方向发生变化而显示成层的现象。层理是沉积岩最重要的一种构造特征，是沉积岩区别于岩浆岩和变质岩的最主要标志。

层或岩层是在较大区域内生成条件基本一致的情况下沉积的一个单元，其成分、结构、内部构造和颜色基本均一。层与层之间的分界面，称为层面。从顶面到底面的垂直距离为岩层的厚度。层的厚度是沉积岩的重要描述指标。根据单层厚度，层可分为巨厚层（大于 1 m）、厚层（0.5～1.0 m）、中厚层（0.2～0.5 m）、薄层（0.05～0.2 m）、极薄层（小于 0.05 m）。

根据层理的形态，可将层理分为下列几种类型（见图 1-6）。

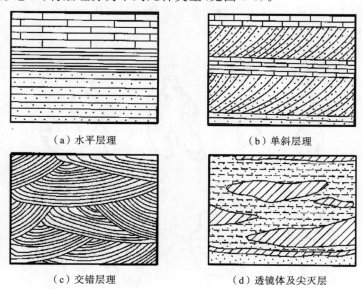

（a）水平层理　　　　　　　　　　（b）单斜层理

（c）交错层理　　　　　　　　　　（d）透镜体及尖灭层

图 1-6　沉积岩的层理类型

（1）水平层理。

水平层理是由平直且与层面平行的一系列细层组成的（见图 1-6（a）），主要见于细粒岩石（黏土岩、粉细砂岩、泥晶灰岩等）中。它是在比较稳定的水动力条件（如河流的堤岸带、闭塞海湾、海和湖的深水带)下,从悬浮物或溶液中缓慢沉积而成的。

(2)单斜层理。

单斜层理是由一系列与层面斜交的细层组成的,细层向同一方向倾斜并大致相互平行(见图1-6(b))。它与上下层面斜交,上下层面互相平行。它是由单向水流所造成的,多见于河床或滨海三角洲沉积物中。

(3)交错层理。

交错层理是由多组不同方向的斜层理互相交错重叠而成的(见图1-6(c)),是由于水流的运动方向频繁变化所造成的,多见于湖滨、滨海、浅海地带或风成堆积层中。

此外,还有粒序层理(递变层理)和块状层理等。

有些岩层一端较厚,另一端逐渐变薄以至消失,这种现象称为尖灭层,若在不大的距离内两端都尖灭,而中间较厚,则称之为透镜体(见图1-6(d))。

2)层面构造

层面构造是指岩层层面上由于水流、风、生物活动等作用留下的痕迹,如波痕、泥裂、雨痕等。

(1)波痕:由于风力、流水、波浪和潮汐的作用,在沉积层表面所形成的波状起伏现象。

(2)泥裂:主要是沉积物在尚未固结时即露出水面,经暴晒后形成张开的裂缝。刚形成时,泥裂是空的,以后常被砂、粉砂或其他物质填充。

3)结核

结核是成分、结构、构造及颜色等与围岩成分有明显区别的某些矿物质团块。结核形态很多,有球状、椭球状、不规则状等。例如,石灰岩中常见的燧石结核主要是 SiO_2 在沉积物沉积的同时以胶体凝聚方式形成的;黄土中的钙质结核是地下水从沉积物中溶解 $CaCO_3$ 后在适当地点再结晶凝聚形成的(见图1-7)。

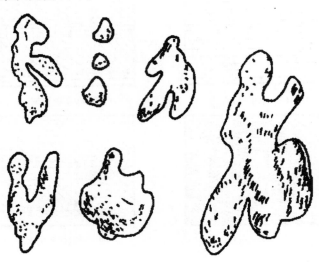

图 1-7　钙质结核

4)生物成因构造

由于生物的生命活动和生态特征,而在沉积物中形成的构造称为生物成因构造,如生物礁体、叠层构造、虫迹、虫孔等。

在沉积过程中,若有各种生物遗体或遗迹(例如,动物的骨骼、甲壳、蛋卵、足迹,以及植物的根、茎、叶等)埋藏于沉积物中,后经石化保存于岩石中,则称之为化石。根据化石种类可以确定岩石形成的环境和地质年代。

5. 沉积岩的分类及主要沉积岩的特征

根据沉积岩的组成成分、结构、构造和形成条件,沉积岩可分为碎屑岩、黏土岩、化学岩及生物化学岩等几类,如表 1-4 所示。

表 1-4 主要沉积岩分类表

岩类	结构		主要矿物成分	主要岩石
碎屑岩	砾状结构 (颗粒粒径 $d > 2.00$ mm)		岩石碎屑或岩块	角砾岩
				砾岩
	砂质结构 ($d = 0.05 \sim 2.00$ mm)		石英、长石、云母、角闪石、辉石、磁铁矿等	石英砂岩、长石砂岩
	粉砂质结构 ($d = 0.005 \sim 0.05$ mm)		石英、长石、黏土矿物、碳酸盐矿物	粉砂岩
黏土岩	泥质结构($d < 0.005$ mm)		黏土矿物为主,含少量石英、云母等	泥岩、页岩
化学岩及生物化学岩	化学结构及生物结构	致密状、粒状、鲕状	方解石为主,白云石、黏土矿物	泥灰岩、石灰岩
			白云石、方解石	白云质灰岩、白云岩
		结核状、鲕状、纤维状、致密状	石英、蛋白石、硅胶	燧石岩、硅藻岩
			钙、钾、钠、镁的硫酸盐及氯化物	石膏岩、石盐岩、钾盐岩
			碳、碳氢化合物、有机质	煤、油页岩

1)碎屑岩

碎屑岩具有碎屑结构,即岩石由粗粒的碎屑和细粒的胶结物两部分组成。鉴别碎屑岩时,首先观察碎屑粒径的大小,区分是砾岩、砂岩还是粉砂岩;其次分析胶结物的性质和碎屑物质的主要矿物成分,判断所属的亚类,并确定岩石的名称。

(1)砾岩和角砾岩。

砾岩和角砾岩是由占碎屑总量达 50% 以上的粒径大于 2 mm 的碎屑颗粒胶结而成的岩石,少见层理,呈厚层至巨厚层。由磨圆较好的砾石胶结而成的称为砾岩;由带棱角的角砾胶结而成的称为角砾岩。

(2)砂岩。

砂岩是由占碎屑总量达 50% 以上的 0.05 ~ 2.00 mm 粒径的颗粒胶结而成的岩石,交错层理发育,按粒度大小可细分为粗粒、中粒及细粒砂岩,根据其主要碎屑的矿物成分又可分为石英砂岩、长石砂岩和岩屑砂岩。

(3)粉砂岩。

粉砂岩是 0.005 ~ 0.05 mm 粒径的颗粒含量大于 50% 的岩石,质地致密,成分以石英为主,长石次之,碎屑的磨圆度差,分选时好时差,常见颜色为棕红色或暗褐色,常具有薄的水平层理。粉砂岩的性质介于砂岩与黏土岩之间。

2）黏土岩

黏土岩是主要由粒径小于 0.005 mm 的黏土矿物组成的岩石。常见的黏土矿物有高岭石、蒙脱石、水云母等。

3）化学岩及生物化学岩

最常见的是由碳酸盐矿物组成的岩石,以石灰岩和白云岩分布最为广泛。鉴别这类岩石时,要特别注意对盐酸试剂的反应。石灰岩在常温下遇稀盐酸剧烈起泡;泥灰岩遇稀盐酸起泡后留有白色泥点;白云岩在常温下遇稀盐酸不起泡,但加热或研成粉末后则起泡。多数岩石结构致密,性质坚硬,强度较高。其主要特征是,具有可溶性,在水流的作用下形成溶蚀裂隙、洞穴、地下河等岩溶现象,影响水工建筑物安全的主要工程地质问题有塌陷、渗漏等。

（1）石灰岩。

石灰岩简称灰岩,在深海或浅海等环境中形成,矿物成分以方解石为主,有时还可含有白云石、燧石等硅质矿物和黏土矿物等。石灰岩常呈深灰、浅灰色。纯质石灰岩呈白色,多呈致密状,具隐晶质结构,称为结晶灰岩,另外,在形成过程中,由于风浪振动,常形成一些特殊结构,如鲕状结构、生物结构和碎屑结构（如竹叶状灰岩）。

（2）泥灰岩。

当石灰岩中黏土矿物含量达 25%～50% 时,称为泥灰岩。其岩石致密,呈微粒或泥质结构。颜色有灰色、黄色、褐色、红色等。其强度低,易风化。泥灰岩可作水泥原料。

其他的化学岩包括铝土岩、铁质岩、锰质岩、燧石岩、磷块岩、石盐岩、钾盐岩及石膏岩等。此外,还有煤等可燃有机岩。

（3）白云岩。

白云岩的矿物成分主要为白云石,其次含有少量的方解石等。其形成环境同石灰岩的。白云岩常为浅灰色、灰白色,呈隐晶质或细晶粒状结构。其硬度较石灰岩的略大。岩石风化面上常有刀砍状溶蚀沟纹。纯白云岩可作耐火材料。

石灰岩与白云岩之间的过渡类型有灰云岩、白云质灰岩等。

模块 5　变质岩

地壳中原有的岩浆岩、沉积岩或变质岩,由于地壳运动和岩浆活动等造成物理、化学环境的改变,高温、高压及其他化学因素的作用,使原来岩石的成分、结构和构造发生一系列变化,所形成的新的岩石称为变质岩(见图 1-8)。这种改变岩石性质的作用,称为变质作用。

1. 变质作用的因素及类型

引起变质作用的因素有温度、压力及具有化学活动性的流体。变质温度的基本来源包括地壳深处的高温、岩浆及地壳岩石断裂错动产生的高温等。温度可导致岩石发生重结晶作用和产生新的矿物。引起岩石变质的压力包括上覆岩石重量引起的静压力、侵入岩体空隙中的流体所形成的压力、地壳运动或岩浆活动产生的定向压力。化学活动性流体则以岩浆、H_2O、CO_2、HCl 为主,并含有其他一些易挥发、易流动的物质。

根据变质作用的地质成因和变质作用因素,变质作用可分为下列几种类型。

1）接触变质作用

接触变质作用是指发生在侵入岩与围岩之间的接触带上,主要由温度、热液和挥发性物质所引起的变质作用。围岩距侵入体越近,变质程度则越高;距离越远,变质程度则越低,并逐渐

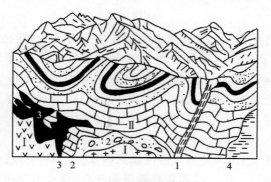

图 1-8　变质岩类型示意图

Ⅰ—岩浆岩；Ⅱ—沉积岩；

1—动力变质岩；2—热接触变质岩；3—接触交代变质岩；4—区域变质岩

过渡到不变质的岩石。其中热接触变质作用引起变质的主要因素是温度。岩石受热后发生矿物的重结晶、脱水、脱碳及物质的重新组合，形成新矿物与变晶结构。接触交代变质作用引起变质的因素除温度以外，主要还有从岩浆中分异出来的挥发性物质和热液所产生的交代作用。故岩石的化学成分有显著变化，产生大量新矿物。形成的岩石有大理岩、角岩、矽卡岩等。

接触变质带的岩石一般较破碎，裂隙发育，透水性强，强度较低。

2）区域变质作用

区域变质作用泛指在广大范围内发生，并由温度、压力及化学活动性流体等多种因素引起的变质作用，包括区域中高温（550～900 ℃）变质作用、区域动力热流变质作用、埋深（又称静力、负荷、埋藏）变质作用等类型。例如，黏土质岩石可变为板岩、千枚岩、片岩和片麻岩。

区域变质岩的岩性在很大范围内是比较均匀一致的，其强度则取决于岩石本身的结构和成分等。

3）区域混合岩化作用

在区域变质作用的基础上，地壳内部热流继续升高，便产生深部热液和局部重熔熔浆的渗透、交代、贯入变质岩中，形成混合岩，这种作用称为区域混合岩化作用，简称混合岩化作用。

4）动力变质作用

在地壳构造变动时产生的强烈定向压力使岩石发生的变质作用称为动力变质作用。其特征是常与较大的断层带伴生，原岩挤压破碎、变形并常伴随一定程度的重结晶现象，可形成断层角砾岩、碎裂岩、糜棱岩等，并可有叶蜡石、蛇纹石、绢云母、绿泥石、绿帘石等变质矿物产生。

2. 变质岩的矿物成分

组成变质岩的矿物，一部分是与岩浆岩或沉积岩所共有的，如石英、长石、云母、角闪石、辉石、方解石等；另一部分是变质作用后产生的特有的变质矿物，如红柱石、夕线石、蓝晶石、硅灰石、刚玉、绿泥石、绿帘石、绢云母、滑石、叶蜡石、蛇纹石、石榴子石、石墨等。这些矿物具有变质程度分带指示作用，如绿泥石、绢云母多出现在浅变质带，蓝晶石代表中变质带，而夕线石则存在于深变质带中。这类矿物可作为鉴别变质岩的标志性矿物。

3. 变质岩的结构

1）变晶结构

岩石在固体状态下发生重结晶或变质结晶所形成的结构称为变晶结构。这是变质岩中最常见的结构。

（1）根据变质矿物的粒度分。按变晶矿物颗粒的相对大小，变晶结构可分为等粒变晶结构、不等粒变晶结构及斑状变晶结构等三类；按变晶矿物颗粒的绝对大小，变晶结构可分为粗粒变晶结构（$\phi>3\ mm$）、中粒变晶结构（$\phi=1\sim3\ mm$）、细粒变晶结构（$\phi<1\ mm$）等三类。

（2）按变晶矿物颗粒的形状分。变晶结构可分为粒状变晶结构、鳞片状变晶结构及纤维状变晶结构等三类。

2）碎裂结构

岩石受定向压力作用，当压力超过其强度极限时发生破裂，形成碎块甚至粉末后又被胶结在一起的结构称为碎裂结构。碎裂结构常具条带和片理，是动力变质岩中常见的结构。

3）变余结构（残余结构）

原岩在变质作用过程中，重结晶、变质结晶作用不完全，原岩的结构特征被部分保留下来，这种结构称为变余结构，如变余斑状结构、变余花岗结构、变余砾状结构、变余砂状结构、变余泥质结构等。

4. 变质岩的构造

岩石经变质作用后常形成一些新的构造特征，这是它区别于其他两类岩石的特有标志，是变质岩的最重要特征之一。

1）片理构造

片理构造是指岩石中矿物定向排列所显示的构造，是变质岩中最常见、最带有特征性的构造。

（1）板状构造。岩石具有由微小晶体定向排列所造成的平行、较密集而平坦的破裂面，沿此面岩石易于分裂成板状体。板理面常微有丝绢光泽。这种岩石常具变余泥质结构。它是岩石受较轻的定向压力作用而形成的。

（2）千枚状构造。岩石常呈薄板状，其中各组分基本已重结晶并呈定向排列，但结晶程度较低，用肉眼尚不能分辨矿物，仅在岩石的自然破裂面上见有强烈的丝绢光泽，系由绢云母、绿泥石造成，有时具有挠曲和小褶皱。

（3）片状构造。在定向挤压应力的长期作用下，岩石中所含大量柱状或片状矿物（如云母、绿泥石、滑石等）都呈平行定向排列。岩石中各组分全部重结晶，而且肉眼可以看出矿物颗粒。有此种构造的岩石，各向异性显著，沿片理面易于裂开，其强度、透水性、抗风化能力等也随方向而改变。

（4）片麻状构造。片麻状构造以粒状变晶矿物为主，其间夹以鳞片状、柱状变晶矿物，并呈大致平行的断续带状分布。其结晶程度都比较高。片麻状构造是片麻岩中常见的构造。

2）块状构造

岩石中的矿物均匀分布，结构均一，无定向排列，这是大理岩和石英岩常有的构造。

3）变余构造

变余构造是因变质作用不彻底而保留下来的原岩构造，如变余层理构造、变余气孔构造等。

5. 变质岩的分类及主要变质岩的特征

1）变质岩的分类

变质岩的分类与命名依据，首先是其构造特征，其次是其结构和矿物成分。其分类如表1-5所示。

表 1-5 主要变质岩分类表

变质作用	构造、结构		岩石名称	主要矿物成分	原 岩
区域变质	片麻状构造 变晶结构		片麻岩	石英、长石、云母、角闪石等	中、酸性岩浆岩,砂岩,粉砂岩,黏土岩
	片状构造 变晶结构		片岩	云母、滑石、绿泥石、石英等	黏土岩、砂岩、泥灰岩、岩浆岩、凝灰岩
	千枚状构造 变晶结构		千枚岩	绢云母、石英、绿泥石等	黏土岩、粉砂岩、凝灰岩
	板状构造 变余结构		板岩	黏土矿物、绢云母、绿泥石、石英等	黏土岩、黏土质粉砂岩
区域变质 接触变质	块状构造	变晶结构	石英岩	石英为主,有时含绢云母等	砂岩、硅质岩
			大理岩	方解石、白云石	石灰岩、白云岩
动力变质		碎裂结构	碎裂岩	原岩岩块	各类岩石
		糜棱结构	糜棱岩	原岩碎屑、粉末	各类岩石

鉴别变质岩时,可先从观察岩石的构造开始。根据构造,将变质岩区分为片理构造和块状构造等两类。然后可进一步根据片理特征、结构及主要矿物成分,分析所属的亚类,确定岩石的名称。

2）主要变质岩特征

（1）片麻岩。

片麻岩一般呈片麻状构造、中粗粒鳞片粒状变晶结构,可由黏土岩、粉砂岩、砂岩或酸性和中性岩浆岩、火山碎屑岩等,经深变质而成。主要矿物为长石、石英、云母、角闪石等。

片麻岩的物理力学性质视矿物成分不同而异,一般较坚硬,强度较高,但若云母含量增多且富集在一起,则强度大为降低,并较易风化。

（2）片岩。

其特征是呈片状构造,一般为鳞片变晶结构、纤状变晶结构。常见矿物有云母、绿泥石、滑石、角闪石等,粒状矿物以石英为主,长石很少或没有。片岩强度较低,且易风化,因片理发育而易于沿片理裂开。

（3）千枚岩。

其特征是呈千枚状构造,其原岩类型与板岩的相同,重结晶程度比板岩的高,基本已重结晶。矿物成分主要有细小绢云母、绿泥石、石英等,具有显微变晶结构,片理面具有明显的丝绢光泽。千枚岩性质较软弱,易风化破碎。

（4）板岩。

其特征是呈板状构造,主要由黏土岩、粉砂岩或中酸性凝灰岩变质而成,变质程度较轻,常具变余泥质结构,重结晶不明显,外表呈致密隐晶质,肉眼难以鉴别。沿板理易裂开成薄板状,在板理面上略显丝绢光泽。

（5）石英岩。

石英岩由石英砂岩和硅质岩经变质而成,主要由石英组成（含量大于 85%）,其次可含少量白云母、长石、磁铁矿等,一般为块状构造,呈粒状变晶结构,具有脂肪光泽,岩石坚硬,抗风化能力强,可作良好的水工建筑物地基。

（6）大理岩。

大理岩以我国云南大理市盛产优质的此种岩石而得名,由钙、镁碳酸盐类沉积岩变质形成,主要矿物成分为方解石、白云石,具粒状变晶结构、块状构造。洁白的细粒大理岩(汉白玉)和带有各种花纹的大理岩常用做建筑材料和各种装饰石料等。

（7）混合岩。

混合岩是由混合岩化作用形成的岩石。其基本组成物质分为基体和脉体两部分。基体指的是混合岩形成过程中残留的原来的变质岩,是区域变质作用的产物,多含暗色矿物,如角闪岩、片麻岩等,颜色较深。脉体指的是混合岩形成过程中处于活动状态的新生成的流体物质结晶部分,通常是花岗质、长英质(细晶质)、伟晶质和石英脉等,颜色较浅。脉体和基体以不同的数量和方式相混合,可形成不同形态的各种混合岩。混合岩矿物成分变化大、成分复杂,呈粗粒、交代结构,具条带状、肠状、角砾状、眼球状、网状等构造。

（8）动力变质岩。

动力变质岩包括构造角砾岩、碎裂岩、糜棱岩、千糜岩等。

❖技能应用❖

技能 1　用肉眼鉴定常见矿物和岩石

1. 目的

学会观察和认识常见矿物的主要物理性质,了解三大类岩石的主要特征(矿物成分、结构和构造),初步掌握用肉眼鉴定矿物和岩石的方法,为从事水利工程管理工作打下坚实的基础。

2. 要求

要求学生利用所学到的工程地质与土力学的有关理论知识,学会观察和认识常见矿物的主要物理性质,初步掌握用肉眼鉴定矿物的方法,并要求认识几种常见的矿物,掌握其主要鉴别特征;对组成地壳的三大类岩石(岩浆岩、沉积岩、变质岩)的主要特征(矿物成分、结构和构造)有所了解,进而初步掌握肉眼观察、认识岩石的方法,并能够认识其中一些有代表性、与工程有关的岩石。

3. 方法

矿物是地壳中化学元素在各种地质作用下形成的,并具有一定的化学和物理性质的自然均匀体,是组成岩石的基本单位。岩石是在各种地质作用下,由一种或多种矿物组成的集合体。认识矿物和岩石的方法有很多,但基本和简便的方法是肉眼鉴定法。肉眼鉴定法也是野外最常用的方法之一。

观察矿物的形态(个体形态、集合体形态),观察矿物的主要物理性质(光学方面的性质,如颜色、条痕、透明度;矿物力学方面的性质,如硬度、解理、断口;其他方面的物理性质,如比重、磁性),同时借助小刀、放大镜、地质锤、条痕板、磁铁、硬度计和简单的试剂(如盐酸等)来鉴别矿物。

观察三大类岩石(岩浆岩、沉积岩、变质岩)的矿物成分、结构、构造特征,借助小刀、放大镜、地质锤、罗盘、稀盐酸等来确定岩石的名称和进行描述。

4. 仪器、材料

矿物和岩石标本、小刀、放大镜、地质锤、条痕板、磁铁、硬度计和简单的试剂(如盐酸等)。

5. 步骤

1)矿物的肉眼鉴定

(1)观察矿物的形态。

(2)观察矿物的主要物理性质(光学方面、矿物力学方面及其他方面)。

(3)用肉眼对矿物进行鉴定。

2)岩石的肉眼鉴定

(1)岩浆岩。

① 观察岩石的颜色。

② 观察岩石中主要的矿物成分。

③ 观察岩石的结构和构造特征。

④ 综合所见到的特征,确定岩石的名称和进行描述。

(2)沉积岩。

① 根据物质成分、结构、构造等判断岩石属于哪一大类。

② 鉴定岩石的结构类型。

③ 如其所鉴定的岩石属碎屑结构,就应按粒度大小及其含量进一步区分。

④ 除碎屑外,还要对胶结物成分作鉴定。

⑤ 对碎屑岩碎屑颗粒形态进行鉴定描述。

⑥ 鉴定组成岩石的物质成分。

⑦ 鉴定岩石构造。

⑧ 描述岩石颜色。

(3)变质岩。

① 区分常见的几种变质岩的构造。

② 观察变质岩的结构。

③ 对其矿物成分作出准确的鉴定,并且估计各种矿物的含量。

④ 观察变质岩的颜色,也要注意其总体和新鲜面的颜色。

⑤ 根据分类命名原则,确定所要鉴定的岩石名称。

6. 注意事项

(1)要爱护标本、仪器和其他用具。

(2)观察时标本和标本盒子一起拿,实验完毕按原状整理好,不要乱换、带走,以免弄乱。

任务 2 地质构造评价

❖任务导入❖

安徽佛子岭水库大坝为混凝土连拱坝,坝高 75.9 m,长 510 m,1954 年建成,是治理淮河水患的第一座大型工程。由于清基不彻底,坝基下有缓倾角软弱岩层,断层节理及风化严重的岩石(全、强风化)未被清除,致使坝基发生不均匀沉陷变形,坝体出现多条裂缝。后虽经两次大规模加固补强处理,但 1996 年仍被定为"病坝",需彻底处理。

【任务】

(1) 认识和评价地质构造对水利工程地质环境的影响。

(2) 会使用地质罗盘测量岩石产状。

(3) 能分辨岩石的新老关系。

(4) 能在野外识别褶皱构造,并分析其对水利工程地质环境的影响。

(5) 能在野外识别断裂构造,并分析其对水利工程地质环境的影响。

❖ 知识准备 ❖

模块 1 地质年代

地球形成至今已有 46 亿年历史,对整个地质历史时期,地球的发展演化及地质事件的记录和描述需要一套相应的时间概念即地质年代。地质学以绝对年代和相对年代两种方法来表示时间。表示地质事件发生距今的实际年数称为绝对年代(实际年龄),而表示地质事件发生先后顺序的称为相对年代。

1. 绝对年代的确定

绝对年代主要是根据保存在岩层中的放射性元素的蜕变产物来确定的。

2. 相对年代的确定

相对年代通常用下列方法确定。

1) 地层层序法

地层是指在一定地质时期内所形成的层状岩石的总称。未经构造运动改变的岩层大都是水平岩层,且按照下老上新的规律排列(见图 1-9(a)),若后期构造运动使某些岩层发生变动(倾斜、直立或倒转),可利用沉积物中的某些构造特征(如斜层理、泥裂、波痕等)来恢复岩层顶、底面,进一步判断岩层之间的相对新老关系(见图 1-9(b))。

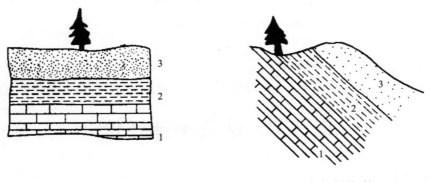

(a) 岩层水平   (b) 岩层倾斜

图 1-9 地层层序法(岩层层序正常时)

注:1、2、3 依次由老到新。

2）古生物法

自然界中的生物是从由无到有，由简单到复杂，由低级到高级，不断发展、变化着的，而且这种演化是不可逆转的。不同地质时期形成的地层中会保存不同的古生物化石，这样可以根据岩层中化石的复杂与繁简程度，来推断地层的相对新老关系。

3）地层接触关系法

不同时期形成的岩层，其分界面的特征即相互接触关系，可以反映各种构造运动和古地理环境等在空间和时间上的发展演变过程。因此它是确定和划分地层年代的重要依据。

岩层接触关系有以下几种类型（见图1-10）。

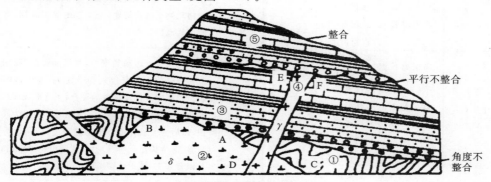

图1-10　岩石接触关系

（1）整合。上下两套岩层产状一致，互相平行，连续沉积形成。岩层形成期间地壳比较稳定，没有强烈的构造运动。地层自下而上依次由老到新。

（2）平行不整合。平行不整合又称假整合，是指上、下两套地层的产状彼此平行一致，但其间缺失某些地质年代的岩层而直接接触的现象。两套岩层之间的接触面往往起伏不平，常分布一层砾岩（俗称底砾岩，其砾石常为下伏地层的碎块、砾石）。据此可以判断上下两套岩层的新老关系。

（3）角度不整合。上下两套地层产状不同，彼此呈角度接触，其间缺失某些时代的地层，接触面多起伏不平，也常有底砾岩和风化壳。不整合面的存在标志着地壳曾发生过强烈的地壳运动。与平行不整合的相同，据此也可以判断岩层之间的新老关系。

上述三种接触类型反映的是沉积岩之间或少量变质岩之间的接触关系。此外利用岩浆岩和其他围岩之间的接触关系，也可以来判断岩层之间的相对新老关系。

不同时代的岩层常被岩浆侵入穿插，侵入者年代新，被侵入者年代老，切割者年代新，被切割者年代老。

3. 地质年代表

通过对全球各个地区地层划分和对比及对相关岩石的实际年龄测定，按年代先后顺序进行科学系统性的编年，建立了国际上通用的地质年代表。我国区域年代如表1-6所示。

地质年代表使用了不同级别的地质年代单位和地层单位。地质年代单位根据时间的长短依次划分为宙、代、纪、世，与此相对应的地层单位是宇、界、系、统。例如，太古代形成的地层称为太古界，石炭纪形成的地层称为石炭系等。

另外，除了上述地层单位外，还有按照岩性特征来划分地层单位的，称为地方性地层单位，常用群、组、段表示。

表 1-6　中国区域地质年代表

相对年代				绝对年龄/百万年	主要构造运动	我国地史简要特征
宙	代	纪	世			
显生宙 P_h	新生代 C_z	第四纪 Q	全新世 Q_4	0.01	喜马拉雅运动	地球表面发展成现代地貌,多次冰川活动。近代各种类型的松散堆积物及黄土形成,华北、东北有火山喷发。人类出现
			晚更新世 Q_3	0.12		
			中更新世 Q_2	1		
			早更新世 Q_1	2.6		
		新近纪 N	上新世 N_2	5.3		我国大陆轮廓基本形成,大部分地区为陆相沉积,有火山岩分布,台湾岛、喜马拉雅山形成。哺乳动物和被子植物繁盛,是重要的成煤时期,有主要的含油地层
			中新世 N_1	23.3		
		古近纪 E	渐新世 E_3	32		
			始新世 E_2	56.5		
			古新世 E_1	65		
	中生代 M_z	白垩纪 K	晚白垩世 K_2	137	燕山运动	中生代构造运动频繁,岩浆活动强烈,我国东部有大规模的岩浆岩侵入和喷发,形成丰富的金属矿。我国中生代地层极为发育,华北形成许多内陆盆地,为主要成煤时期。三叠纪时华南仍为浅海沉积,以后为大陆环境。生物显著进化,爬行类恐龙繁盛,海生头足类菊石发育,裸子植物以松柏、苏铁及银杏为主,被子植物出现
			早白垩世 K_1			
		侏罗纪 J	晚侏罗世 J_3	205		
			中侏罗世 J_2			
			早侏罗世 J_1			
		三叠纪 T	晚三叠世 T_3	250	印支运动	
			中三叠世 T_2			
			早三叠世 T_1			
	古生代 P_z	晚古生代 P_{z_2} 二叠纪 P	晚二叠世 P_2	295	海西运动	晚古生代我国构造运动十分广泛,尤以天山地区较强烈。华北地区缺失泥盆系至下石炭统沉积,遭受风化剥蚀,中石炭统至二叠由海陆交替相变为陆相沉积。植物繁盛,为主要成煤期
			早二叠世 P_1			
		石炭纪 C	晚石炭世 C_3	354		
			中石炭世 C_2			
			早石炭世 C_1			华南地区一直为浅海相沉积,晚期成煤,晚古生代地层以砂岩、页岩、石灰岩为主;是鱼类和两栖类动物大量繁殖时代
		泥盆纪 D	晚泥盆世 D_3	410		
			中泥盆世 D_2			
			早泥盆世 D_1			
		早古生代 P_{z_1} 志留纪 S	晚志留世 S_3	438	加里东运动	寒武纪时,我国大部分地区为海相沉积,生物初步发育,三叶虫极盛。至中奥陶世后,华北上升为陆地,缺失上奥陶统和志留系沉积,华南仍为浅海,头足类、三叶虫,腕足类笔石、珊瑚、蕨类植物发育,是海生无脊椎动物繁盛时代。早古生代地层以海相石灰岩、砂岩、页岩等为主
			中志留世 S_2			
			早志留世 S_1			
		奥陶纪 O	晚奥陶世 O_3	490		
			中奥陶世 O_2			
			早奥陶世 O_1			
		寒武纪 ∈	晚寒武世 $∈_3$	543		
			中寒武世 $∈_2$			
			早寒武世 $∈_1$			
元古宙 P_t	新元古代 P_{t_3}	震旦纪 Z		680	晋宁运动 吕梁运动 五台运动	元古宙地层在我国分布广、发育全、厚度大、出露好。华北地区主要为未变质或浅变质的海相硅镁质碳酸盐岩及碎屑岩类夹火山岩。华南地区下部以陆相红色碎屑岩河湖相沉积为主,上部以浅海相沉积为主,含冰碛物为特征。低等生物开始大量繁殖,菌藻类化石较丰富
		南华纪 N_h		800		
		青白口纪 Q_n		1000		
	中元古代 P_{t_2}	蓟县纪 J_x		1400		
		长城纪 C_h		1800		
	古元古代 P_{t_1}	滹沱纪 H_t		2500		
太古宙 Ar	新太古代 Ar_3					太古宙(宇)多为变质很深的片麻岩、结晶片岩、石英岩、大理岩等,构成地壳古老的结晶基地。后期有原始生命出现,为菌藻类生物
	中太古代 Ar_2					
	古太古代 Ar_1			3600		
冥古宙 H_D				4600		

模块 2　岩层产状

1. 岩层产状要素

岩层产状是指岩层在空间的位置,用走向、倾向和倾角表示,地质学上称为岩层产状三要素。

1)走向

岩层面与水平面的交线称为走向线,如图 1-11 所示的 AOB 线,走向线两端所指的方向即为岩层的走向。走向有两个方位角,且相差 180°。岩层的走向表示岩层的延伸方向。

2)倾向

层面上与走向线垂直并沿倾斜面向下所引的直线称为倾斜线,如图 1-11 中的 OD 线,倾斜线在水平面上投影(见图 1-11 中的 OD')所指的方向就是岩层的倾向。对于同一岩层面,倾向与走向垂直,且只有一个方向。岩层的倾向表示岩层的倾斜方向。

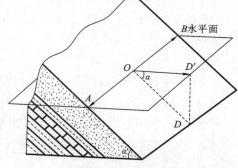

图 1-11　岩层产状要素图

AOB—走向线;OD—倾向线;
OD'—倾斜线在水平面上的投影,箭头方向为倾向;
α—倾角

3)倾角

倾角是指岩层面和水平面所夹的最大锐角(或二面角),如图 1-11 所示的 α 角。

除岩层面外,岩体中其他面(如节理面、断层面等)的空间位置也可以用岩层产状三要素来表示。

2. 岩层产状要素的测量

岩层产状要素需用地质罗盘(见图 1-12)测量。测量方法(见图 1-13)如下。

图 1-12　地质罗盘

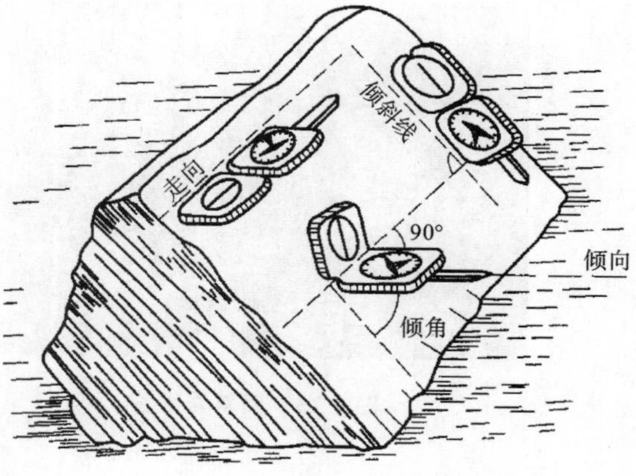

图 1-13　岩层产状要素测量

1)测量走向

将罗盘的长边与岩层面贴触,如罗盘无长边,则取与南北方向平行的边与层面贴触,并将罗盘水平(水准气泡居中)放置,此时罗盘长边与岩层的交线即为走向线,磁针(无论南针或北针)所指的度数即为所求的走向。

2）测量倾向

将罗盘的 N 极指向岩层层面的倾斜方向,同时使罗盘的短边(或与东西方向平行的边)与层面贴触,水准气泡居中,水平放置罗盘,此时北针所指的度数即为所求的倾向。

3）测量倾角

将罗盘侧立,以其长边紧贴层面,并与走向线垂直,然后转动罗盘背面的旋钮,使下刻度盘的活动水准气泡居中,倾角指针所指的度数即为倾角大小。若是长方形罗盘,则 此时桃形指针在倾角刻度盘上所指的度数,即为所测的倾角大小。

岩层产状要素的表示方法如下:一组走向为北西 320°、倾向南西 230°、倾角 35°的岩层产状,可写成 N320°W,S230°W,$\angle 35°$ 也可记录为 SW230°$\angle 35°$的形式。在地质图上,岩层的产状用符号"$\perp 35°$"表示,长线表示走向,短线表示倾向,数字表示倾角。长短线必须按实际方位画在图上。

3. 水平构造、倾斜构造和直立构造

1）水平构造

若岩层呈水平构造,则岩层产状呈水平(倾角 $\alpha = 0°$)或近似水平($\alpha < 5°$),如图 1-14 所示,表明该地区地壳相对稳定。

2）倾斜构造(单斜构造)

若岩层产状的倾角 $0° < \alpha < 90°$,则岩层呈倾斜状,如图 1-15 所示。岩层呈倾斜构造说明该地区地壳不均匀抬升或受到岩浆作用的影响。

3）直立构造

若岩层产状的倾角 $\alpha \approx 90°$,则岩层呈直立状,如图 1-16 所示。岩层呈直立构造说明岩层受到强有力的挤压。

图 1-14　水平岩层

图 1-15　倾斜岩层

图 1-16　直立岩层

模块 3　褶皱构造

褶皱构造是指岩层受构造应力作用后产生的连续弯曲变形的构造。绝大多数褶皱构造是岩层在水平挤压力作用下形成的。褶皱构造是岩层在地壳中广泛发育的地质构造形态之一,在层状岩石中最为明显,在块状岩体中则很难见到。褶皱构造的每一个向上或向下的弯曲称为褶曲。两个或两个以上的褶曲组合称为褶皱。褶皱构造的规模大小不一,大者可达几十千米至几百千米，小者手标本上可见。

1．褶皱要素

褶皱构造的各个组成部分称为褶皱要素，如图1-17所示。

（1）核部，即褶曲中心部位的岩层。在风化剥蚀后，常把出露在地表最中心的岩层称为核部。

（2）翼部，即核部两侧的岩层。一个褶曲有两个翼。

（3）翼角，即翼部岩层的倾角。

（4）轴面，即对称平分两翼的假想面。轴面可以是平面，也可以是曲面。轴面与水平面的交线称为轴线；轴面与岩层面的交线称为枢纽。

（5）转折端，即从一翼转到另一翼的弯曲部分。在横剖面上，转折端常呈圆弧形。

2．褶皱的基本形态和特征

褶皱的基本形态是背斜和向斜，如图1-18所示。

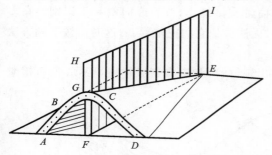

图1-17　褶皱要素示意图

AB—翼；被ABGCD包围的内部岩层—核；BGC—转折端；

EFHI—轴面；EF—轴线；EG—枢纽

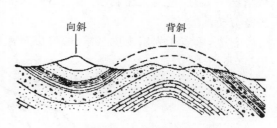

图1-18　背斜和向斜

（1）背斜。岩层向上弯曲，两翼岩层相背倾斜，核部岩层时代较老，两翼岩层依次变新并呈对称分布。

（2）向斜。岩层向下弯曲，两翼岩层相向倾斜，核部岩层时代较新，两翼岩层依次变老并呈对称分布。

3．褶皱的类型

根据轴面产状和两翼岩层的特点，将褶皱分为以下五种。

（1）直立褶皱：轴面直立，两翼岩层倾向相反，且倾角大小近似相等的褶皱，如图1-19（a）所示。

（2）倾斜褶皱：轴面倾斜，两翼岩层倾向相反，倾角大小不等的褶皱，如图1-19（b）所示。

（3）倒转褶皱：轴面倾斜，两翼岩层向同一方向倾斜，倾角大小不等，其中一翼倒转，老岩层位于新岩层之上，另一翼层序正常的褶皱，如图1-19（c）所示。

（4）平卧褶皱：轴面产状近于水平，一翼岩层层序正常，另一翼则倒转的褶皱，如图1-19（d）所示。

（5）翻卷褶皱：轴面弯曲的平卧褶皱，如图1-19（e）所示。

4．褶皱构造的野外识别

在野外识别褶皱时，首先判断褶皱是否存在并区别背斜和向斜，然后再确定其形态特征。

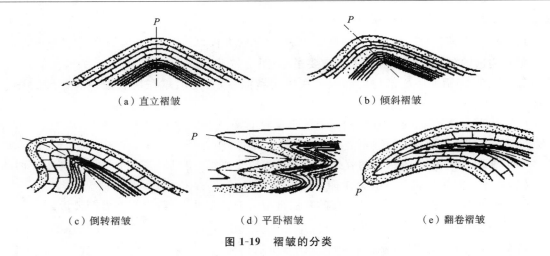

（a）直立褶皱　　　　　　　　　　　　　　（b）倾斜褶皱

（c）倒转褶皱　　　　　　　　（d）平卧褶皱　　　　　　　（e）翻卷褶皱

图 1-19　褶皱的分类

在少数情况下,沿河谷或公路两侧,岩层的弯曲常直接暴露,背斜或向斜易于识别。在多数情况下,岩层遭受风化剥蚀,岩层出露情况不好,无法看到它的完整形态,这时需按下列方法进行分析。

首先,垂直于岩层走向观察,若岩层对称重复出现,便可肯定有褶皱构造,否则,没有褶皱构造(见图 1-20)。

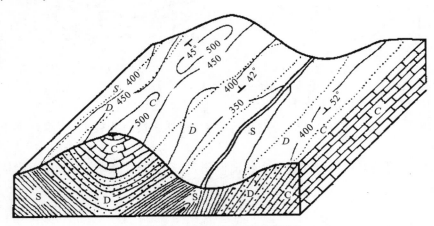

图 1-20　褶皱构造立体示意图

其次,分析岩层的新老组合关系。若中间是老岩层,两侧是新岩层,则为背斜;若中间是新岩层,两侧是老岩层,则为向斜。

最后,根据两翼岩层产状和轴面产状,对褶皱进行分类和命名。

5. 褶皱构造对工程的影响

1）褶皱核部

褶皱核部岩层由于受水平挤压作用,节理发育、岩石破碎、易于风化、岩石强度低、透水性强、在石灰岩地区岩溶往往较为发育,所以建筑工程应尽量避开该区域。若必需修建,则须注意岩层的塌落、漏水及涌水问题。

2）褶皱翼部

在褶皱翼部布置建筑工程时,如果开挖边坡的走向近于平行岩层走向,且边坡倾向与岩层倾向一致,边坡倾角大于岩层倾角,则容易造成顺层滑动现象。如果边坡与岩层走向的夹角在40°以上,或者两者走向一致,而边坡倾向与岩层倾向相反或两者倾向相同,但岩层倾角更大,则对开挖边坡的稳定性较有利。

模块 4　断裂构造

岩层受力会产生变形,当作用力超过岩石的强度时,岩石的连续性和完整性就会遭到破坏而发生破裂,形成断裂构造。断裂构造在地壳中广泛存在。毫无疑问,断裂构造的发生必将对岩体的稳定性、透水性及其工程性质产生较大影响。

根据破裂之后的岩层有无明显位移,断裂构造可分为节理和断层两种形式。

1. 节理

没有明显位移的断裂称为节理(或裂隙)。节理在岩层中广泛分布,且往往成组、成群出现,规模大小不一,可从几厘米到几百米。

节理按照成因分为如下三种类型。

(1)原生节理:岩石在成岩过程中形成的节理,如泥裂等。

(2)次生节理:风化、爆破等原因形成的裂隙,如风化裂隙等,这种节理产状无序、杂乱无章,通常只称为裂隙,不称为节理。

(3)构造节理:构造应力所形成的节理。

上述三种节理中,构造节理分布最广,几乎所有的大型水利水电工程都会遇到,所以,下面只重点介绍构造节理。

构造节理按照形成的力学性质,分为张节理和剪节理等两类。

(1)张节理是由张应力作用产生的节理,多发育在褶皱的轴部,具有如下特征。

① 节理面粗糙不平,无擦痕。

② 张节理多开口,一般被其他物质充填。

③ 在砾岩或砂岩中的张节理常常绕过砾石或砂粒。

④ 张节理一般较稀疏、间距大,而且延伸不远。

⑤ 张节理有时沿先期形成的剪节理发育而成,称为追踪张节理。

(2)剪节理是由切应力作用产生的节理,具有如下特征。

① 节理面平直光滑,有时可见擦痕。

② 剪节理一般是闭合的,没有充填物。

③ 在砾岩或砂岩中的剪节理常常切穿砾石或砂粒。

④ 剪节理产状较稳定,间距小,延伸较远。

⑤ 发育完全的剪节理呈 X 形。若 X 形节理发育良好,则可将岩石切割成棋盘状,如图 1-21 所示。

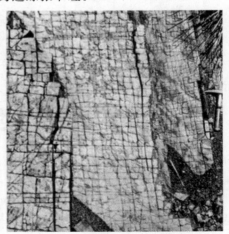

2. 断层构造

有明显位移的断裂称为断层。断层在岩层中也比较常见,其规模大小不一,可从几厘米到几公里,甚至上百公里。

图 1-21　X 形剪节理

1）断层要素

断层的基本组成部分称为断层要素（见图 1-22）。断层要素包括断层面、断层线、断层带、断盘及断距。

（1）断层面，即岩层发生断裂并沿其发生位移的破裂面。它的空间位置仍用走向、倾向和倾角表示。它可以是平面，也可以是曲面。

（2）断层线，即断层面与地面的交线。其方向表示断层的延伸方向。

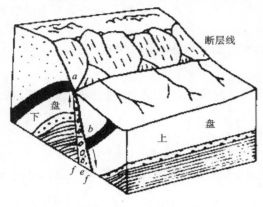

图 1-22　断层要素图

ab—断距；*e*—断层破碎带；*f*—断层影响带

（3）断层带，包括破碎带和影响带。破碎带是指被断层错动搓碎的部分，常由岩块碎屑、粉末、角砾及黏土颗粒组成，其两侧被断层面所限制，如图 1-22 中的 *e* 所示。影响带是指靠近破碎带两侧的岩层受断层影响裂隙发育或发生牵引弯曲的部分，如图 1-22 中的 *f* 所示。断层带的宽度取决于断层的规模，一般为几厘米至数十米，少数达上百米。

（4）断盘，断层面两侧相对位移的岩块称为断盘。其中，断层面之上的称为上盘，断层面之下的称为下盘。

（5）断距，断层两盘沿断层面相对移动的距离。

2）断层的基本类型

按照断层两盘相对位移的方向，断层可分为以下四种类型。

（1）正断层：上盘相对下降，下盘相对上升的断层，如图 1-23（a）所示。正断层的断层线一般较为平直，破碎带较宽，断层面的倾角多大于 45°。

（2）逆断层：上盘相对上升，下盘相对下降的断层，如图 1-23（b）所示。逆断层的规模一般较大，破碎带宽度较小，断层面较为弯曲或呈波状起伏，常有上、下方向的擦痕。逆断层一般较多在构造运动强烈的地区出现。按断层面倾角大小，逆断层可分为如下三类。

① 冲断层，断层面倾角大于 45°。

② 逆掩断层，断层面倾角为 25°～45°。

③ 辗掩断层，断层面倾角小于 25°。

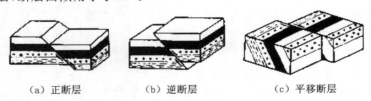

（a）正断层　　　　　　（b）逆断层　　　　　　（c）平移断层

图 1-23　断层类型示意图

（3）平移断层：两盘沿断层面作相对水平位移的断层，如图 1-23（c）所示。平移断层的断层面较陡，甚至直立，且平直、光滑。

（4）组合断层：在自然界中，有时断层不是单独存在，而是呈组合形式存在的，常见的组合形式（见图 1-24）有以下四种。

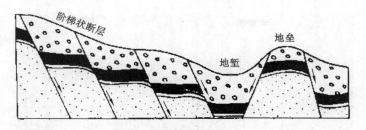

图 1-24 阶梯状断层、地堑及地垒

① 阶梯状断层:多个断层面倾向相同(或相近)而又相互平行的正断层,其上盘依次下降呈阶梯状。

② 地堑:由两条正断层组合而成,两边岩层沿断层面相对上升,中间岩层相对下降。

③ 地垒:由两条正断层组合而成,与地堑相反,断层面之间的岩层相对上升,两边岩层相对下降。

上述三种组合形式,偶尔在逆断层中也会见到。

④ 叠瓦式断层:由一系列产状平行的冲断层或逆掩断层组合而成(见图 1-25)。各断层的上盘依次逆冲形成像瓦片般的叠覆。

图 1-25 叠瓦式断层

3) 断层的识别

断层的发生必然会在地貌、地层及构造等方面得到反映,这就形成了断层标志,断层标志也是识别断层的主要依据。

(1) 地貌标志。

① 断层崖。断层两盘的相对运动,常使断层的上升盘形成陡崖,称为断层崖。例如,东非大裂谷形成的断层崖(见图 1-26);太行山前断裂带使太行山拔地而起,成为华北平原的西部屏障等。但值得指出的是,并非任何陡崖都是断层所致的。

② 断层三角面。断层崖受到与崖面垂直方向的水流侵蚀切割,便可形成沿断层走向分布的一系列三角形陡崖,称为断层三角面(见图 1-27)。

③ 错断的山脊。错断的山脊往往是断层两盘相对平移等运动的结果。

④ 串珠状湖泊洼地。这种洼地往往是大断层存在的标志。这些湖泊洼地主要是由断层引起的断陷或破碎带形成的。

⑤ 泉水的带状分布。泉水呈带状分布往往也是断层存在的标志,因为破碎带是地下水的良好通道。

图 1-26　东非大裂谷形成的断层崖

图 1-27　断层三角面

需要说明的是，并非所有的断层都可造就上述地貌。

（2）地层标志。

地层标志是识别断层的可靠证据之一。

① 若岩层沿走向突然中断，而和另一岩层相接触，则说明有断层发生（见图 1-23）。

② 若发现地层出现不对称的重复或缺失，则可判定有断层发生（见图 1-28）。

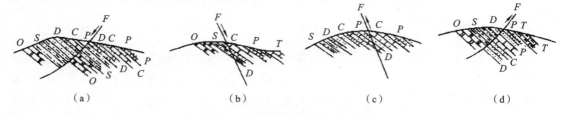

（a）　　　　　　　　　（b）　　　　　　　　　（c）　　　　　　　　　（d）

图 1-28　断层造成的地层重复和缺失

（3）构造标志。

由于构造应力的作用，断层面或破碎带及其两侧，常常会出现一些伴生的构造变动现象。这些现象是识别和确定断层性质的又一重要标志。常见的这些现象有擦痕、阶步、牵引褶皱及构造岩等。

① 擦痕和阶步。断层两盘相互错动时，在断层面上留下的摩擦痕迹称为擦痕；在断层面上存在有垂直于擦痕方向的小台阶称为阶步，如图 1-29 所示。

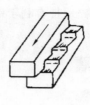

图 1-29　擦痕和阶步

② 牵引褶皱。断层两盘相对错动时,断层附近的岩层因受断层面摩擦力的拖拽发生弧形弯曲拖拽现象,称为牵引褶皱,如图 1-30 所示。

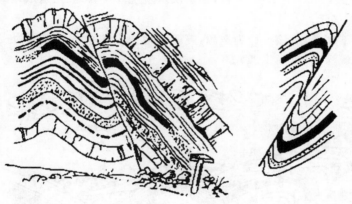

图 1-30　牵引褶皱

③ 构造岩。构造岩是指断层发生时,由于构造应力的作用,断层带中岩石的矿物成分、结构、构造等发生强烈变化,甚至变质而形成的新岩石,主要有断层角砾岩、断层泥、糜棱岩等。

需要说明的是,并非每一条断层都具有上述特征,而且有些特征也并非是断层的专利。所以在野外认识断层时,应多方面综合考察,才能得出可靠的结论。

（4）断层性质的判断。

在判断出断层存在的前提下,需要根据两盘相对运动的方向来判断断层的性质。判断方法如下。

① 根据擦痕判断。擦痕表现为一端粗而深,一端细而浅。由粗而深端向细而浅端指示另一盘的运动方向。另外,用手指顺擦痕轻轻抚摸,常常可以感觉顺一个方向比较光滑,而相反方向比较粗糙,感觉光滑的方向表示另一盘的运动方向。

② 根据阶步判断。阶步的陡坎面向另一盘的运动方向（见图 1-29）。

③ 根据牵引褶皱判断。牵引褶皱弧形弯曲突出的方向指示本盘的运动方向（见图 1-30）。

3. 断裂构造对工程的影响

节理和断层的存在破坏了岩石的连续性和完整性,降低了岩石强度,增强了岩石的透水性,给水利工程建设带来很大影响。如节理密集带或破碎带会导致水工建筑物的集中渗漏、不均匀变形,甚至发生滑动破坏,因此在选择坝址、确定渠道及隧洞线路时,要尽量避开大的断层和节理密集带,否则必须对其采取开挖、帷幕灌浆等方法进行处理,甚至要调整坝或洞轴线的位置。不过,这些破碎地带有利于地下水的运动和富集,因此,断裂构造对于山区找水具有重要意义。

模块 5　地震

1. 地震的概念

地震是地球内部积聚的应力突然释放所引起的地球表层的快速震动。地震的破坏力极强,对人们的生产生活及工业及民用建筑能带来毁灭性的灾害。如 1976 年 7 月 28 日,唐山发生 7.8 级地震,造成 24 万人死亡,16 万人受伤,直接经济损失达 54 亿元;2004 年 12 月 26 日,印尼苏门答腊岛附近发生 7.9 级地震,引发了波及印度洋沿岸十几个国家的巨大海啸,造成20 余万人死亡或失踪;2008 年 5 月 12 日,四川汶川发生 8.0 级地震,造成近 9 万人死亡,直接经济损失高达 8451 亿元。

地震发源于地下某一点,该点称为震源,震源在地面上的垂直投影称为震中,震源至震中的垂直距离称为震源深度(见图 1-31)。

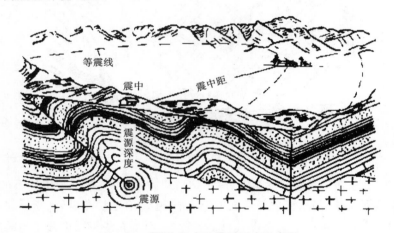

图 1-31　震源、震中及震源深度示意图

地震按照震源深度可分为浅源地震(0~70 km)、中源地震(70~300 km)和深源地震(300~700 km)等三类。

2. 地震类型

地震按照成因可分为如下几类。

(1) 构造地震。由于地下深处岩层错动、破裂所造成的地震称为构造地震。这类地震发生的次数最多,占全世界地震数量的 90% 以上,破坏力也最大。

(2) 火山地震。由于火山作用,如岩浆活动、气体爆炸等引起的地震称为火山地震。只有在火山活动区才可能发生火山地震,这类地震只占全世界地震数量的 7% 左右。

(3) 塌陷地震。由于地下岩洞或矿井顶部塌陷而引起的地震称为塌陷地震。这类地震的规模比较小,次数也很少,即使有,也往往发生在溶洞密布的石灰岩地区或大规模地下开采的矿区。

（4）诱发地震。由于水库蓄水、油田注水等活动而引发的地震称为诱发地震。这类地震仅仅在某些特定的水库库区或油田地区发生。

（5）人工地震。地下核爆炸、炸药爆破等人为引起的地面震动称为人工地震。

3. 地震的震级与烈度

地球上的地震有强有弱，用来衡量地震强度大小的指标为地震震级和地震烈度。举个例子来说，地震震级好比电灯泡的瓦数，瓦数越高，亮度越大。烈度好比屋子里受光亮的程度（光度），对同一盏电灯来说，距离电灯越近，光度越大，离电灯越远，光度越小。

1）地震震级

震级是指一次地震时释放出的能量大小。震级用里氏震级表示，从 0 到 9 划分为 10 个等级。地震释放的能量越多，震级就越高，迄今为止，世界上记录到最大的地震震级为 9.0 级（2011 年 3 月 11 日，日本宫城县以东太平洋海域），震源深度 20 公里。一般 7 级以上的浅源地震称为大地震；5 级和 6 级的地震称为强震或中震；3 级和 4 级的地震称为弱震或小震；3 级以下的地震称为微震。每一次地震只有一个震级。

2）地震烈度

地震烈度是指地震时地面及房屋等建筑物受到的影响及破坏程度，烈度用"度"表示，从 I 到 XII 共分为 12 个等级。

（1）I～III度：震动微弱，少有人察觉。

（2）IV～VI度：震动显著，有轻微破坏，但不引起灾害。

（3）VII～IX度：震动强烈，有破坏性，引起灾害。

（4）X～XII度：严重破坏性地震，引起巨大灾害。

对于同一次地震，不同的地区，其烈度大小是不一样的。距离震源近，破坏就大，烈度就大；反之，距离震源远，破坏就小，烈度就小。

由上可见，VI度以下的地震一般不会对建筑物造成破坏，无须设防；X度及其以上的地震造成的破坏是毁灭性的，难以有效预防。因此，对建筑物设防的重点是VII、VIII、IX度地震。在进行工程设计时，常用的地震烈度有基本烈度和设计烈度两种。

（1）基本烈度。基本烈度是指某地区今后 100 年内，在一般场地条件下可能遭遇的最大烈度。基本烈度所指的地区，并非是一个具体的工程建筑物地区，而是一个较大范围（如一个县、区或 10000 km²）的地区。一般场地条件是指在上述地区范围内普遍分布的地层岩性、地形地貌、地质构造和地下水条件等。基本烈度由国家地震局编绘的《中国地震烈度区划图》及各省地震烈度区划图圈定。

（2）设计烈度。根据建筑物的重要性和等级，针对不同的建筑物，将基本烈度加以调整，得到设计烈度。设计烈度是抗震设防的依据，也是建筑物设计的标准。水工建筑物已有专门的抗震设计规范《水工建筑物抗震设计规范》（DL 5073—2000），设计部门根据此规范确定设计烈度，并依据该规范对水工建筑物进行防震设计。

❖技能应用❖

技能 1　使用地质罗盘仪

地质罗盘（见图 1-32）是进行野外地质工作必不可少的一种工具。借助它可以定出方向，观察点的所在位置,测出任何一个观察面的空间位置(如岩层层面、褶皱轴面、断层面、节理面等构造面的空间位置),以及测定火成岩的各种构造要素、矿体的产状等。因此必须学会使用地质罗盘。

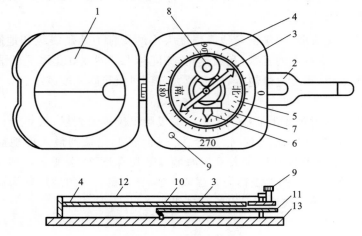

图 1-32　地质罗盘结构图

1—反光镜;2—瞄准觇板;3—磁针;4—水平刻度盘;5—垂直刻度盘;6—垂直刻度指示器;

7—垂直水准器;8—底盘水准器;9—磁针固定螺丝;10—顶针;11—杠杆;12—玻璃盖;13—罗盘圆盆

1. 地质罗盘的结构

地质罗盘仪式样很多,但结构基本是一致的。常用的是圆盆式地质罗盘。圆盆式地质罗盘由磁针、刻度盘、测斜仪、瞄准觇板、水准器等几部分安装在铜、铝或木制的圆盆内组成。

1)磁针

磁针一般为中间宽两边尖的菱形钢针,安装在底盘中央的顶针上,可自由转动,不用时应旋紧制动螺丝,将磁针抬起,压在盖玻璃上,避免磁针帽与顶针碰撞,以保护顶针,延长罗盘使用时间。在进行测量时,放松磁针固定螺丝,使磁针自由摆动,最后静止时磁针的指向就是磁针子午线方向。我国位于北半球,磁针两端所受磁力不等,磁针失去平衡。为了使磁针保持平衡,常在磁针南端绕上几圈铜丝,也便于区分磁针的南北两端。

2)水平刻度盘

水平刻度盘的刻度采用如下标示方式:从 0°开始按逆时针方向每隔 10°标记一次,连续刻至 360°,0°和 180°分别为 N 和 S,90°和 270°分别为 E 和 W,利用它可以直接测得地面两点间直线的磁方位角。

3)竖直刻度盘

竖直刻度盘专用来读倾角和坡角读数,以 E 或 W 位置为 0°,以 S 或 N 为 90°,每隔 10°标记相应数字。

4)悬锥

悬锥是测斜器的重要组成部分,悬挂在磁针的轴下方,拨动底盘处的觇板手可使悬锥转动,悬锥中央的尖端所指刻度即为倾角或坡角的度数。

5)水准器

水准器通常有两个,圆形水准器固定在底盘上,长形水准器固定在测斜仪上。

6）瞄准器

瞄准器包括对物觇板和对目觇板，反光镜中间有细线，下部有透明小孔，眼睛、细线、目的物三者成一线，就可瞄准目的物。

2. 地质罗盘的使用方法

1）磁偏角的校正

在使用前必须进行磁偏角的校正。因为地磁的南、北两极与地理上的南北两极位置不完全相符，即磁子午线与地理子午线不相重合，地球上任一点的磁北方向与该点的正北方向不一致，这两方向间的夹角称为磁偏角。

地球上某点磁针北端偏于正北方向的东边称为东偏，偏于西边称为西偏。东偏为（＋），西偏为（－）。

地球上各地的磁偏角都按期计算，公布以备查用。若某点的磁偏角已知，则一测线的磁方位角 $A_磁$ 和正北方位角 A 的关系为 A 等于 $A_磁$ 加减磁偏角。应用这一原理可进行磁偏角的校正，校正时可旋动罗盘的刻度螺旋，使水平刻度盘向左或向右转动（磁偏角东偏则向右，西偏则向左），使罗盘底盘南北刻度线与水平刻度盘 $0°\sim180°$ 连线间夹角等于磁偏角。经校正后测量时的读数就为真方位角。

2）目的物方位的测量

目的物方位的测量是测定目的物与测者间的相对位置关系，也就是测定目的物的方位角（方位角是指从子午线顺时针方向到该测线的夹角）。

测量时放松磁针固定螺丝，使对物觇板指向目的物，即使罗盘北端对着目的物，南端靠着自己，进行瞄准，使目的物、对物觇板小孔、盖玻璃上的细丝、对目觇板小孔等连在一直线上，同时使底盘水准器水泡居中，待磁针静止时指北针所指度数即为所测目的物之方位角（若指针一时静止不了，可读磁针摆动时最小度数的二分之一处，测量其他要素读数时亦同样）。

若用测量的对物觇板对着测者（此时罗盘南端对着目的物）进行瞄准，指北针读数表示测者位于目的物的什么方向，此时指南针所示读数才是目的物位于测者什么方向，与前者比较，这是因为两次用罗盘瞄准目的物时罗盘之南、北两端正好颠倒，故影响目的物与测者的相对位置。

为了避免时而读指北针，时而读指南针，产生混淆，应以对物觇板指着所求方向恒读指北针，此时所得读数即所求测物之方位角。

任务3　水文地质条件评价

❖任务导入❖

水是地球表面分布最广和最重要的物质。海洋、河流、湖泊、沼泽、地下水、冰川和大气水分等共同构成地球上的水圈。海洋、陆地水和大气中的水随时随地都通过相变和运动进行着交换，这种交换过程称为地球水分循环。例如，从水体、地面和植物叶面蒸发或蒸腾的水，以水蒸气的形式上升到大气圈中，在适宜条件下又会凝结成雨、雪、霜等形式，降落到地面或水面上。降到地面上的水，一部分形成地表水，一部分渗入地下形成地下水，还有一部分再度蒸发返回到大气中。而地下水渗流一段距离后，又可能溢出地表，流入江、河、湖、海中，形成地表水。地表水流和地下水流是最广泛、最强烈的外力地质作用因素。它们在向湖、海等地势低洼的地方流动的过程中,不断发挥着侵蚀、搬运和沉积作用。此过程与内力地质作用的共同影响,塑造出各种各样的地貌形态,形成各种第四纪松散沉积物,同时也促使形成一些不良的地质作用,如崩塌、滑坡、泥石流、岩溶,以及使岩石软化、泥化、膨胀等。

　　大坝建成后,水库水位升高,库水可沿坝基或坝肩岩体中的裂隙、孔隙渗透至坝下游,通常称为坝基或坝肩(绕坝)渗漏。这种渗透水流可形成作用于坝基底面向上的扬压力,同时还可能造成潜蚀、流土、管涌,它们都会给坝基岩体的稳定性带来很大的危害。水库中的水还可能沿水库周边的岩层向库外渗漏,不仅影响水库工程的效益,还可能造成坍岸、浸没、地下洞室涌水等危害。库、坝区的渗漏过程也是地表水和地下水的相互转化过程。

【任务】

　　(1) 评价地表水对水利工程地质环境的影响。
　　(2) 评价地下水对水利工程地质环境的影响。

❖ 知识准备 ❖

模块 1　河流的地质作用与河谷地貌

1. 河流的地质作用

　　降水或地下涌出地表的水汇集在地面低洼处,在重力作用下经常或周期性地沿流水本身造成的河谷流动,这就是河流。河流的地质作用分为侵蚀作用、搬运作用和沉积作用三种形式。

1) 侵蚀作用

　　河流的侵蚀作用包括机械侵蚀和化学溶蚀两种,前者较为普遍,后者只是在可溶岩地区才比较明显。河流的侵蚀作用按侵蚀作用方向分为下蚀作用和侧向侵蚀作用等。

　　(1) 下蚀作用。

　　河流的下蚀作用是指河水及其所挟带的砂砾对河床基岩撞击、磨蚀,对可溶性岩石的河床还进行溶解,致使河床受侵蚀而逐渐加深。河流下蚀作用的强弱是由多种因素决定的,如河床岩石的软硬、河流含沙量的多少和河水的流速等。其中,后者是更重要的因素。山区河流由于地势高差大,河床坡度陡,故水流速度快,下蚀作用强;平原河流流速缓慢,一般下蚀作用微弱,甚至没有。

　　对于所有入海的河流,其河床下蚀的深度趋于海平面时,河水就不再具有位能差,流动趋于停止,因而河流的下蚀作用也就停止。显然,海平面大致是河流下蚀作用的极限位置,通常称其为终极侵蚀基准面。此外,还有许多其他因素控制河流的下蚀能力,如主流对支流,湖泊、水库对流入其中的河流的控制等。由于这些因素本身是变化的,只是局部或暂时起控制作用,故称其为暂时或局部侵蚀基准面。

　　侵蚀基准面只是一个潜在的基准面,并不能完全决定河流下蚀作用的深度。特殊情况下,某些河段能下蚀得比它低很多。另外,地壳升降对侵蚀下切的深度和位置也有很大影响。

　　下蚀作用在河流的源头表现为河谷不断地向分水岭方向扩展延伸,使河流增长。这种现象称为向(溯)源侵蚀。侵蚀能力较强的水系可以把另一侧侵蚀能力较弱的水系的上游支流劫夺过来,称为河流袭夺。

（2）侧向侵蚀作用。

侧向侵蚀作用是指河水对河岸的冲刷破坏。河水冲刷河岸边坡的下部坡脚,使岸坡陡倾、直立,甚至下部掏空形成反坡,然后岸坡坍塌破坏,河岸后退、河谷变宽、河道增长,或形成河曲等。

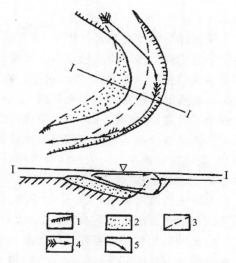

河水以复杂的紊流状态流动,其主流常是左右摇摆,呈螺旋状前进流动,或称环流,如图1-33所示。环流的表面水流流向凹岸,致使凹岸不断被冲刷淘空、垮落。侵蚀下来的物质又被环流底层的水流带向凸岸或下游堆积起来。随着侧向侵蚀作用持续进行,凹岸不断后退,而凸岸则向河心逐渐增长。结果河谷越来越宽,越来越弯,形成河曲（见图1-34）。极度弯曲的河道称为蛇曲。当河曲发展到一定程度时,同侧上下游两个相邻的弯曲之间的距离越来越小,洪水冲开狭窄地带,河流裁弯取直。而被

图1-33　河湾中水流的侧向侵蚀与堆积
1—冲蚀岸;2—河流沉积物;3—旧河床岸线;
4—主流线;5—单向环流

废弃的河道则逐渐淤塞断流,成为与新河道隔开的牛轭湖,遗留的河床称为古河床。如长江的下荆江河段,河曲极为发育,从藕池口到城陵矶的直线距离仅87 km,却有16个河曲,致使两地间河道长度达239 km,对船只航行十分不利。这段河道经过多次变迁,由天然裁弯取直形成的牛轭湖也很多。

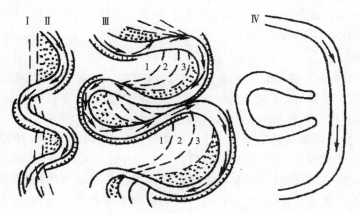

图1-34　河曲的形成与发展
Ⅰ—原始河道;Ⅱ—雏形弯曲河道;Ⅲ—蛇曲河道;Ⅳ—裁弯取直后的河道及牛轭湖;
1、2、3—河道演变过程

河流的下蚀作用和侧向侵蚀作用常是同时存在的,即河水对河床加深的同时,也在加宽河谷。但一般在上游以下蚀作用为主,侧向侵蚀微弱,所以常常形成陡峭的V形峡谷。而河流的中、下游则侧向侵蚀加强,下蚀作用减弱,所以河谷宽、河曲多。

2）搬运作用和沉积作用

河水在流动过程中,搬运着河流自身侵蚀的和谷坡上崩塌、冲刷下来的物质。其中,大部分是机械碎屑物,少部分为溶解于水中的各种化合物。前者称为机械搬运,后者称为化学

搬运。

机械碎屑物质在搬运过程中,可以沿河床滑动、滚动和跳跃,也可以悬浮于水中,相应的搬运物质分别称为推移质和悬移质。河流的机械搬运能力和物质被搬运的状态受河流的流量特别是流速的控制。据试验得知,被搬运物质的质量与流速的 6 次方成正比,即流速增加 1 倍,被搬运物质的质量将增加至原来的 64 倍。并且,当流速增加时,原来水中的推移质可以变为悬移质。反之,流速减小时,悬移质也可以变为推移质。

河流的机械搬运量除与河流的流量和流速有关外,还与流域内自然地理及地质条件有关。例如,流经黄土地区的河流往往有着很高的泥沙含量。黄河在建水库前,在陕县测得的平均含沙量达 36.9 kg/m³。

当河床的坡度减小,或搬运物质增加而引起流速变慢时,河流的搬运能力降低,河水挟带的碎屑物质便逐渐沉积下来,形成层状的冲积物,称其为沉积作用。

河流的沉积作用主要发生在河流入海、入湖和支流入干流处,或者在河流的中、下游,以及河曲的凸岸。且大部分都沉积在海洋和湖泊里。河谷沉积只占搬运物质的少部分,而且多是暂时性沉积,很容易被再次侵蚀和搬走。

由于河流搬运物质的颗粒大小与流速有关,因此,当流速减小时,被搬运的物质就按颗粒的大小或比重依次从大到小或从重到轻先后沉积下来。故一般在河流的上游沉积较粗的砂砾石土,越往下游沉积的物质越细,多为砂土或黏性土,并可形成广大的冲积平原及河口三角洲。更细的胶体颗粒或溶解质多带入湖、海中沉积。这称为机械分异作用,或称分选作用。

碎屑颗粒在搬运过程中,由于相互间或与河床之间的摩擦,颗粒棱角逐渐消失,最后颗粒被磨成球形、椭球形。这称为磨圆作用。

河流形成的大量沉积物可能改变河床的形态和水流状况,淤浅河床,影响航运,水库淤积影响库容,以及影响闸门、渠道的运用等。

2. 河谷地貌

地貌,即地球表面的形态特征。地貌与地形的区别在于后者只是指单纯的地表起伏形态,而地貌除指地表起伏形态外,还包含其形成原因、时代、发展和分布规律等特征。地貌是各种内、外地质应力相互作用的结果。大型的地貌主要是由内力地质作用形成的,如大陆、海洋、山岳、平原等。小型的地貌则主要是外力地质作用所形成的,如山峰、山脊、冲沟、河谷等。

河谷是河流挟带着砂砾在地表侵蚀、塑造的线状洼地。河谷由谷底和谷坡两大部分组成,如图 1-35 所示。谷底通常包括河床及河漫滩。河床是指平水期河水占据的谷底,或称河槽;河漫滩是河床两侧发洪水时才能淹没,在枯水时则露出水面的谷底部分。谷坡是河谷两侧的岸坡。谷坡下部常年洪水不能淹没并具有陡坎的沿河平台称为阶地,但不是所有的河段均有阶地发育。谷肩(谷缘)是谷坡上的转折点,它是计算河谷宽度、深度和河谷制图的标志。

河谷可划分为山区(包括丘陵)河谷和平原河谷两种基本类型,两种河谷的形态有很大差异。平原河谷由于水流缓慢,多以沉积作用为主,河谷纵断面较平缓,横断面宽阔,河漫滩宽广,江中洲发育,河流在其自身沉积的松散冲积层上发育成河曲和汊道。山区河谷与水电工程关系密切。下面着重讨论山区河谷的地貌形态。

1) 河谷的类型及特征

(1) 根据横断面形态特征分类。

① 峡谷。河谷的横断面呈 V 形,谷地深而狭窄,谷坡陡峭甚至直立,谷坡与河床无明显的

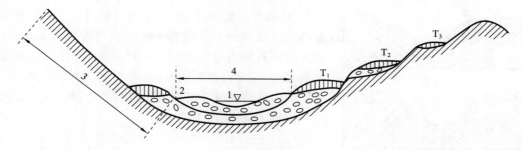

图 1-35　河谷的组成

1—河床；2—河漫滩；3—谷坡；4—谷底；T_1—一级阶地；T_2—二级阶地；T_3—三级阶地

分界线，谷底几乎被河床全部占据。两岸近直立，谷底全被河床占据者也称为隘谷，如长江瞿塘峡。隘谷可进一步发展成两壁仍很陡峭，但谷底比隘谷宽，常有基岩或砾石露出水面的障谷。峡谷的河床面起伏不平，水流湍急，并多急流险滩。如金沙江虎跳峡，峡谷深达 3000 m，江面最窄处仅 40～60 m，一般谷坡坡角达 70°。长江三峡也是典型的峡谷地段。

　　峡谷的形成与地壳运动、地质构造和岩性有密切关系。地壳上升和河流下切是最普遍的成因。古近纪以来地壳上升越强烈的地区，峡谷也越深、越多。如位于喜马拉雅山地区的雅鲁藏布江大峡谷，是世界上最大、最深的大峡谷。位于横断山脉的澜沧江、怒江及金沙江也都有很深的峡谷。峡谷多形成在坚硬岩石地区，尤其在石灰岩、白云岩、砂岩、石英岩分布的地区最为多见。如长江三峡是地壳上升地区，大部分流经石灰岩、白云岩分布的地段均形成峡谷。而由庙河经三斗坪坝址区至南沱，则为花岗岩分布的地段，河谷较宽阔，岸坡较缓，河漫滩也常有分布。这与花岗岩的风化特征有关。

　　峡谷地段水面落差大。常蕴藏着丰富的水能资源。如金沙江虎跳峡在 12 km 的河段内，水面落差竟达 220 m；另外，在其下游的溪洛渡峡谷地段也有很大落差，现正建设一座 278 m 高的混凝土拱坝和装机容量为 1260 万千瓦的水电站。当在峡谷地段发育有河曲时，更可获得廉价的电能。如雅砻江锦屏大河湾段，只需建一座低坝拦水，开凿约 17 km 长的引水洞，便可得到 300 m 的落差，设计装机容量为 320 万千瓦。永定河自官厅至三家店为峡谷地段，在约 110 km 长的河谷中，有 300 多米的落差，因有多处河曲，20 世纪 50 年代即已在珠窝、落坡岭修建低坝（坝高分别为 30 多米和 20 多米），而在下马岭和下苇甸分别获得约 90 m 和 70 m 的水头，修建了引水式水电站。

　　② 浅槽谷。浅槽谷又称 U 形河谷或河漫滩河谷。河谷横剖面较宽、浅，谷面开阔，谷坡上常有阶地分布，谷底平坦，常有河漫滩分布，河床只占谷底的一小部分。河流以侧蚀作用为主。它是由 V 形谷发展而成的，多形成于低山、丘陵地区，或河流的中、下游地区。

　　③ 屉形谷。屉形谷横断面形态为宽广的"□"形，谷坡已基本上不存在，阶地也不甚明显，只有浅滩、河漫滩、江中洲等发育。其中浅滩为高程在平水位以下的各种形态的泥沙堆积体，包括边滩、心滩、砂埂等。心滩不断淤高，其高程超过平水位时即转为江心洲。河流以侧蚀作用和堆积作用为主。屉形谷多分布在河流下游、丘陵和平原地区。

　　（2）根据河流与地质构造的关系分类。

　　① 纵谷。纵谷的特征是河谷延伸方向与岩层走向或地质构造线方向一致。河流沿软弱岩层、断层带、向斜或背斜轴等发育而成。据地质构造特征，纵谷又可命名为向斜谷、背斜谷、单斜谷、断层谷、地堑谷等，如图 1-36 所示。

（a）向斜谷

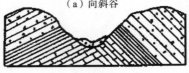

（b）背斜谷

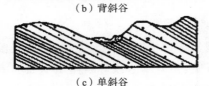

（c）单斜谷

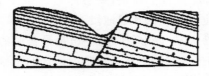

（d）断层谷

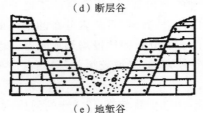

（e）地堑谷

图 1-36　各种纵谷横剖面图

② 横谷。横谷的特征是河谷延伸方向与岩层走向或地质构造线方向近于垂直。河流横穿褶皱轴或断层线。当穿过向斜轴或较大的断层破碎带时,河谷往往形成开阔的宽谷;当穿过背斜轴时,则河谷常为狭窄的峡谷。重庆市北碚区的嘉陵江河段横切三个背斜、两个向斜,就是一个典型实例,如图 1-37 所示。

（3）根据两岸谷坡对称情况分类。

根据两岸谷坡对称情况,河谷可分为对称谷和不对称谷等两种。前者两岸谷坡坡度相近(见图 1-36(a)、图 1-36(b)、图 1-36(e)),后者则一岸谷坡平缓、一岸陡峻(见图 1-36(c)、图 1-36(d)),谷坡平缓的一岸常有河漫滩分布,河水主流常靠近陡坡一侧流过。拱坝要求两岸地形尽量对称,当不对称时,容易产生不均匀变形。

2）河床地貌特征

山区河流,其河床的最大特征是不平整性,到处分布着岩坎、石滩、深槽和深潭等。

（1）岩坎和石滩。

岩坎由基岩构成,常常出现在软硬交替的岩层所组成的河段上(见图 1-38(a))。坚硬岩石横穿河床,水流差异性侵蚀,使河床纵剖面上形成许多阶梯。有时,断层横切河流也可以形成岩坎。河流在岩坎处形成急流。当岩坎高度大于水深时,即形成瀑布(见图 1-38(b))。在向源侵蚀的作用下,岩坎总是向上游后退,直至消失。

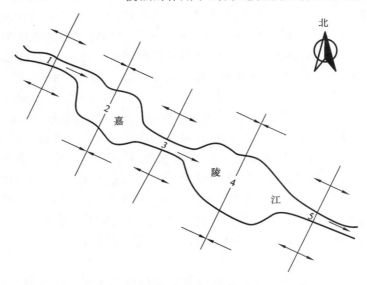

图 1-37　嘉陵江小三峡平面示意图

1—沥鼻峡背斜;2—澄江镇向斜;3—温塘峡背斜;4—北碚向斜;5—观音峡背斜

石滩是分布较长的浅水河床,可由基岩或堆积在河床中的块石和卵石构成。其中,堆积石滩常不稳定,在水流作用下较易移动、变形和消失,而基岩石滩则较稳定。由于岩体规模和产状不同,基岩石滩可以是成片分布的礁石,也可以是横河向或顺河向的石埂(石梁)。大的基岩石滩是良好的闸、坝地基。

(2)深槽和深潭。

深槽和深潭是河床中常见的地貌形态,它们的存在,会给水工建筑物的布置、基坑开挖、坝基防渗和稳定等方面带来困难和问题。山区河流除水流的作用外,主要受地质构造因素的影响,如河床中的断层、节理密集带、不整合面和软弱夹层等抗冲刷能力较弱的部位,由于冲刷的不均一性而形成深槽。深槽一般和主流方向一致,深槽的规模有的很大,例如,四川某坝址深槽宽约 40 m,深约 70 m。深潭是一种深陷的凹坑,深度可达几米至几十米。它主要形成于软弱结构面的交汇处、岩体的囊状风化带和瀑布的下游。有时,携带砂、砾石的漩涡流磨蚀河床基岩,也能形成深潭。

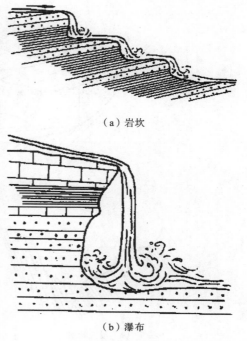

(a)岩坎

(b)瀑布

图 1-38　岩坎与瀑布

3)河漫滩

河漫滩是在河床两侧,洪水季节被淹没,枯水季节露出水面的一部分谷底。山区河谷中河漫滩较少出现,多在河曲的凸岸或局部河谷开阔地段才有,范围也较小。丘陵和平原地区的河谷则广泛分布,范围也大。有时河漫滩比河床的宽度大几倍甚至几十倍。河曲型河漫滩是河流侧蚀作用使河谷凹岸岸坡后退,凸岸堆积,河谷变弯,谷底展宽,不断发展而形成的。除此之外,还有汊道型及堰堤式河漫滩等。河漫滩处的沉积层常常是下部颗粒相对较粗、上部较细,通常称为二元结构的沉积层,具斜层理与交错层理。

4)河流阶地

在河谷发育过程中,受地壳上升、气候变化、侵蚀面下降等因素的影响,河流下切,河床不断加深,原先的河床或河漫滩抬升,高出一般洪水位,形成顺河谷呈带状分布的平台,这种地貌形态称为阶地(见图 1-39)。一般河谷中常常出现多级阶地。从高于河漫滩或河床算起,向上依次称为一级阶地、二级阶地等(见图 1-35)。一级阶地形成的时代最晚,一般保存较好,越老的阶地形态相对保存越差。

阶地的形成基本上要经历两个阶段。首先是在一个相当稳定的大地构造环境下,河流以侧蚀或堆积作用为主,形成宽广的河谷。然后,地壳上升,河流下切,于是便形成阶地。地壳稳定一段时间后,再次上升,便又形成另一级阶地。一般地壳上升越强烈的地区,阶地也越高。

根据成因,阶地可分为侵蚀阶地、基座阶地和堆积阶地等几种类型。

(1)侵蚀阶地。其特点是阶地面上基岩直接裸露或只有很少的残余冲积物(见图 1-40(a))。侵蚀阶地只在山区河谷中常见,作为大坝的接头、厂房或桥梁等建筑物的地基是有利的。

(2)基座阶地。其特点是上部的冲积物覆盖在下部的基岩之上(见图 1-40(b))。它是由

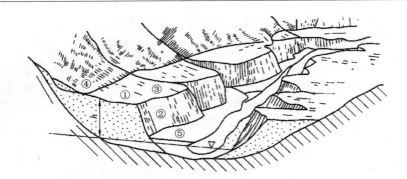

图 1-39　阶地形态要素示意图

①—阶地面;②—阶坡;③—前缘;④—后缘;⑤—坡脚;h—阶地高度

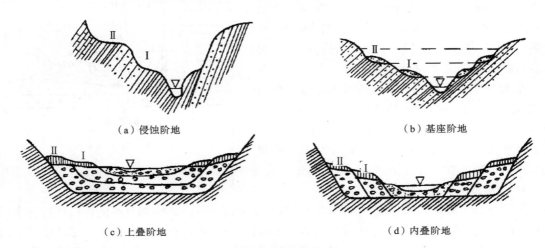

（a）侵蚀阶地　　　　　　　　　　　（b）基座阶地

（c）上叠阶地　　　　　　　　　　　（d）内叠阶地

图 1-40　阶地的类型

于后期河流的下蚀深度超过原有河谷谷底的冲积物厚度,切入基岩内部而形成的,分布于地壳上升显著的山区。

（3）堆积阶地。堆积阶地完全由冲积物组成,反映了在阶地形成过程中,河流下切的深度没有超过冲积物的厚度。堆积阶地在河流的中、下游最为常见。堆积阶地又可进一步分为上叠阶地和内叠阶地两种。

上叠阶地的特点是新阶地的堆积物完全叠置在老阶地的堆积物上(见图 1-40(c)),地壳升降运动的幅度在逐渐减小,河流后期每次下切的深度、河床侧向侵蚀的范围和堆积的规模都比前期的小。

内叠阶地的特点是新的阶地套在老的阶地之内(见图 1-40(d)),每次河流冲积物分布的范围均比前次的为小,反映它们在形成过程中,每次下切的深度大致相同,而堆积作用却逐渐减弱。

此外,还有一种埋藏阶地。地壳下降,早期形成的阶地被后期河流冲积物所掩埋,就会形成埋藏阶地。

模块 2　地下水的特征

地下水的运动和聚集必须具有一定的岩性和构造条件。空隙多而大的岩层能使水流通过,称为透水层。能够透过并给出相当数量水的岩层,称为含水层。不能透过并给出水或只是能通过与给出极少量水的岩层,称为隔水层。含水层和隔水层的不同组合,形成不同类型的地下水。

根据埋藏条件,地下水可分为包气带水、潜水和承压水三类(见图 1-41)。不论是哪种类型的地下水,均可按其含水层的空隙性质分为孔隙水、裂隙水和岩溶水等三类。因此,地下水可以组合成 9 种不同的类型(见表 1-7)。

表 1-7　地下水分类表

按埋藏条件划分	按含水层性质划分		
	孔隙水 (松散堆积物孔隙中的水)	裂隙水 (基岩裂隙中的水)	岩溶水 (岩溶空隙中的水)
包气带水 (潜水面以上未被水饱和的岩层中的水)	土壤水——土壤中未饱和的水; 上层滞水——局部隔水层以上的饱和水	出露于地表的裂隙岩体中,季节性存在的水	垂直渗入带中的水
潜水 (地面以下,第一个稳定隔水层以上具有自由水面的水)	各种松散堆积物中的水	基岩上部裂隙中的水	岩石溶蚀层中的水
承压水 (两个隔水层之间承受水压力的水)	松散堆积物构成的承压盆地和承压斜地中的水	构造盆地、向斜及单斜岩层中的层状裂隙水,断层破碎带中的深部水	构造盆地、向斜及单斜岩溶岩层中的水

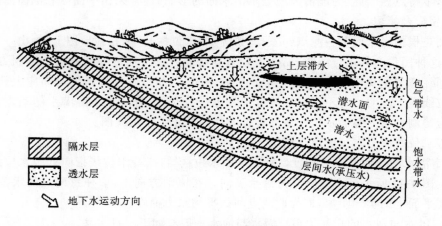

图 1-41　地下水埋藏示意图

包气带水的工程意义不大。潜水和承压水是地下水的基本类型。对于水利水电工程来说,广泛分布于山区、丘陵区的裂隙水和岩溶水,具有重要的意义。因此,下面将分别阐述潜水、承压水和裂隙水的特征,岩溶水则在以后介绍。

1. 潜水

潜水是埋藏在地表以下第一个连续、稳定的隔水层以上,具有自由水面的重力水(见图 1-42 及图 1-43)。

潜水的主要特征如下。

(1) 潜水面以上无稳定的隔水层存在,大气降水和地表水可直接渗入补给,成为潜水的主要补给来源。因此,在大多数的情况下,潜水的分布区与补给区是一致的,因而某些气象水文要素的变化能很快影响潜水的变化,潜水的水质也易于受到污染。

(2) 潜水自水位较高处向水位较低处渗流。在山脊地带,潜水位的最高处可形成潜水分水岭,自此处潜水流向不同的方向。潜水面的形状是因时因地而异的,它受地形、含水层的透水性和厚度、隔水层底板的起伏、气象和水文等自然因素控制,并常与地形有一定程度的一致性。一般地面坡度越大,潜水面的坡度也越大,但潜水面坡度常小于当地的地面坡度(见图1-42)。

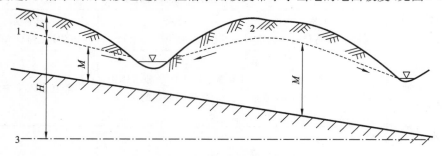

图 1-42　潜水埋藏特征示意图

L—潜水埋深;M—潜水层厚度;H—潜水水位;

1—潜水面;2—潜水分水岭;3—潜水位基准面

(2) 潜水等水位线图及埋藏深度图。

潜水面反映潜水与地形、岩性、气象、水文等之间的关系,同时能表现出潜水的埋藏、运动和变化的基本特点。因此,为能清晰地表示潜水面的形态,通常采用平面图和剖面图两种图示方法,并互相配合使用。

平面图是根据潜水面上各测点(井、孔、泉等)的水位标高,标在地形图上,画出一系列水位相等的线,这种图称为等水位线图(见图1-43),其绘制方法与地形等高线图的绘制方法一样。由于潜水面经常发生变化,因此在绘制等水位线图时,各测点水位资料的时间应大致相同,并应在等水位线图上注明。对不同时期等水位线图进行对比,有助于了解潜水的动态。一般在一个地区应绘制潜水的最高水位和最低水位时期的两张等水位线图。

根据等水位线图可以了解以下情况。

① 确定潜水的流向及水力梯度。垂直于等水位线,自高等水位线指向低等水位线的方向即为流向。图1-43所示箭头方向即为潜水流向。在流动方向上,取任意两点的水位高差,除以两点间在平面上的实际距离,即为此两点间的平均水力梯度。

② 确定潜水与河水的相互关系。潜水与河水一般有如下三种关系。

第一种,河岸两侧等水位线与河流斜交的锐角都指向河流的上游,表明潜水补给河水,如图1-44(a)所示。这种情况多见于河流的中、上游山区。

第二种,等水位线与河流斜交的锐角在两岸都指向河流下游,表明河水补给两岸的潜水,如图1-44(b)所示。这种情况多见于河流的下游。

第三种,等水位线与河流斜交,表明一岸潜水补给河水,另一岸则相反,如图1-44(c)所示。一般在山前地区的河流有这种情况。

③ 确定潜水面埋藏深度。潜水面的埋藏深度等于该点的地形标高减去潜水位。根据各

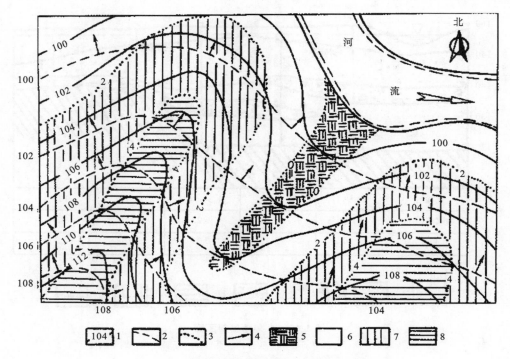

图 1-43　潜水等水位线图及埋藏深度图

1—地形等高线;2—等水位线;3—等埋深浅;4—潜水流向;5—埋深为零区(沼泽);
6—埋深为 0~2 m 区;7—埋深为 2~4 m 区;8—埋深大于 4 m 区

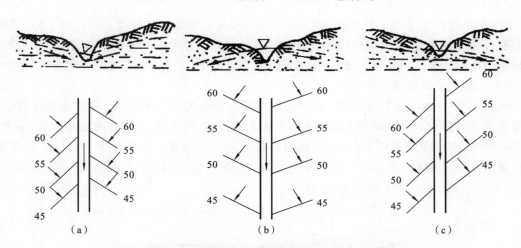

图 1-44　潜水与河水间不同关系的等水位线图

点的埋藏深度值,可绘出潜水等埋深线,如图 1-44 所示。

　　④ 确定含水层厚度。当等水位线图上有隔水层顶板等高线时,同一测点的潜水水位与隔水层顶板标高之差即为含水层厚度。

　　水文地质剖面图(见图 1-45)是在地质剖面图的基础上,绘制出有关水文地质特征的资料(如潜水水位和含水层厚度等)。在水文地质剖面图上,潜水埋藏深度、含水层厚度、岩性及其变化、潜水面坡度、潜水与地表水的关系等都能清晰地表示出来,它是水利水电工程中常用的

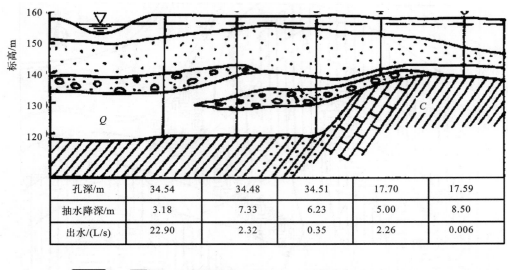

孔深/m	34.54	34.48	34.51	17.70	17.59
抽水降深/m	3.18	7.33	6.23	5.00	8.50
出水/(L/s)	22.90	2.32	0.35	2.26	0.006

图 1-45　水文地质剖面图

1—黏土;2—砂土;3—砂砾石土;4—砂岩;5—页岩;6—石灰岩;7—地下水位

图件之一。

2. 承压水

（1）承压水及其特征。

承压水是指存在于两个隔水层之间的含水层中,具有承压性质的地下水。由于隔水顶板的存在,故能明显地分出补给区、承压区和排泄区三部分。补给区大多是含水层出露地表的部分,比承压区和排泄区的位置为高;承压区是隔水顶板以下,被水充满的含水层部分;排泄区是承压水流出地表或流向潜水的地段。

承压区中地下水承受静水压力,当钻孔打穿隔水顶板时所见的水位,称为初见水位。随后,地下水上升到含水层顶板以上某一高度稳定不变,这时的水位(即稳定水面的标高)称为承压水位。承压水位如高出地面,则地下水可以溢出或喷出地表,如图 1-46 所示 H_1 的位置。所以,通常又称承压水为自流水。承压水位与隔水层顶板的距离称为水头,水头高出地面者称为正水头 H_1,低于地面者称为负水头 H_2。

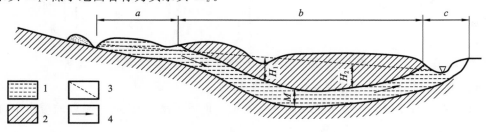

图 1-46　承压水剖面示意图

a—补给区;b—承压区;c—排泄区;H_1—正水头;H_2—负水头;M—承压水层厚度;

1—含水层;2—隔水层;3—承压水位线;4—流向

由于承压水的补给区和承压区不一致,故承压水的水位、水量、水质及水温等受气象、水文因素的影响较小。

基岩地区承压水的埋藏类型主要取决于地质构造,即在适宜的地质构造条件下,孔隙水、裂隙水和岩溶水均可形成承压水。最适宜于形成承压水的地质构造有向斜构造和单斜构造两类。

向斜构造又称为承压盆地,它由明显的补给区、承压区和排泄区组成(见图1-46)。

单斜构造又称为承压斜地,它的形成可能是含水层岩性发生相变或尖灭(见图1-47),也可能是含水层被断层所切引起的(见图1-48)。

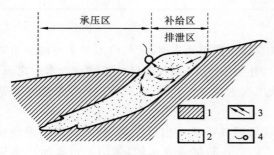

图1-47 岩性变化形成的承压斜地
1—隔水层;2—含水层;
3—地下水流向;4—泉

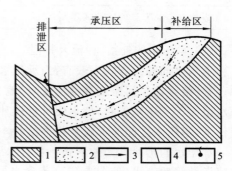

图1-48 断层构造形成的承压斜地
1—隔水层;2—含水层;3—地下水流向;
4—导水断层;5—泉

(2)等水压线图。

等水压线图就是承压水面的等高线图,如图1-49所示。它是根据观测点的承压水位绘制的。在图中也可同时绘出含水层顶板及底板等高线。这样就和等水位线图一样,可从图中确定:承压水的流向,并可计算其水力梯度;承压水位的埋深;承压水含水层的埋深;承压水的水头大小及含水层的厚度等。例如,根据图1-49可确定 A、C、E 点的数据如表1-8所示。

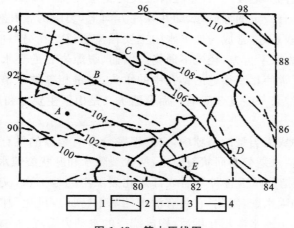

图1-49 等水压线图
1—地形等高线;2—含水层顶板等高线;3—等水位线;4—地下水流向

表 1-8　　A、C、E 点的数据

项　　目	A	C	E
① 地面绝对标高/m	103	108	104
② 承压水位/m	91	94	92
③ 含水层顶板绝对标高/m	83	85.1	82
④ 含水层距地表深度/m(第①项减第③项)	20	22.9	22
⑤ 稳定水位距地表深度/m(第①项减第②项)	12	14	12
⑥ 水头/m(第②项减第③项)	8	8.9	10

（3）承压水的补给、径流及排泄。

承压水的补给方式一般有：当承压水补给区直接出露于地表时，大气降水是主要的补给来源；当补给区位于河床或湖沼地带时，地表水可以补给承压水；当补给区位于潜水含水层之下，潜水位高于承压水位时，潜水便可直接补给到承压含水层中。此外，在适宜的地形和地质构造条件下，承压水之间还可以互相补给。

承压水的排泄有多种形式。若含水层某些区段或其排泄区出露在地表，则承压水泄流成泉或者补给地表水（见图 1-46）；若含水层被断层切割且断层是导水的，则沿断层线承压水以泉的方式排出（见图 1-48）。此外，还有其他排泄形式。

承压水径流条件决定于地形、含水层透水性和地质构造，以及补给区与排泄区的承压水位差。补给区与排泄区的地形高差和水位差越大，含水层透水性越好，构造挠曲程度越小，承压水径流越通畅，水交替便越强烈；相反，承压水径流越缓慢，水交替越微弱。承压水径流条件的好坏、水交替的强弱，决定了水的矿化度高低及水质好坏。

3. 裂隙水

裂隙水是指赋存于基岩裂隙中的地下水。岩石中的裂隙是地下水运移、储存的场所，它的发育程度和成因类型影响着地下水的分布和富集。在裂隙发育的地区，含水丰富；反之，甚少。所以在同一构造单元或同一地段内，含水性有很大的变化，因而形成裂隙水分布的不均一性。

岩层中的裂隙常具有一定的方向性，即在某些方向上，裂隙的张开程度和连通性比较好，因而其导水性强，水力联系好，常成为地下水的主要径流通道。在另一些方向，裂隙闭合或连通性差，其导水性和水力联系也差，径流不通畅。因而，裂隙岩石的导水性具有明显的各向异性。裂隙水的这些特征常使相距很近的钻孔中的水头、水量相差数十倍，甚至一孔有水，另一孔无水，给设计和施工带来一些复杂问题。而裂隙水又是山区主要的和广泛分布的地下水，与水利工程的关系密切。

裂隙水储存于各种成因类型的裂隙中，它的埋藏分布与裂隙的发育特点相适应。根据埋藏分布的特征，可将裂隙水划分为面状裂隙水、层状裂隙水和脉状裂隙水三种。

（1）面状裂隙水是指分布于各种基岩表部风化裂隙中的地下水，又称风化裂隙水。其上部一般没有连续分布的隔水层，因此，它具有潜水的基本特征。风化裂隙常是广泛分布、均匀密集的，因而，储存于其中的水能相互贯通，构成统一的水动力系统，并具有统一的水面。

风化裂隙含水性和透水性的强弱，随岩石的风化程度、风化层物质等因素的不同而各异。在全风化带及一些强风化带中因富含黏土物质，含水性和透水性反而减弱。一般将微风化带视为面状裂隙水的下限。

（2）层状裂隙水是指赋存于成岩裂隙或富含裂隙的夹层中的水。其埋藏和分布一般与岩层的分布一致，因而常有一定的成层性。由于各种裂隙交织相通构成了地下水运动和储存的网状通道，因此裂隙中的水相互之间有一定的水力联系，通常具有统一的水面。虽然如此，层状裂隙水在不同的部位和不同的方向上，因裂隙的密度、张开程度和连通性不同，其透水性和富水性仍有较大的差别，具有不均一的特点。在岩层出露的浅部，它可以形成潜水，当层状裂隙水被不透水层覆盖时，则形成承压水。

（3）脉状裂隙水是指赋存于构造断裂中的地下水。其主要特征是：沿断裂带呈带状或脉状分布；多为承压水；埋藏于大断裂带中者，补给来源较远，循环深度较大，水量丰富，水位及水质均较稳定，而埋藏于规模小、延伸不远、连通性差的断层或裂隙中者，则相反；脉状含水带可以穿过数个不同时代、不同岩性的地层和不同的构造部位，因此，在同一含水带中地下水的分布具有不均匀性。例如，断层带通过脆性岩石时，岩石破碎、裂隙发育，通常是强含水的；当通过塑性岩石时，裂隙不很发育，且多被泥质充填，而形成微弱的含水带或不含水。

脉状裂隙水水量丰富者，常常是良好的供水水源，但它对隧洞工程往往会造成危害，在施工中可产生突然的涌水事故，以及对衬砌产生较高的外水压力。

4. 泉

泉是地下水出露于地表的天然露头，是地下水的一种重要排泄方式。因此，它是反映岩层富水性和地下水的分布、类型、补给、径流、排泄条件和变化的一个重要标志。

泉是在一定的地形、地质和水文地质条件的结合下出现的。在山区及丘陵区的沟谷中和坡脚常可以见到泉，而在平原地区很少有泉。我国有不少的泉流量超过 $1\ m^3/s$，甚至超过 $10\ m^3/s$。水量丰富、动态稳定、水质适宜的泉，是宝贵的水源，有的还可用于发电。

按照泉的含水层性质，可将泉分为上升泉及下降泉两大类。上升泉由承压含水层补给，水流在压力作用下呈上升运动。下降泉由潜水或上层滞水补给，水流作下降运动。

泉根据其出露原因，又可分为侵蚀泉、接触泉、溢出泉和断层泉四类。侵蚀泉是沟谷切割到含水层时形成的。含水层若为潜水则形成侵蚀下降泉，如图 1-50（a）所示；若为承压水则形成侵蚀上升泉，如图 1-50（b）所示。接触泉是地下水自含水层和其下面隔水层的接触处涌出地表，或在侵入体与围岩接触带，地下水沿裂隙上升至地表形成的，如图 1-50（c）、图 1-50（d）所示。溢出泉是指地下水在运动过程中，由于前方岩层的透水性变弱，或隔水层隆起及阻水断层等因素，水流受阻而溢出地表形成的泉，如图 1-50（e）所示。断层泉是承压水沿导水断层上升，在地面标高低于承压水位处，涌出地表形成的，如图 1-50（f）所示，这类泉常沿断层成串分布。

模块3　环境水对混凝土的腐蚀性

环境水主要指天然地表水和地下水。环境水对混凝土的腐蚀性是指环境水所含的特定化学成分对混凝土产生的不同类型的腐蚀，从而降低了混凝土的整体性、耐久性和强度的过程和结果。

为评价环境水对混凝土的腐蚀性而进行的水化学成分分析试验中，除特殊需要外，一般只进行水质简易分析。分析项目主要有：K^+、Na^+、Ca^{2+}、Mg^{2+} 等阳离子；Cl^-、SO_4^{2-}、HCO_3^- 等阴离子；溶于水的侵蚀性 CO_2、游离 CO_2 气体；水的酸碱度的重要衡量指标 pH 值等。

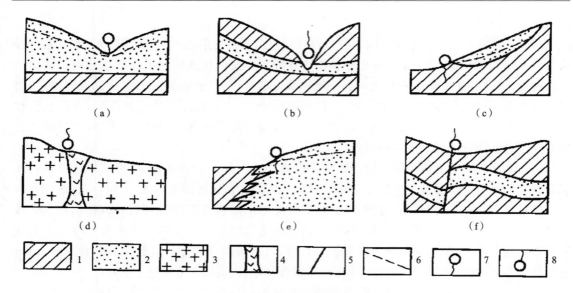

图 1-50 泉形成条件示意图

1—隔水层;2—透水层;3—花岗岩;4—岩脉;5—导水断层;6—地下水位;7—下降泉;8—上升泉

1. 环境水对混凝土的腐蚀性类型

根据《水利水电工程地质勘察规范》(GB 50487—2008),环境水对混凝土可能产生的腐蚀性分为三类。

(1)分解类腐蚀。水中某些化学成分使混凝土表面的炭化层与混凝土中固态游离石灰质溶于水,降低混凝土毛细孔中的碱度,引起水泥结石的分解,导致混凝土的破坏。此为分解类腐蚀,如溶出型腐蚀、一般酸性型腐蚀和碳酸型腐蚀。

(2)结晶类腐蚀。由于水中某些离子与混凝土中的固态游离石灰质或水泥结石作用,形成结晶体,体积增大,如生成 $CaSO_4 \cdot 2H_2O$ 时,体积增大 1 倍;生成 $MgSO_4 \cdot 7H_2O$ 时,体积增大 4.3 倍,产生膨胀力而导致混凝土被破坏。此为结晶类腐蚀,如硫酸盐型腐蚀。

(3)分解结晶复合类腐蚀。水中含某些弱碱硫酸盐,如 $MgSO_4$、$(NH_4)_2SO_4$ 等,这些弱碱硫酸盐既使混凝土发生分解,又在混凝土中形成结晶体,导致混凝土被破坏。此为分解结晶复合类腐蚀,如硫酸镁型腐蚀。

2. 环境水对混凝土的腐蚀等级

环境水对混凝土的腐蚀程度是指混凝土在没有防护条件下水对其所产生的破坏程度,以混凝土使用 1 年后的抗压强度与其养护 28 d 的标准抗压强度相比较,按强度降低的百分比 $F\%$ 划分为四个等级:无腐蚀($F=0$)、弱腐蚀($0<F<5$)、中等腐蚀($5 \leqslant F<20$)、强腐蚀($F \geqslant 20$)。环境水对混凝土的腐蚀程度判定标准详见《水利水电工程地质勘察规范》(GB 50487—2008)附录 G。

思 考 题

1. 简述矿物与岩石的关系。

2. 简述主要造岩矿物的鉴定特征。

3. 岩浆岩常见的矿物成分、结构、构造有哪些？

4. 按 SiO_2 的含量不同，岩浆岩可划分为哪四种类型？

5. 组成沉积岩的主要矿物成分有哪几种？沉积岩的结构、构造特征是什么？

6. 说明沉积岩的分类方法和常见沉积岩代表性岩石。

7. 什么是变质作用？变质作用有哪些类型？

8. 变质岩的主要矿物组成、结构、构造特征是什么？

9. 简述沉积岩的形成过程。

10. 地质构造的基本类型有哪些？

11. 简述地层相对年代的确定方法。

12. 岩层产状要素有哪些？怎样测定？

13. 褶皱的基本形态有哪些特征？在野外如何识别褶皱？

14. 张节理和剪节理有何特征？

15. 断层的基本类型有哪些？各有何特征？野外如何识别断层？

16. 什么是地震的震级和烈度？二者有何区别？

17. 河流的地质作用有哪些？其结果怎样？

18. 河谷地貌由哪些部分组成？

19. 河谷可分为哪些类型？其基本特征是什么？

20. 河流阶地有几种类型？其特征和成因如何？

21. 试述第四纪松散沉积物的主要成因类型和基本特征。

22. 潜水的主要特征是什么？从潜水等水位线图上可了解哪些情况？

23. 承压水的主要特征是什么？从等水压线图上可了解哪些情况？

24. 裂隙水有几种类型？特征如何？泉水有哪些类型？

25. 地下水的物理性质及化学性质有哪些？

26. 地下水的腐蚀性有哪些类型？

27. 岩溶现象的常见形态有哪些？

项目 2　水利工程地质问题处理

任务 1　常见水利工程地质问题分析

❖ 任务导入 ❖

　　某水库为山间沟谷型水库,库区总体呈弯曲带状,除在近坝址区有两个相连的较大的宽阔地形外,大部为坡陡流急的峡谷。库区所处两江河属于山区河流,河流坡降较大,沟谷切割较为剧烈,但库岸主要由岩体组成,仅局部地段存在第四系松散堆积物,两岸植被较好,固体径流来源并不丰富。水库蓄水后,水位上升引起库岸岩土体的湿化和物理、力学性质的改变,从而大大降低了其抗剪强度及自稳能力,形成库岸坍塌。组成库岸的岩土类型和性质是决定水库塌岸速度和宽度的主要因素,岩土体坚硬程度、库岸地质构造、软弱结构面的产状及组合关系都对库岸稳定性影响巨大。另外,库水位的变化幅度和波浪作用也是影响水库塌岸的重要因素。

【任务】

　　(1)在中小型水利水电工程建设中,经常会遇到哪些主要工程地质问题?

　　(2)水库库区有哪些主要工程地质问题?如何分析水库的渗漏问题?

❖ 知识准备 ❖

模块 1　坝的工程地质问题

1. 坝基的稳定性问题

　　坝基的稳定性是指坝基岩体在水压力及上部荷载作用下,不产生过大的沉降或不均匀沉降(称为沉降稳定),不产生滑动(称为抗滑稳定);在渗透水流作用下,不产生过大的渗透变形(称为渗透稳定)的性质。

　　对于修建在岩基上的土坝,由于其坝身断面较大,且为柔性基础,因此地基稳定性问题容易得到满足。但对于建在松散沉积层上的土坝,应查明在坝基中是否存在软土(如淤泥和淤泥质土)。重力坝、拱坝对地形、地质要求较高,因此,本部分主要针对重力坝分析其稳定性问题。

1) 坝基的沉降稳定性问题

　　坝基在垂直压力作用下,产生的竖向压缩变形称为坝基沉降。显然沉降量过大或产生不均匀沉降,将会导致坝体的破坏或影响正常使用。

　　由坚硬岩石构成的坝基强度高、压缩性低,不会产生过大的沉降。但当坝基岩体中存在软弱夹层、断层破碎带、节理密集带和较厚的强风化岩层时,则有可能产生较大的沉降或不均匀沉降,甚至导致破坏。

影响沉降的因素,除岩性和地质构造外,还要考虑软弱夹层的存在位置和产状。当软弱夹层在坝基中呈水平时,有可能产生沉降变形(见图 2-1(a));当位于下游坝址处时,坝体易向下游倾覆(见图 2-1(b));若位于坝的上游坝踵处,则对沉降影响较小(见图 2-1(c))。

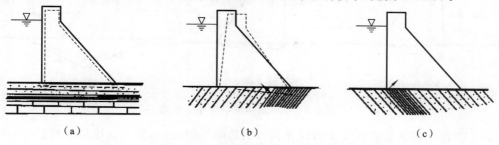

(a)　　　　　　　　　　(b)　　　　　　　　　　(c)

图 2-1　软弱夹层的产状和分布位置与地基沉降稳定示意图

选择坝址时应尽量避开软弱岩石分布地带,当不能避开时,应采取加固措施,如采取固结灌浆和开挖回填混凝土等措施。

为了保证建筑物的安全和正常运用,应将地基沉降变形量限制在一定容许范围内,工程中通常用地基容许承载力来表示。岩基的容许承载力是指,岩基在荷载作用下,不产生过大的变形、破裂所能承受的最大压强,一般用单块岩石的极限抗压强度除以折减系数得出,即

$$[R] = \frac{R_c}{K} \tag{2-1}$$

式中:$[R]$ 为岩基容许承载力,kPa;R_c 为岩石的饱和极限抗压强度,kPa;K 为折减系数。

采用折减系数 K 是因为,单块岩石容许承载力要远高于岩体的抗压强度,而用 R_c 去评价被各种结构面切割的岩体时,必须除以折减系数,这样才能评价岩体的容许承载力。

一般对于特别坚硬的岩石,K 取 20~25;对于一般坚硬的岩石,K 取 10~20;对于软弱的岩石,K 取 5~10;对于风化的岩石,参照上述标准相应降低 25%~50%。

岩基的承载力一般较高,多数能满足筑坝要求。故 $[R]$ 往往不是设计中的控制性指标。对于建筑在较软弱、破碎地基上的大型重要建筑物,为了正确确定地基的承载力,应在现场进行荷载试验。

2)坝基的抗滑稳定分析

坝基岩体在大坝重量及水压力共同作用下产生的滑动,是重力坝破坏的主要形式。坝基的抗滑稳定性分析是坝设计中的一个重要工作。

坝基岩体受力状态是复杂的,既要承受垂直方向的作用力,又要承受各种侧向推力及渗透压力等。坝基岩体的稳定性,除受上述工程作用力的制约外,主要取决于坝基岩体的地质条件。这就要求坝基岩体应有足够的抗剪强度以满足抗滑稳定性要求。

(1)坝基岩体滑动破坏的类型。按滑动面发生位置的不同,坝基岩体滑动的形式可分为表层滑动、浅层滑动和深层滑动三种(见图 2-2)。

① 表层滑动。表层滑动是指坝体混凝土底面与基岩接触面之间的剪断破坏现象,一般在基岩比较完整、坚硬的坝基,上部坝体与下部基岩的抗剪强度都比较大,而且两者的接触面基础处理,特别是清基工作质量欠佳,致使浇筑的坝体混凝土与开挖的基岩面黏结不牢,抗剪强度未能达到设计要求的情况下发生(见图 2-2(a))。

② 浅层滑动。浅层滑动是指沿坝基不深处岩体表层的软弱结构面而发生的滑动(见图

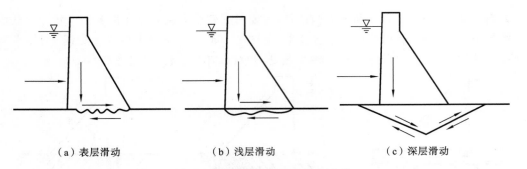

（a）表层滑动　　　　　　（b）浅层滑动　　　　　　（c）深层滑动

图 2-2　坝基岩体滑动破坏的形式

2-2(b)）。浅层滑动往往在施工中对风化岩石的清除不彻底、基岩本身比较软弱破碎，或在浅部岩体中有软弱夹层未经有效处理等情况下发生。

③ 深层滑动。当坝基岩体某一深度处存在一组软弱结构面或多组结构面的不利组合时，软弱结构面上覆岩体和坝体本身的抗剪强度都较高，而组成软弱结构面的物质的抗剪强度却相对较低，这时坝体和软弱面上覆岩体作为一个整体，在水平推力的作用下，就可能沿该软弱结构面（或结构面的不利组合）形成滑动。这种滑动称为深层滑动（见图 2-2(c)）。

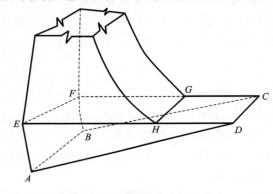

图 2-3　坝基滑动边界条件

ABCD—滑动面；*ADE*、*BCF*、*ABEF*—切割面；

CDHG—临空面

（2）坝基滑动的边界条件。坝基岩体发生深层滑动是因为，坝基下岩体四周为结构面切割，形成可能滑动的滑动体，且该滑动体由可能成为滑动面的软弱结构面、与四周岩体分离的切割面、具有自由空间的临空面（见图 2-3）。滑动面、切割面、临空面构成了坝基岩体滑动的边界条件。它们可以组成各种形状，构成可能产生滑动的结构体，一般常见的结构体形状有楔形体、棱柱体、锥形体、板状体等四类（见图 2-4）。

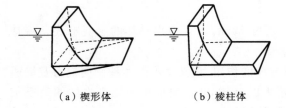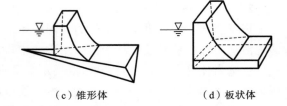

（a）楔形体　　　　　（b）棱柱体　　　　　（c）锥形体　　　　　（d）板状体

图 2-4　坝基滑动体类型

分析坝基岩体滑动的边界条件实质是对坝基岩体稳定性的定性评价，是进行力学分析的基础。经过分析，如果不存在滑动的边界条件，则坝基岩体是稳定的；如果边界条件不完全，如只有滑动面而无切割面，或只有切割面而无滑动面的自由空间，都可认为岩体基本稳定。只有滑动边界条件具备，岩体才有可能滑动，此时应进一步通过力学分析作出评价。

（3）坝基抗滑稳定性计算公式。坝基抗滑稳定性验算通常采用静力极限平衡原理方法进行，该方法将作用在坝基岩体的各种力均投影到同一可能的滑动面上，并按其性质分为滑动力

与抗滑力两部分,抗滑力与滑动力的比值称为抗滑稳定性系数 F_s,即

$$F_s = \frac{抗滑力}{滑动力}$$

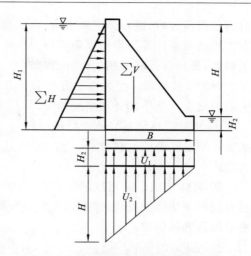

下面就表层滑动介绍目前常用的两种类型的计算公式,如图 2-5 所示。

$$F_s = \frac{f(\sum V - U)}{\sum H} \qquad (2-2)$$

$$F'_s = \frac{f(\sum V - U) + cA}{\sum H} \qquad (2-3)$$

式中:F_s、F'_s 为抗滑稳定安全系数,一般 F_s 取值为 1.0～1.1,F'_s 取值为 3.0～5.0;$\sum V$ 为作用在滑动面上的竖向力之和,kN;$\sum H$ 为作用在滑动面以

图 2-5　表层滑动稳定性计算示意图

上的水平力之和,kN;U 为作用在滑动面上的扬压力,kN;c 为滑动面的黏聚力,kPa;A 为滑动面的面积,m^2;f 为摩擦系数。

式(2-2)和式(2-3)的区别在于是否考虑黏聚力 c 的作用。式(2-2)不考虑黏聚力 c,主要是 c 值受很多因素(如风化程度、清基质量及作用力的大小等)影响,正确选择 c 值有困难。因此可以不考虑它,并将其作为安全储备,这样可以降低 F_s 值。式(2-3)考虑了 c 值,是认为滑动面处于胶结状态,适用于混凝土与基岩的胶结面及较完整的基岩。

(4) 抗滑稳定性计算参数的确定。从式(2-2)、式(2-3)可以看出,f、c 值对岩体稳定性影响很大。如果选值偏大,则坝基稳定性没有保证;反之则会造成工程上的浪费。

目前对抗剪强度指标的选定,一般采用以下三种方法。

① 经验数据法。对无条件进行抗剪试验的中小型水利水电工程,可在充分研究坝基工程地质条件的基础上,参考经验数据确定 f、c 值。表 2-1 所示的是根据我国经验得出的摩擦系数 f 值,可供参考。

表 2-1　坝基岩体摩擦系数(f)经验数据表

岩 体 特 征	摩擦系数(f)
极坚硬、均质、新鲜岩石,裂隙不发育,地基经过良好处理,湿抗压强度大于100 MPa,野外试验所得 $E > 2 \times 10^4$ MPa	0.65～0.75
岩石坚硬、新鲜或微风化,弱裂隙性,不存在影响坝基稳定的软弱夹层,地基经处理后,岩石湿抗压强度大于 60 MPa,$E > 1 \times 10^4$ MPa	0.65～0.70
中等硬度的岩石,岩性新鲜或微风化,弱裂隙性或中等裂隙性,不存在影响坝基稳定的较弱夹层,地基经处理后,岩石湿抗压强度大于 20 MPa,$E > 0.5 \times 10^4$ MPa	0.50～0.60

② 工程地质类比法。此法参考工程地质条件相似且运转良好的已建工程所采用的 f、c 值,作为拟建工程的设计指标。这种方法实质上也是经验数据法,但由于条件相似,故更接近实际情况,适用于中、小型工程。

③ 试验法。试验法是通过室内与现场试验求得抗剪强度指标 f、c 值。采用试验法确定

抗剪强度指标时,通常分三步选定:由试验人员通过试验,整理后提出试验指标;由地质人员根据工程地质条件等因素予以调整后提出建议指标;设计人员根据工程特点对建议指标进行适当调整,提出设计时采用的计算指标。

(5)坝基处理。经过以上分析和计算,认为坝基稳定性存在问题时,应采取措施,以保证工程的安全。常用的处理措施如下。

① 清基。将坝基岩体表层松散软弱、风化破碎的岩层及浅部的软弱夹层等开挖清除,使基础位于较新鲜的岩体之上。清基时,基岩表面应略有起伏,并使之倾向上游,以提高抗滑性能。

② 岩体加固。可通过固结灌浆,将破碎岩体用水泥胶结成整体,以增加其稳定性。对软弱夹层可采用锚固处理,即用钻孔穿过软弱结构面,进入完整岩体一定深度,插入预应力钢筋,用于加强岩体稳定。

2. 坝区渗漏问题

水库蓄水后,在大坝上、下游水头差的情况下,库水将沿坝基岩体中存在的渗漏通道向下游渗漏。库水由坝基岩体渗向下游的渗漏称为坝基渗漏。由两岸坝肩岩体的渗漏称为绕坝渗漏。两者统称坝区渗漏。坝区渗漏和水库渗漏一样,主要沿透水层(如砂、砾石)和透水带(断层、溶洞)渗漏。坝区渗漏不但减少库容,影响水库正常效益发挥,而且强大的渗流将会在坝基中产生管涌和流砂现象,降低坝基岩体的稳定性及大坝安全。下面仅以地质条件分析对坝区渗漏作一扼要分析。

1)基岩地区渗漏分析

岩浆岩(包括变质岩中的片麻岩、石英岩)区的坝基一般较为理想,对基岩来说,可能渗漏的通道主要是断层破碎带、岩脉裂隙发育带和裂隙密集带及表层风化裂隙组成的透水带。只要这些渗漏通道从库区穿过坝基,就有可能导致渗漏。

喷出岩区的渗漏主要是通过互相连通的裂隙、气孔及多次喷发的间歇面渗漏,具有层状性质。

沉积岩地区除上述断层破碎带和裂隙发育带构成的渗漏通道外,最常见的是透水层(胶结不良的砂砾岩和不整合面)漏水,只要它们穿过坝基,就可成为漏水通道。在岩溶地区应查明岩溶的分布规律和发育程度。岩溶区一旦发生渗漏,水库就会严重漏水,甚至干涸。

2)松散沉积物地区的渗漏分析

松散沉积物地区坝基渗漏主要通过古河道、河床和阶地内的砂卵砾石层。其颗粒粗细变化较大,出露条件也各异,这些均影响渗漏量的大小。如果砂卵石层上有足够厚度、分布稳定的黏土层时,这一黏土层就等于是天然铺盖,可起防渗作用。因此,在研究松散层坝区渗漏问题时,应查清土层在垂直和水平方向的变化规律。

模块2　库区的工程地质问题

库区的工程地质问题,可归纳为库区渗漏、浸没、塌岸、淤积等几方面。

1. 库区渗漏问题

库区渗漏包括暂时性渗漏和永久性渗漏两类。

前者指在水库蓄水初期为使库水位以下岩土饱和而出现的库水损失,这部分的损失对水库影响不大。后者指库水通过分水岭向邻谷低地或经库底向远处洼地渗漏,这种长期的渗漏将影响水库效益,还可能造成邻谷和下游的浸没。

分析库区是否渗漏,可从以下几方面考虑。

1) 库区地形地貌特征及水文地质条件

山区水库,地形分水岭(或称河间地块)单薄,若邻谷谷底高程低于水库正常高水位(见图2-6(a)),则库水有可能向邻谷渗漏。相反,若河间地块分水岭宽厚,或邻谷谷底高于水库正常高水位,库水就不可能向邻谷渗漏(见图2-6(b))。

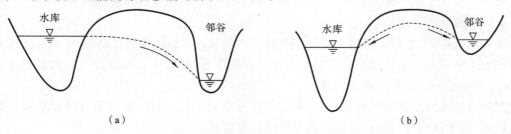

图 2-6　邻谷高程与水库渗漏的关系

当山区水库位于河弯处时,若河道转弯处山脊较薄,且又位于垭口、冲沟地段,则库水可能外渗(见图2-7)。

平原区水库一般不易向邻谷河道渗漏,但在河曲地段有古河道沟通下游时,则有渗漏可能。

2) 地层岩性和地质构造

当河间分水岭岩由强透水岩层,如卵砾石层、岩溶通道或有断层沟通组成,且这些岩层及通道又低于库区的正常水位时,水库必将形成强烈漏水(见图2-8)。

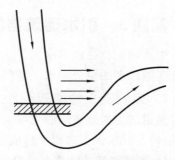

图 2-7　河弯间渗漏途径示意图

2. 水库浸没问题

水库蓄水后,水位抬高,水库周围地区的地下水位上升至地表或接近地表,引起水库周围地区的土壤盐渍化和沼泽化、建筑物地基软化、矿坑充水等现象,这种现象称为水库浸没。

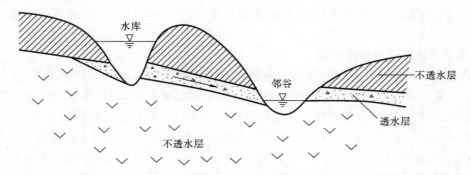

图 2-8　易于向邻谷渗漏的岩性、构造条件

水库浸没的可能性取决于水库岸边正常水位变化范围内的地貌、岩性及水文地质条件。对于山区水库,水库边岸地势陡峻,或由不透水岩石组成,一般不存在浸没问题。但对山间谷地和山前平原中的水库,周围地势平坦,易发生浸没,而且影响范围也较大。

3．水库塌岸问题

水库蓄水后，岸边的岩石、土体受库水饱和、强度降低，加之库水波浪的冲击、淘刷，引起库岸坍塌后退的现象，称为塌岸。塌岸将使库岸扩展后退，对岸边的建筑物、道路、农田等造成威胁、破坏，且使塌落的土石又淤积库中，减少有效库容，还可能使分水岭变得单薄，导致库水外渗。

塌岸一般在平原水库比较严重，水库蓄水两三年内发展较快，以后渐趋稳定。

4．水库淤积问题

水库建成后，上游河水携带大量泥沙及塌岸物质和两岸山坡地的冲刷物质，堆积于库底的现象称为水库淤积。水库淤积必将减小水库的有效库容，缩短水库寿命。尤其在多泥沙河流上，水库淤积是一个非常严重的问题。

工程地质研究水库淤积问题，主要是查明淤积物的来源、范围、岩性及其风化程度及斜坡稳定性等，为论证水库的运用方式及使用寿命提供资料。

防治水库淤积的措施主要是在上游开展水土保持工作。

模块 3　引水建筑物的工程地质问题

引水建筑物是线形水工建筑物，一般由渠道、输水隧洞、渡槽、闸等组成，本部分介绍工程地质问题较多的渠道和水工隧洞。

1．渠道的工程地质问题

渠道的工程地质问题主要有渠道渗漏、渠道边坡稳定和渠道两侧的自然地质现象，如冲沟、崩塌、滑坡、泥石流对渠道的威胁。

1）渠道渗漏的地质条件分析

山区傍山渠道多通过基岩地区，由于绝大多数岩石的透水性很弱，因此一般渗漏不严重。但要注意渠线是否穿越强透水层或强透水带（如断层破碎带、节理密集带、岩溶发育带、强烈风化带等），这些地段可产生大量渗漏。

平原线及谷底线的渠道多通过第四系的松散沉积层，渠道渗漏主要取决于其透水性的强弱。例如，砂、砾石、碎石等透水性强，渠道渗漏严重；黏性土透水性微弱，甚至不透水，则很少渗漏。

2）渠道选线的工程地质问题

渠道为线形建筑物，路线长，穿越的地貌、岩性、构造及水文地质条件类型多，变化复杂。为使渠道水流畅通又不致水头损失过大，应有一个合理的纵坡降，以保证渠道不冲、不淤和渗漏损失最小。故在选线时，首先要注意地貌和地形条件，应尽可能避开高山、深谷和地形切割强烈的丘陵山区。渠线应在工程地质条件较好的岩体中通过，尽量避开不良地质条件，如大断层破碎带、强地震区、强透水层分布区、溶洞（尤其是落水洞）发育地段和边坡不稳定地段。

3）渠道渗漏的防治

渠道渗漏防治措施主要有以下三个方面。

（1）绕避。在渠道选线时尽可能避开强透水地段、断层破碎带和岩溶发育地段。

（2）防渗。采用不透水材料护面防渗，如黏土、三合土、浆砌石、混凝土、土工布等。

（3）灌浆、硅化加固等。

2. 隧洞的工程地质问题

当渠道穿越山岭和谷地时，环山渠道往往线路太长，且要增加较多的附属建筑物（如渡槽、倒虹吸、挡土墙等），此时可经过经济方案比较而选用穿山隧洞的形式。其优点是线路短，水头损失小，便于管理养护，还可避开一些不良地质地段。

由于隧洞修建在地下岩体中，因此地质条件对隧洞影响很大，隧洞的主要工程地质问题是洞身围岩（即洞的周围岩体）的稳定性和围岩作用于支撑、衬砌上的山岩压力，以及地下水对围岩稳定性的影响。

1）围岩工程地质分类

我国《水利水电工程地质勘察规范》（GB 50487—2008）将围岩按围岩总评分、围岩强度应力比分为五类，如表 2-2 所示。

表 2-2　围岩初步分类

围岩类别	围岩类型	岩体完整程度	岩体结构类型	围岩分类说明
Ⅰ、Ⅱ		完整	整体或巨厚层状结构	坚硬岩定Ⅰ类，中硬岩定Ⅱ类
Ⅱ、Ⅲ		较完整	块状结构、次块状结构	坚硬岩定Ⅱ类，中硬岩定Ⅱ类，薄层状结构定Ⅲ类
Ⅱ、Ⅲ	硬质岩		厚层或中厚层状结构、层（片理）面结合牢固的薄层状结构	
Ⅲ、Ⅳ			互层状结构	洞轴线与岩层走向夹角小于 30°时，定Ⅳ类
Ⅲ、Ⅳ		完整性差	薄层状结构	岩质均一且无软弱夹层时可定Ⅲ类
Ⅲ			镶嵌结构	
Ⅳ、Ⅴ		较破碎	碎裂结构	有地下水活动时定Ⅴ类
Ⅴ		破碎	碎块或碎屑状散体结构	—
Ⅲ、Ⅳ		完整	整体或巨厚层状结构	较软岩定Ⅲ类，软岩定Ⅳ类
	软质岩	较完整	块状或次块状结构	较软岩定Ⅳ类，软岩定Ⅴ类
			层厚、中厚层或互层状结构	
Ⅳ、Ⅴ		完整性差	薄层状结构	较软岩无夹层时可定Ⅳ类
		较破碎	碎裂结构	较软岩可定Ⅳ类
		破碎	碎块或碎屑状散体结构	—

围岩强度应力比 S 为

$$S = \frac{R_b K_v}{\sigma_m} \tag{2-4}$$

式中：R_b 为岩石饱和单轴抗压强度，MPa；K_v 为岩体完整性系数；σ_m 为围岩的最大主应力，MPa。

围岩工程地质详细分类应以控制围岩的岩石强度、岩体完整程度、结构面状态、地下水和主要结构面产状五项因素之和的总评分为基本判据，以围岩强度应力比为限定判据，并应符合表 2-3 的规定确定。

表 2-3　地下洞室围岩详细分类

围岩类别	围岩总评分 T	围岩强度应力比 S
Ⅰ	$T>85$	>4
Ⅱ	$65<T\leqslant85$	>4
Ⅲ	$45<T\leqslant65$	>2
Ⅳ	$25<T\leqslant45$	>2
Ⅴ	$T\leqslant25$	—

注：Ⅱ、Ⅲ、Ⅳ类围岩，当其强度应力比小于本表规定时，围岩类别宜相应降低一级。

2）隧洞的工程地质条件

（1）洞口位置的选择。洞口位置应该考虑山坡坡度、岩层倾角、洞口顶板的稳定性和水流影响等几方面因素。许多工程实践证明，洞口位置的地形地貌条件不利，往往会导致迟迟不能清理出稳定的洞脸而无法进洞的局面。

山坡宜下陡上缓，无滑坡、崩塌等存在。山坡下部坡度最好大于 60°，一般不宜小于 40°。洞口处岩石应直接出露或坡积层较薄，岩石比较新鲜，尽量选在岩层倾角与坡向相反的山坡（反向坡），或选择岩层倾角小于 20°或大于 75°的顺向坡。

选择完整、厚度大的岩层作顶板。洞口位置不应选在冲沟或溪流的源头、旁河山嘴和谷地口部受水流冲蚀地段。在地貌上应避开滑坡、崩塌、冲沟、泥石流等不良自然地质现象。

（2）隧洞选线的工程地质评价。

① 隧洞选线时应充分利用地形，方便施工。例如，利用深切的河谷使隧洞出现明段，便于分段施工。

② 选择洞线时，应充分分析沿线地层的分布和各种岩石的工程性质，尽量使洞身在完整坚硬的岩体中穿过。

③ 洞线在褶皱岩层和断裂地带穿过时，应尽量使其垂直于岩层和断层的走向，并应避开褶曲核部，以陡倾角的翼部为佳。

④ 对隧洞沿线的水文地质条件应进行预测性调查，对易透水的岩层和构造，特别是岩溶地区，要密切注意其分布规律和发育程度，并分析评价地下水涌水的可能性和涌水量。

⑤ 在隧洞位置选择时，岩体中的初始应力状态对围岩稳定性的影响不可忽视。如岩体中水平主应力较大时，洞线应平行最大主应力方向布置。

3）山岩压力及弹性抗力

山岩压力及弹性抗力是设计支护或衬砌的依据之一，它关系到洞室正常运用、安全施工、节约资金和更快更好地进行建设的问题。

（1）山岩压力。由于隧洞的开挖，破坏了围岩原有的应力平衡条件，引起围岩中一定范围内的岩体向洞内松动或坍塌，因而开挖隧洞时，必须尽快支撑和衬砌，以抵抗围岩的松动或破坏。这时围岩作用于支撑和衬砌上的压力称为山岩压力（也称围岩压力）。显然，山岩压力是隧洞设计的主要荷载。若山岩压力很小或没有，则可认为隧洞是稳定的，可以不支撑；若山岩压力很大，则必须考虑衬砌和支撑。所以，正确估计山岩压力的大小，是直接影响隧洞安全和经济的问题。

　　工程上常用两种确定山岩压力的方法:其一,用平衡拱理论,将围岩视为松散介质;其二,用岩体结构分析,将围岩视为各种结构面组合而成的塌落体,塌落体的滑动力减去抗滑力即为山岩压力。但由于确定山岩压力的大小和方向是一个极为复杂的问题,因此,到目前为止,山岩压力的计算问题还没有得到圆满解决。

　　(2)弹性抗力。岩体的弹性抗力是指在有压隧洞的内水压力作用下向外扩张,引起围岩发生压缩变形后产生的反力。围岩的弹性抗力与围岩的性质、隧洞的断面尺寸及形状等有关。设洞壁围岩在内水压力作用下向外扩张 y(见图 2-9),则围岩产生的弹性抗力 σ 为

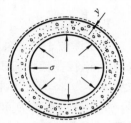

$$\sigma = Ky \qquad (2-5)$$

式中:σ 为岩体的弹性抗力,MPa;y 为洞壁的径向变形,cm;K 为围岩的弹性抗力系数,MPa/cm。

图 2-9　内水压力作用下围岩变形

　　弹性抗力系数 K 的物理含义是迫使围岩产生一个单位的径向变形所需施加的压力值。岩体的弹性抗力系数反映岩体的抗力特征。K 值愈大,岩体承受的内水压力就愈大,相应的衬砌承担的内水压力就小一些,衬砌可以做得薄一些。但 K 值选得过大,将给工程带来不安全因素,因此,正确选择岩体的弹性抗力系数具有很大意义。

　　弹性抗力系数 K 与隧洞的直径有关,以圆形隧洞为例,隧洞的半径愈大,K 值愈小。故 K 值不为常数,为了便于对比使用,隧洞设计常采用单位弹性抗力系数 K_0(即隧洞半径为100 cm 时的岩体弹性抗力系数)来计算弹性拉力,即

$$K_0 = K\frac{R}{100} \qquad (2-6)$$

式中:R 为隧洞半径,cm。

　　表 2-4 所示的为常用的单位弹性抗力系数表,以供参考。

表 2-4　岩石抗力系数表

岩石坚硬程度	代表岩石	节理裂隙多少、风化程度	有压隧洞单位抗力系数 K_0/(MPa/cm)	无压隧洞单位抗力系数 K_0/(MPa/cm)
坚硬岩石	石英岩、花岗岩、流纹斑岩、安山岩、玄武岩、厚层硅质灰岩等	节理裂隙少、新鲜 节理裂隙不太发育、微风化 节理裂隙发育、弱风化	$100\sim200$ $50\sim100$ $30\sim50$	$20\sim50$ $12\sim20$ $5\sim12$
中等坚硬岩石	砂岩、石灰岩、白云岩、砾岩等	节理裂隙少、新鲜 节理裂隙不太发育、微风化 节理裂隙发育、弱风化	$50\sim100$ $30\sim50$ $10\sim30$	$12\sim20$ $8\sim12$ $2\sim8$
较软岩石	砂页岩互层、黏土质岩石、致密的泥灰岩	节理裂隙少、新鲜 节理裂隙不太发育、微风化 节理裂隙发育、弱风化	$20\sim50$ $10\sim20$ 小于 10	$5\sim12$ $2\sim5$ 小于 2
松散岩石	严重风化及十分破碎的岩石、断层破碎带等	—	小于 5	小于 1

❖技能应用❖

技能1　编制某水库除险加固工程大坝渗漏处理方案

1. 工程概况

某水库位于河北省宣化县东望山乡常峪口村盘肠河上游的火烧沟 U 形峡谷内,距宣化县城 26 km,控制流域面积为 144.6 km²。水库库容为 214 万立方米,兴利库容为 178 万立方米,防洪库容为 36 万立方米,灌溉面积为 4.2 万亩,属以防洪、灌溉为主,兼顾养殖的小(1)型水库。水库防洪标准为 50 年一遇设计,500 年一遇洪水校核。大坝由左、右岸非溢流坝段、溢流坝段、排沙洞、灌溉洞和发电洞等建筑物组成。

2. 问题分析

水库经过 20 多年的运行,大坝存在的主要渗漏问题如下。

(1)经过多年运行,大坝坝体出现多条纵横裂缝,坝体渗漏较为严重;裂缝削弱了坝体的整体性,对坝体的安全存在较大的威胁;上游坝面水位变动区及下游坝面渗漏部位受冻融破坏,条石之间的勾缝脱落严重。

(2)左坝肩重力墩基础为角闪片麻岩,岩体破碎,节理裂隙发育,存在地基渗漏和绕坝渗漏问题。右坝肩岩体局部出露强风化,节理裂隙发育,具有中等透水性,存在绕坝渗漏问题。

(3)大坝坝体和左、右坝肩地基均存在渗漏问题,下游坝面有析出物,坝脚有明流,随着库水位的增高,渗漏量增大。

坝体渗漏的主要原因是,坝体施工质量差,砌石勾缝水泥砂浆充填不实,坝体埋石混凝土心墙施工达不到设计要求,施工缝处理不好等,经过多年运行,加之渗水导致坝体冻融破坏,坝体裂缝不断增多,渗漏越来越严重。

左坝肩渗漏的主要原因是地基为强风化角闪片麻岩,岩体破碎,节理裂隙发育。虽然经固结灌浆处理,但没有解决问题,仍然存在地基渗漏和绕坝渗漏问题。右坝肩渗漏的主要原因是,岩体节理裂隙发育,透水性较强,后来由于附近修建国道,受国道开挖的影响,渗流增大,情况进一步恶化。

3. 坝体裂缝处理

水库大坝坝体砌石砂浆勾缝在冻融破坏下有的脱落,有的开裂,坝体出现多条裂缝。为了提高坝体的整体性和抗渗性,对坝体裂缝进行坝体裂缝接触灌浆,采用超细水泥灌浆。

4. 坝体贴面防渗处理

为了增强坝体防渗,在坝体迎水面新浇一层聚丙烯纤维钢筋混凝土防渗面板。防渗面板从坝基 1055 m 高程开始向上浇筑,溢流坝段浇筑至坝顶 1088 m 高程,非溢流坝浇筑至 1089 m高程。

5. 坝肩渗漏处理

右坝肩岩体呈强～弱风化状,节理裂隙发育,具中等透水性。受国道开挖的影响,右坝肩渗流增大,地质条件进一步恶化。左侧重力坝段地基为强风化角闪片麻岩,厚度为 7.2 m 左右,岩体破碎,节理裂隙发育,节理面倾角多近水平,少量为陡倾角,虽经固结灌浆处理,现仍存在地基渗漏和绕坝渗漏现象。

根据基岩的情况,为了封堵渗漏水,增强拱座的稳定,对河床两岸坝肩基岩进行帷幕水泥灌浆处理。

6. 加固效果

除险加固后,经水库蓄水未发现大坝渗漏现象,坝体、坝基渗漏及坝肩绕坝渗漏问题处理效果良好。

任务 2　常见软弱地基的处理方法

✧任务导入✧

某 9 层框架建筑物,建成不久后即发现墙身开裂,建筑物沉降最大达 58 cm,沉降中间大、两端小。进一步了解发现,该建筑物是一箱形基础(箱基)上的框架结构,原场地中有厚达 $9.5 \sim 18.4$ m 的软土层,软土层表面为 $3 \sim 8$ m 的细砂层。设计者在细砂层面上回填砂石碾压密实,然后把碾压层作为箱基的持力层。在开始基础施工到装饰竣工完成的 1 年半中,基础最大沉降达 58 cm。由于沉降差较大,故上部结构产生裂缝。

对于该工程,必须进行地基加固处理,加固采用静压预制混凝土桩方案。但设计时要考虑桩土的共同作用,同时充分考虑目前地基已承担了部分荷载,加固桩只需承担部分荷载即可,而不必设计成由加固桩承担全部荷载,从而达到节省的目的。

【任务】

(1) 产生墙身开裂的原因是什么?

(2) 如何处理此类地基?

(3) 软土地基的处理方法有哪些?

✧知识准备✧

模块 1　认知软弱土

1. 软弱土的种类和性质

软弱土是指淤泥、淤泥质土和部分冲填土、杂填土及其他高压缩性土。

1) 淤泥与淤泥质土

淤泥为在静水或缓慢的流水环境中沉积,并经生物化学作用形成,其天然含水量大于液限($\omega > \omega_L$)、天然孔隙比 $e \geqslant 1.5$ 的黏性土的含水量。天然含水量大于液限($\omega > \omega_L$)、天然孔隙比 $1.0 \leqslant e < 1.5$ 的黏性土或粉土为淤泥质土。淤泥与淤泥质土在工程中统称为软土。

淤泥和淤泥质土具有如下工程特征。

(1) 含水量较高,孔隙比较大。

(2) 压缩性较高。一般压缩系数为 $0.5 \sim 2.0$ MPa^{-1},个别达到 4.5 MPa^{-1},且其压缩性随液限的增大而增加。

(3) 强度低。地基承载力一般为 $50 \sim 80$ kPa。

(4) 渗透性差。软土渗透系数小,在自重作用下完全固结所需时间很长。

（5）具有显著的结构性。软土一旦受到扰动，其絮状结构就受到破坏，强度显著降低，属高灵敏度土。

2）冲填土

冲填土是在整治和疏通江河时，用水力冲填泥沙而在江河两岸形成的沉积土，其成分和分布规律与冲填的固体颗粒和水力条件密切相关。若冲填物以粉土、黏土为主，则属于欠固结的软弱土；若以中砂粒以上的粗颗粒为主，则不属于软弱土。

由于水力的分选，在冲填入口处土颗粒较粗，而出口处土颗粒逐渐变细，故地基不均匀。

3）杂填土

杂填土是由人类活动产生的建筑垃圾、工业废料和生活垃圾堆填而形成的。其成分复杂，均匀性差，结构松散，强度低，压缩性高。杂填土性质随堆填的龄期增加而变化，其承载力一般随堆填的时间增长而增高；同时，某些杂填土内含有腐殖质和亲水、水溶性物质，会使地基产生更大的沉降及浸水湿陷性。

2. 软弱土地基处理方法分类

软弱土地基处理的目的就是改善地基土的性质，达到满足建筑物对地基强度、变形和稳定性的要求，其中包括：改善地基土的渗透性；提高地基强度或增加其稳定性；降低地基的压缩性，以减少其变形；改善地基的动力特性，以提高其抗液化性能。

根据地基处理方法的原理，常用软弱土地基处理方法如表 2-5 所示。

表 2-5　软弱土地基处理方法

编号	分类	处 理 方 法	原 理 及 作 用	适 用 范 围
1	碾压及夯实	重锤夯实，机械碾压；振动压实，强夯（动力固结）	利用压实原理，通过机械碾压夯击，把表层地基土压实；强夯则利用强大的夯击能，在地基中产生强烈的冲击波和动应力，迫使土动力固结密实	适用于碎石土、砂土、粉土、低饱和度的黏性土、杂填土等；对饱和黏性土应慎重采用
2	换土垫层	砂石垫层、素土垫层；灰土垫层、矿渣垫层	以砂石、素土、灰土和矿渣等强度较高的材料置换地基表层软弱土，提高持力层的承载力，扩散应力，减小沉降量	适用于处理暗沟、暗塘等软弱土地基
3	排水固结	天然地基预压、砂井预压、塑料排水带预压、真空预压、降水预压	在地基中增设竖向排水体，加速地基的固结和强度增长，提高地基的稳定性；加速沉降发展，使基础沉降提前完成	适用于处理饱和软弱土层；对于渗透性极低的泥炭土，必须慎重对待
4	振动挤密	振冲挤密、灰土挤密桩、砂桩、石灰桩、爆破挤密	采用一定的技术措施，通过振动或挤密，使土体的孔隙减少，强度提高；必要时，在振动挤密的过程中，回填砂、砾石、灰土、素土等，与地基土组成复合地基，从而提高地基的承载力，减少沉降量	适用于处理松砂、粉土、杂填土及湿陷性黄土
5	置换及拌入	振动置换、深层搅拌、高压喷射注浆、石灰桩等	采用专门的技术措施，以砂、碎石等置换软弱土地基中部分软弱土，或在部分软弱地基中掺入水泥、石灰或砂浆等形成加固体，与未处理部分土组成复合地基，从而提高地基承载力，减少沉降量	适用于黏性土、冲填土、粉砂、细砂等；振冲置换法在不排水抗剪强度 $\tau_f < 20$ kPa 时慎用

编号	分类	处理方法	原理及作用	适用范围
6	加筋	土工合成材料加筋、锚固、树根桩、加筋土	在地基或土体中埋设强度较大的土工合成材料、钢片等加筋材料,使地基或土体能承受抗拉力,防止断裂,保持整体性,提高刚度,改变地基土体的应力场和应变场,从而提高地基的承载力,改善变形特性	软弱土地基、填土,以及陡坡填土、砂土
7	其他	灌浆、冻结、托换技术、纠偏技术	通过独特的技术措施处理软弱土地基	根据实际情况确定

由于各种地基处理方法具有不同的适用范围和优缺点,具体选用时应结合场地的工程地质条件、地基处理要求和施工条件,经综合分析比较,选择经济合理的处理方法。同时,还需注意保护环境,避免对地面及地下水体产生污染,以及振动噪声对周围环境产生不良影响等。

模块 2　碾压法与夯实法

碾压与夯实是修路、筑堤、加固地基表层最常用的简易处理方法。夯锤或机械的夯击或碾压,可使填土或地基表层疏松土孔隙体积减小、密实度提高,从而降低土的压缩性,提高其抗剪强度和承载力。目前常用的方法有机械碾压、振动压实、重锤夯实、20 世纪 70 年代发展起来的强夯法等。

1. 机械碾压法

机械碾压法是利用压路机、羊足碾、平碾、振动碾等碾压机械将地基土压实的方法。该法需按计划与次序往复碾压,分层铺土和压实,要求土料处于最优含水量,压实质量则由压实系数 λ_c 控制。

该法适用于地下水位以上大面积填土、含水量较低的素填土或杂填土的压实。

2. 振动压实法

振动压实法是用振动压实机在地基表层施加振动,将浅层松散土振实的方法。

振动压实的效果取决于振动力的大小、填土的成分和振动时间。一般来说,振动时间越长,效果越好。但振动超过一定时间后振实效果将趋于稳定。因此,在施工前应进行试振,找出振实稳定所需要的时间,振实时应从基础边缘外放 0.6 m 左右,先振基槽两边,后振中间,振实有效深度可达 1.5 m。如地下水位过高,则会影响振实质量。此外,为避免振动对周围建筑物的影响,要求振源与建筑物的距离应大于 3 m。

该法适用于处理砂土和由炉灰、炉渣、碎砖等组成的杂填土地基。

3. 重锤夯实法

重锤夯实法是利用起重机械将夯锤提到一定高度后让锤自由落下,重复夯击以加固地基的方法。对于湿陷性黄土,重锤夯实可减少表层土的湿陷性;对于杂填土,则可减少其不均匀性。

通常重锤由钢筋混凝土制成,为截头圆锥体,锤重一般不小于 15 kN,锤底直径为 0.7～1.5 m,落距为 2.5～4.5 m,有效夯实深度约等于锤底直径。

重锤夯实法的效果与锤重、锤底直径、夯击遍数、落距、土的种类、含水量等有密切的关系，应当根据设计的夯实密度及影响深度，通过现场试夯确定有关参数。在地下水位离地表很近或软弱土层埋置很浅时，采用重锤夯实法可能产生"橡皮土"的不良效果。

该法适用于处理距离地下水位 0.8 m 以上稍湿的杂填土、黏性土、湿陷性黄土和分层填土等地基的夯实，但在有效夯实深度内存在软黏土层时不宜采用。

4. 强夯法

强夯法是用起重机械将重锤（一般为 80～300 kN）从 6～30 m 高处下落，以强大的冲击能强制压实加固地基深层的密实方法。该法可提高地基承载力，降低其压缩性，减轻甚至消除砂土振动的液化危害，消除湿陷性黄土的湿陷性等。强夯法可使一般地基土强度提高 2～5 倍，压缩性降低为原来的 1/10～1/2，加固影响深度达 6～10 m。

1）强夯法的加固机理

强夯法的加固机理与重锤夯实法的有本质的区别。强夯法主要将势能转化为夯击能，在地基中产生强大的动应力和冲击波，进而对土体产生压密作用（土中孔隙体积被压缩）、液化作用（导致土体内孔隙水压力骤然上升，当与上覆压力相等时，土体即产生液化，土丧失强度，土粒重新自由排列（土体只是局部液化））、固结作用、时效作用。

对于多孔隙、粗颗粒、非饱和土，其加固机理为动力密实机理，即强大的冲击能强制超压密地基，使土中气相体积大幅度减小。

对于细粒饱和土，其加固机理为动力固结机理，即强大的冲击能与冲击波破坏土的结构，使土体局部液化并产生许多裂隙，作为孔隙水的排水通道，使土体固结、土体触变恢复，压密土体。

2）强夯法的适用范围

该法适用于碎石土、砂土、建筑垃圾、低饱和度的粉土、黏性土、素填土、杂填土和湿陷性黄土等地基的夯实，也可用于防止粉土及粉砂的液化；对于淤泥与饱和软黏土，如采取一定措施，也可以采用。但强夯法不得用于不允许对工程周围建筑物和设备有一定振动影响的地基加固，必要时应采取防振、隔振措施。

模块 3　换土垫层法

1. 原理及适用范围

换土垫层法是将处于浅层的软弱土挖去或部分挖去，分层回填强度较高的砂、碎石或灰土，以及其他性能稳定、无侵蚀性的材料，夯实或压实后作为地基持力层的方法。当建筑物荷载不大、软弱土层厚度较小时，采用换土垫层法能取得较好的效果。常用的垫层有砂垫层、砂卵石垫层、碎石垫层、灰土或素土垫层、煤渣垫层、矿渣垫层等。

换土垫层法的作用主要体现在以下几个方面。

1）提高浅层地基承载力

以抗剪强度较高的砂或其他填筑材料置换基础下较弱的土层，可提高浅层地基承载力，避免地基被破坏。

2）减少地基沉降量

一般浅层地基的沉降量占总沉降量比例较大。如以密实砂或其他填筑材料代替上层软弱土层，就可以减少这部分的沉降量。由于砂层或其他垫层对应力的扩散作用，故作用在下卧层土上的压力较小,这样也会相应减少下卧层土的沉降量。

3）加速软弱土层的排水固结

砂垫层和砂石垫层等垫层材料透水性强,软弱土层受压后垫层可作为良好的排水面,使基础下面的孔隙水压力迅速消散,加速垫层下软弱土层的固结和提高其强度。

4）防止冻胀

粗颗粒的垫层材料孔隙大,不易产生毛细现象,因此可以防止寒冷地区土中结冰所造成的冻胀。

在各类工程中,垫层所起的主要作用有时是不同的,如房屋建筑物基础下的砂垫层主要起换土的作用,而在路堤及土坝等工程中往往以排水固结为主要作用。

换土垫层法适用于淤泥、淤泥质土、湿陷性黄土、膨胀土、素填土、杂填土、季节性冻土地基,以及暗沟、暗塘等的浅层处理,常用于处理多层或底层建筑的条形基础、独立基础及基槽开挖后局部具有软弱土层的地基。此时换土的宽度和深度有限,既经济又安全,但砂垫层不宜用于处理湿陷性黄土地基,因为砂垫层较大的透水性反而易引起土的湿陷。

2. 垫层的施工要点

(1)砂料以中粗砂为宜,要求不均匀系数不小于 5,有机质含量、含泥量和水稳定性不良物质的含量均不宜超过 3%,且不得含有大石块。

(2)填料分层压实均匀且达到设计的干密度,每层铺土厚度应控制在 200～300 mm。逐层检验密实度,合格后方可进行上层施工。

(3)铺筑垫层材料前,应先验槽,清除浮土,边坡应稳定。基坑(槽)两侧附近如有低于地基的洞穴等,应先填实。

(4)施工时必须避免扰动软弱下卧层的结构。一般基坑开挖后立即回填垫层,不可暴露过久、浸水或任意践踏坑底。

(5)当采用碎石垫层时,应先铺一层 150～200 mm 厚的砂垫层做底面,以免坑底软弱土发生局部破坏。

(6)垫层底面宜铺设在同一标高上,如深度不同,则地基土面应挖成踏步或斜坡搭接,并错开 0.5～1.0 m,搭接处应注意捣实,施工应按先深后浅的顺序进行。

模块 4　排水固结法

1. 加固原理及适用范围

排水固结法又称预压法,是在建筑物建造之前,先在天然地基中设置砂井等竖向排水体,然后加载预压,使土体中的孔隙水排出,逐渐固结,地基发生沉降,同时强度得以逐步提高的方法。排水固结法通常由排水系统和加压系统两部分组成,如图 2-10 所示。加压系统有堆载预压和真空预压两种。排水系统有普通砂井、袋装砂井和塑料排水带等。根据固结理论,黏性土固结所需时间与排水距离的平方成正比,因此加速土层固结最有效的方法是增加土层的排水途径、缩短排水距离。排水系统就是为此目的而设置的。

排水固结法适用于淤泥、淤泥质土和冲填土等饱和黏性土的地基处理。

2. 砂井的设计要求

砂井的构造要求包括砂井的直径、间距、深度、平面布置等。

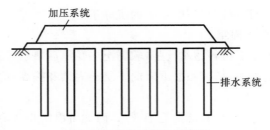

图 2-10   排水固结法示意图

1）砂井的直径和间距

砂井的直径和间距由黏性土层的固结特性和施工期限确定。砂井的直径不宜过大或过小。过大，不经济；过小，施工易造成灌砂率不足、缩颈或砂井不连续等质量问题。常用直径为300～400 mm。砂井的间距常为砂井直径的 6～9 倍，一般不应小于 1.5 m。

2）砂井深度

砂井深度的选择与土层分布、地基中附加应力的大小、施工期限和条件等因素有关。当软黏土层不厚、底部有透水层时，砂井应尽可能穿透软黏土层；当软黏土层较厚，但间有砂层或砂透镜体时，砂井应尽可能打至砂层或透镜体；当软黏土层很厚，其中又无透水层时，可按地基的稳定性及建筑物变形要求处理的深度来决定。按地基抗滑稳定性控制的工程，如路堤、土坝、岸坡、堆料场等，砂井长度应通过稳定性分析确定，砂井长度至少应超过最危险滑动面 2 m。以沉降控制的工程，如压缩土层厚度不大、砂井易贯穿、压缩土层深厚，则砂井深度根据在限定的预压时间内需消除的变形量确定。

3）砂井的布置和范围

砂井常按梅花形和正方形布置。由于梅花形排列较正方形紧凑和有效，应用较多。砂井的布置范围应稍大于建筑物基础范围，扩大的范围可由基础轮廓线向外增大 2～4 m。

4）砂垫层

在砂井顶面应铺设排水砂垫层，以连通各个砂井形成通畅的排水面，将水排到场地以外。砂垫层厚度一般为 0.3～0.5 m；水下施工时，砂垫层厚度一般为 1 m 左右。为节省砂子，也可采用连通砂井的纵横砂沟代替整片砂垫层，砂沟的高度一般为 0.5～1.0 m，砂沟宽度取砂井直径的 2 倍。

5）砂井和砂垫层的材料

砂井和砂垫层的砂料宜采用中粗砂，砂井砂料含泥量应小于 3%，砂垫层砂料含泥量应小于 5%，砂垫层的干重度应大于 15 kN/m³。

3. 竖向排水体的施工

1）砂井成孔方法

普通砂井成孔方法有沉管法和水冲法。袋装砂井和塑料板排水带施工采用专用施工设备，如塑料板排水带插带机、单孔简易插带机等。

2）砂井的灌砂量

按井孔体积和砂在中密状态的干密度计算，实际灌砂量不得小于计算值的 95%。

3）袋装砂井的质量

袋装砂井应用干砂灌实，袋口扎紧；底部置于设计深度，顶面高出孔口 200 mm，以便埋入砂垫层中。袋装砂井施工用钢管的内径宜略大于砂井直径,以减小施工过程中对地基土的扰动。

4)施工偏差

袋装砂井或排水塑料带施工要求:平面井距偏差应不大于井径;垂直度偏差宜小于竖井深度的1.5%。

5)质量控制

施工期间应进行现场测试,包括边桩水平位移观测、地面沉降观测、孔隙水压力观测。其中,要求边桩位移速率应控制在3~5 mm/d内,以保证地基的稳定性,确保安全的加荷速率;沉降速率不宜超过10 mm/d。

4. 真空预压法

真空预压法先在需加固的软土地基表面铺设一层透水砂垫层或砂砾层,再在其上覆盖一层不透气的塑料薄膜或橡胶布,四周密封,与大气隔绝,在砂垫层内埋设渗水管道,然后与真空泵连通进行抽气,使透水材料保持较高的真空度,在土的孔隙水中产生负的孔隙水压力,将土中孔隙水和空气逐渐吸出,从而使土体固结。对于渗透系数小的软黏土,为加速孔隙水的排出,也可在加固部位设置砂井、袋装砂井或塑料排水带等竖向排水系统。

真空预压法具有如下特点。

(1)不需要大量堆载,节省运输和造价。

(2)无须分期加荷,工期短、效果好。

(3)无噪声、无振动、无污染。

真空预压法的实质是利用大气压差作为预压荷载。其成功的关键在于能否形成负压区,为此,需要薄膜不漏气,四周地基浅层土体不漏气,这些在施工过程中应特别给予重视。

真空预压法适用于饱和均质黏性土及含薄层砂夹层的黏性土,特别适用于新回填土、超软黏性土地基的加固。

模块5 挤密法和振冲法

1. 挤密法

挤密法是指在软弱土层中以振动或冲击的方式成孔,从侧向将土挤密,再将碎石、砂、灰土、石灰或炉渣等填料充填密实成柔性的桩体,并与原地基形成一种复合型地基,从而改善地基工程性能的方法。

1)加固机理

对于松散砂土地基,采用冲击法或振动法下沉桩管和一次拔管成桩时,由于桩管下沉对周围砂土产生很大的横向挤压力,桩管就将地基中同体积的砂挤向周围的砂层,使其孔隙比减小、密度增大,这就是挤密作用。其有效挤密范围可达3~4倍桩直径。当采用振动法往砂土中下沉桩管和逐步拔出桩管成桩时,下沉桩管对周围砂层产生挤密作用,拔起桩管对周围砂层产生振密作用,有效振密范围可达6倍桩直径左右。振密作用比挤密作用更显著。

对于软弱黏性土地基,由于桩体本身具有较大的强度和变形模量,桩的断面也较大,桩体置换掉同体积的软弱黏性土,与土组成复合地基,共同承担上部荷载。

需要指出,挤密砂桩与用于堆载预压法中的排水砂井都是以砂为填料的桩体,但两者作用不同。砂桩的作用主要是挤密,故桩径与填料密度大,桩距较小;而砂井的作用主要是排水固结,故井径和填料密度小,间距大。

2)适用范围

挤密桩按其填入材料不同分别称为挤密砂桩、挤密土桩和挤密灰土桩等。挤密砂桩常用来加固松砂易液化的地基及结构疏松的杂填土地基,挤密土桩及灰土桩常用来加固湿陷性黄土地基。

2. 振冲法

振冲法利用一个振冲器,借助高压水流边振边冲,使松砂地基变密;或在黏性土地基中成孔,在孔中填入碎石制成一根根的桩体,这样的桩体和原来的土构成比原来抗剪强度高和压缩性小的复合地基。

1)加固机理

振冲法按加固机理和效果的不同,分为振冲置换法和振冲密实法两类。振冲置换法在地基土中借振冲器成孔,振密填料置换,制造一群以碎石、砂砾等散粒材料组成的桩体,与原地基土一起构成复合地基,使其排水性能得到很大改善,有利于加速土层固结,使承载力提高,沉降量减少,又称振冲置换碎石桩法。振冲密实法主要利用振动和压力水使砂层液化,砂颗粒相互挤密,重新排列,孔隙减少,从而提高砂层的承载力和抗液化能力,又称振冲挤密砂桩法。这种桩根据砂土质的不同,又有加填料和不加填料两种。

振冲法加固地基的特点是:技术可靠,机具设备简单,操作技术易于掌握,施工简便;可节省材料,因地制宜,就地取材,采用碎石、卵石、砂、矿渣等做填料;加固速度快,节约投资,碎石桩具有良好的透水性,加速地基固结,地基承载力可提高 1.20~1.35 倍;振冲过程中的预震效应可使砂土地基增加抗液化能力。

2)适用范围

振冲置换法适用于处理不排水抗剪强度不小于 20 kPa 的黏性土、粉土、饱和黄土和人工填土等地基。如果桩周土的强度过低,则难以形成桩体。

振冲密实法适用于处理松散砂土和粉土等地基,不加填料的振冲密实法仅适用于处理黏粒含量小于 10% 的粗砂、中砂地基。

振冲法不适用于在地下水位较高、土质松散易塌方和含有大块石等障碍物的土层中使用。

国内应用振冲法加固地基的深度一般为 14 m,最深达 18 m;置换率一般为 10%~30%;每米桩的填料量为 0.3~0.7 m³,直径为 0.7~1.2 m。

模块 6　高压喷射注浆法和深层搅拌法

高压喷射注浆法和深层搅拌法均是利用特制的机具向土层中喷射浆液或拌入粉剂,与破坏的土混合或拌和,从而使地基土固化,达到加固的目的。

1. 高压喷射注浆法

高压喷射注浆法利用钻机把带有特殊喷嘴的注浆管钻进至土层的预定位置后,用高压脉冲泵(工作压力在 20 MPa 以上)将水泥浆液通过钻杆下端的喷射装置向四周以高速水平喷入土体,借助液体的冲击力切削土层,使喷流射程内土体遭受破坏,土体与水泥浆充分搅拌混合,胶结硬化后形成加固体,从而使地基得到加固。

加固体的形状与注浆管的提升速度和喷射流方向有关。注入浆形式一般分为旋转喷射(简称旋喷)、定向喷射(简称定喷)和摆动喷射(简称摆喷)等三种。旋喷时,喷嘴边喷射边旋转和提升,可形成圆柱状加固体(称为旋喷桩)。定喷时,喷射方向固定不变,喷嘴边喷射边提升,可形成墙板状加固体,用于基坑防渗和稳定边坡等工程。摆喷时,喷嘴边喷射边摆动一定角度和提升,可形成扇形状加固体。

高压喷射注浆法的施工机具主要由钻机和高压发生设备两部分组成。高压发生设备是高压泥浆泵和高压水泵,另外还有空气压缩机、泥浆搅拌机等。

高压喷射注浆法的旋喷管分单管、二重管、三重管等三种。单管法只喷射水泥浆,可形成直径为 0.6~1.2 m 的圆柱形加固体;二重管法为同轴复合喷射高压水泥浆和压缩空气两种介质,可形成直径为 0.8~1.6 m 的桩体;三重管法则为同轴复合喷射高压水、压缩空气和水泥浆液三种介质,形成的桩径可达 1.2~2.2 m。

高压喷射注浆法的特点如下。

(1)能够比较均匀地加固透水性很小的细粒土,作为复合地基,可提高其承载力、降低压缩性。

(2)施工设备简单、灵活,能在室内或洞内净高很小的条件下对土层深部进行加固。

(3)能控制加固体形状,制成连续墙可防止渗透和流砂。

(4)不污染环境,无公害。

采用高压喷射注浆法加固后的地基,其承载力一般可按复合地基或桩基考虑。由于加固后的桩柱直径上下不一致,且强度不均匀,若单纯按桩基考虑则不安全。条件允许的情况下,可做现场载荷试验来确定地基承载力。

高压喷射注浆法适用于淤泥、淤泥质土、黏性土、粉土、砂土、湿陷性黄土、碎石土及人工填土等地基的加固,但在含有较多大粒块石、坚硬黏性土、大量植物根茎或过多有机质的土,以及地下水流过大、喷射浆液无法在注浆管周围凝聚的情况下,不宜采用。

高压喷射注浆法可用于已有建筑和新建筑的地基处理、深基坑侧壁挡土或挡水、基坑底部加固以防止管涌与隆起、坝的加固与防水帷幕等工程。

2. 深层搅拌法

深层搅拌法利用水泥、石灰等材料做固化剂(浆液或粉体)的主剂,通过特制的深层搅拌机械,在地基深处就地将软土和固化剂强制拌和,使软土硬结成具有整体性、水稳定性和较高强度的水泥加固体,与天然地基形成复合地基。

深层搅拌法采用水泥或石灰作为固化剂时,各自的加固原理、设计方法、施工技术均不相同。以水泥系深层搅拌法为例,其加固的基本原理是基于水泥加固土的物理化学反应过程,它与混凝土的硬化机理有所不同。混凝土的硬化主要是水泥在粗骨料中进行水解和水化作用形成的,所以硬结速度较快。而在水泥加固土中,由于水泥掺量很小(仅占被加固土质量的7%~15%),水泥的水解和水化反应完全是在具有一定活性的黏性土介质中进行的,所以硬化速度缓慢且作用复杂。

深层搅拌法的特点如下。

(1)深层搅拌法将固化剂直接与原有土体搅拌混合,没有成孔过程,对孔壁无横向挤压,故对邻近建筑物不产生有害的影响。

(2)经过处理后的土体重度基本不变,不会由于自重应力增加而导致软弱下卧层的附加变形。

(3)与旋喷桩相比,水泥用量大为减少,造价低、工期短。

（4）施工时无振动、无噪声、无污染等。

深层搅拌法适用于加固较深较厚的淤泥、淤泥质土、粉土和含水量较高且地基承载力特征值不大于 120 kPa 的黏性土地基，对超软土效果更为显著。

深层搅拌法多用于墙下条形基础、大面积堆料厂房基础，深基坑开挖时防止坑壁及边坡塌滑、坑底隆起等，以及做地下防渗墙等工程。

加固体可根据需要做成柱状、壁状和块状三种形式。柱状是每隔一定的距离打设一根搅拌桩而成的，适用于单独基础和条形、筏形基础下的地基加固；壁状是将相邻搅拌桩部分重叠搭接而成的，适用于深基坑开挖时的软土边坡加固及多层砌体结构房屋条形基础下的加固；块状是将多根搅拌桩纵横相互重叠搭接而成的，适用于上部结构荷载大而对不均匀沉降控制严格的建筑物地基加固和防止深基坑隆起及封底。

❖技能应用❖

技能 1　编写地基处理方案

1. 工程概况

某地基表层为近代围海造地和人工湖开挖吹填形成的吹填土。吹填土：砂质粉土夹淤泥质粉质黏土，土质松散且不均匀。吹填土厚度一般为 2.0～4.0 m，局部最深约 6 m，由于吹填土形成时间短，属欠固结土，其含水量高，孔隙比大，强度低，在动力作用下易产生沉淀和液化。

2. 地基加固标准

（1）加固深度不小于 6 m。

（2）地基承载力要求如下。

① 0～2 m：$f_k \geq 130$ kPa（粉性土）；$f_k \geq 100$ kPa（黏土、淤泥）。

② 2～4 m：$f_k \geq 110$ kPa（粉性土）；$f_k \geq 80$ kPa（黏土、淤泥）。

③ 4～6 m：$f_k \geq 100$ kPa（粉性土）；$f_k \geq 70$ kPa（黏土、淤泥）。

（3）表层 2.0 m 内地基回弹模量 $E = 25$ MPa。

3. 地基处理方案

1）井点降水

井点降水每个小区（5000 万平方米）第一遍降水设备（15 kW＋7.5 kW）布置 10 台（套），第二遍和第三遍井点降水布置 8 台（套）。

利用射流泵轻型真空井点系统，进行浅层真空降水。每遍强夯前均匀进行真空降水，共计降水三遍。

第一遍降水，井点管管长 3 m，井点间距为 2 m，卧管间距为 3 m，要求井点管周围灌粗砂至地面下 50 cm，孔口地面以下 50 cm 内用黏土或淤泥封死。降水至 2.5 m 以下，连续 72 h 不断降水；同时黏性土土中含水量应小于或等于 35%，土中含水量大于上述控制值时，应延长降水时间。

第二遍降水在第一遍强夯后，采用一长一短相间的井点布置方式。短井点管管长 3 m，长井点管管长 6 m，井点间距为 3 m，卧管间距为 4 m。要求 3 m 深井点管周围灌粗砂至地面下 50 cm，孔口地面以下 50 cm 内用黏土和淤泥封死。第一遍强夯后立即插管降水，并将夯坑及地表的明水及时排掉,第二降水要求降至地面 4.0 m 以下,连续降水 7 d;黏性土土中含水量应小于或等于 32%。当土中含水量大于上述控制值时,应延长降水时间。

第三遍降水在第二遍强夯后,采用一长一短相间的井点布置方式。短井点管管长 3 m,长井点管管长 6 m,井点间距为 3 m,卧管间距为 4 m。要求 3 m 深井点管周围灌粗砂至地面下 50 cm,孔口地面以下 50 cm 内用黏性土和淤泥封死。第二遍强夯后立即插管降水,并将夯坑及地表的明水及时排掉。第三遍降水要求降至地面 4.0 m 以下,连续降水 7 d。黏性土土中含水量应小于等于 30%。当土中含水量大于上述控制值时,应延长降水时间。

2)地基强夯

(1)夯锤要求用 10 t 的。夯锤质量在制作加工时,允许偏差控制在 500 kg 以内,但不得小于 10 t,夯锤直径为 2.5 m。

(2)夯点间距、夯击遍数和能量。

第一遍夯点与第二遍夯点均为 4 m×4 m 正方形布置。第二遍夯点布置在第一遍夯印空缺位置的中心。第三遍夯点布置在第一、二遍夯印空缺位置。其中第一遍夯点布置时,最边上夯点中心离道路地基处理边线距离为 1.0 m。第一遍一击,单点夯击能为 700 kN·m,如不满足下述第(5)条控制标准,应减小夯击能;第二遍两击,单点夯击能为 1350 kN·m,如不满足下述第(5)条控制标准,应减小夯击能;第三遍两击,单点夯击能为 1500 kN·m,如不满足下述第(5)条控制标准,应减小夯击能。

(3)相邻两遍夯击之间间歇时间。相邻两遍夯击之间间歇时间为 7 d,同时要求超空隙压力消散 85%~90%,水位满足要求。

(4)第一遍强夯需要垫路基箱进行作业。

(5)控制标准。

① 周围出现明显隆起,如一击时就出现明显隆起,则要适当降低夯击能,相邻夯坑内的隆起量不大于 5 cm。

② 第二击夯沉量小于第一击夯沉量。

③ 两击夯沉量不大于 50 cm。

思 考 题

1. 何谓工程地质条件? 在中小型水利水电工程建设中,经常会遇到哪些主要工程地质问题?

2. 坝的工程地质问题有哪些? 如何评价坝基的抗滑稳定?

3. 水库库区有哪些主要工程地质问题? 如何分析水库的渗漏问题?

4.《水利水电工程地质勘察规范》(GB 50487—2008)如何对围岩进行分类? 如何对隧洞洞口与洞线选择进行工程地质评价?

项目3 土的基本指标检测与运用

任务1 土的基本指标

✧任务导入✧

瀑布沟水电站大坝为砾石土心墙堆石坝。大坝由心墙防渗料区、上下游反滤料区、上下游过渡料区、上下游堆石料区和上下游护坡块石料区等组成。大坝各种填筑料要求不一，各种料源应满足坝体填筑各料区坝料的技术指标要求。坝料物理指标和要求如表3-1所示。

表3-1 坝料物理指标和要求

填筑坝料	坝料物理指标要求
砾石土心墙防渗料	填筑土料中水溶岩含量小于3%，有机质含量小于2%；在黑马料场Ⅰ区土料最大粒径不大于80 mm，在0区土料最大粒径不大于60 mm；心墙防渗土料的塑性指数大于8，小于20；细料含水率高于最优含水率1%～2%
高塑性黏土料	高塑性黏土料中水溶岩含量小于3%，有机质含量小于2%；最大粒径小于2 mm，颗粒级配满足设计级配曲线网络图；塑性指数大于20；含水率高于最优含水率1%～4%
反滤料	反滤料B1、B3最大粒径不大于10 mm，粒径小于0.075 mm的颗粒含量小于2%；B2、B4最大粒径不大于100 mm，粒径小于1.8 mm的颗粒含量小于2%；B5最大粒径不大于200 mm，粒径小于2.5 mm的颗粒含量小于2%。压实后的相对密度大于0.8
过渡料	过渡料采用石料场开采料，饱和抗压强度大于50 MPa；最大粒径不大于300 mm，最小粒径大于0.1 mm，粒径小于5 mm的颗粒含量不大于15%。压实后的孔隙率小于23%

【任务】

（1）通过现场试验确定黑马料场土料含水率。

（2）确定高塑性黏土料的颗粒级配。

✧知识准备✧

模块1 土的组成与结构

1. 土的组成

天然状态的土一般由固体、液体和气体三部分组成。这三部分通常称为土的三相。其中，固相即为土颗粒，它构成土的骨架。土颗粒之间存在有许多孔隙，孔隙被水和气体所填充。水和溶解于水中的物质构成土的液相,空气及其他气体构成土的气相。土中孔隙全部由气体填充的,称为干土;孔隙全部由水填充的,称为饱和土;孔隙中同时存在水和气体的,称为湿土。饱和土和干土都是二相系,湿土为三相系。这三相物质本身的特征及它们之间的相互作用,对土的物理、力学性质影响很大。下面将分别介绍三相物质的属性及其对土的物理、力学性质的影响。

2. 土的固相

土的固相是土中最主要的组成部分。它由各种矿物成分组成,有时还包括土中所含的有机质。土粒的矿物成分不同、粗细不同、形状不同,土的性质也不同。

1）土的矿物成分和土中的有机质

土的矿物成分取决于成土母岩的成分及其所经受的风化作用。按所经受的风化作用不同,土的矿物成分可分为原生矿物和次生矿物两大类。

（1）原生矿物和次生矿物。

岩石经物理风化作用后破碎形成的矿物颗粒,称为原生矿物。原生矿物在风化过程中,其化学成分并没有发生变化,它与母岩的矿物成分是相同的。常见的原生矿物有石英、长石和云母等。

岩石经化学风化作用所形成的矿物颗粒,称为次生矿物。次生矿物的矿物成分与母岩的不同。常见的次生矿物有高岭石、伊利石（水云母）和蒙脱石（微晶高岭石）三大黏土矿物。

另外,还有一类易溶于水的次生矿物,称为水溶盐。水溶盐的矿物种类很多,按其溶解度可区分为难溶盐、中溶盐和易溶盐三类。难溶盐主要是碳酸钙（$CaCO_3$）,中溶盐常见的是石膏（$CaSO_4 \cdot 2H_2O$）,易溶盐常见的是各种氯化物（如 $NaCl$、KCl、$CaCl_2$）、钾与钠的硫酸盐和碳酸盐等。

（2）各粒组中所含的主要矿物成分。

自然界的土是岩石风化的产物,其颗粒大小的变化很大,相差极为悬殊。大的土颗粒粒径可大至数百毫米,小的土颗粒粒径可小至千分之几甚至万分之几毫米。通常把自然界的土颗粒划分为漂石或块石、卵石或碎石、砾石、砂粒、粉粒和黏粒等六大粒组。不同粒组的土,其矿物成分不同,性质也差别很大。

石英和长石多呈粒状,是砾石和砂的主要矿物成分,性质较稳定,强度很高。云母呈薄片状,强度较低,压缩性大,在外力作用下易变形。含云母较多的土作为建筑物的地基时,沉降量较大,承载力较低;作为筑坝土料时,不易压实。

黏土矿物的颗粒很细,其粒径都小于 0.005 mm,多是片状（或针状）的晶体,颗粒的比表面积（即单位体积或单位质量的颗粒表面积的总和）大、亲水性（即黏土颗粒表面与水相互作用的能力）强。不同类型的黏土矿物具有不同程度的亲水性。例如,蒙脱石颗粒是由多个晶体层构造而成的矿物颗粒,结构不稳定,水容易渗入使晶体劈开,而且颗粒最小,所以它的亲水性最强;而高岭石颗粒相对较大,晶体结构比较稳定,亲水性较弱;伊利石颗粒则介于两者之间,但比较接近蒙脱石。黏土矿物的亲水性使黏性土具有黏聚性、可塑性、膨胀性、收缩性及透水性小等一系列特性。

黏性土中的水溶盐通常是由土中的水溶液蒸发后沉淀充填在土孔隙中的,它构成了土粒间不稳定的胶结物质。例如,黏性土中含有水溶盐类矿物,遇水溶解后会被渗透水流带走,导致地基或土坝坝体产生集中渗流,引起不均匀沉降及强度降低。因此,通常规定筑坝土料的水溶盐含量不得超过 8%。如果水工建筑物地基土的水溶盐含量较大,就必须采取适当的防渗措施,以防水溶盐流失造成对建筑物的危害。

（3）土中的有机质。

土中的有机质是在土的形成过程中动、植物的残骸及其分解物质与土混掺沉积在一起,经生物化学作用生成的物质。其成分比较复杂,主要是动植物残骸、未完全分解的泥炭和完全分解的腐殖质。有机质亲水性很强,因此有机土压缩性大、强度低。有机土不能作为堤坝工程的填筑土料,否则会影响工程的质量。

2）土的粒组划分

颗粒的大小及其含量直接影响着土的工程性质。例如,颗粒较大的卵石、砾石和砂粒等,其透水性较大,无黏性和可塑性;而颗粒很小的黏粒则透水性较小,黏性和可塑性较大。土颗粒的大小常以粒径来表示。土的粒径与土的性质之间有一定的对应关系,土的粒径相近时,土的矿物成分接近,所呈现出的物理、力学性质基本相同。因此,通常将性质相近的土粒划分为一组,称为粒组。把土在性质上表现出有明显差异的粒径作为划分粒组的分界粒径。

对于粒组的划分标准,不同国家,甚至一个国家的不同部门都有不同的规定。在我国土建工程中,常用的规范系统有水利水电工程行业、建筑工程行业和公路工程行业等的行业规范。水利水电工程粒组划分如表 3-2 所示。

表 3-2　《水电水利工程土工试验规程》(DL/T 5355—2006)粒组划分标准

粒组划分与名称			d/mm
巨粒	漂石（块石）		$d>200$
	卵石（碎石）		$60<d\leqslant200$
粗粒	砾（圆粒、角粒）	粗砾	$20<d\leqslant60$
		中砾	$5<d\leqslant20$
		细砾	$2<d\leqslant5$
	砂	粗砂	$0.5<d\leqslant2$
		中砂	$0.25<d\leqslant0.5$
		细砂	$0.075<d\leqslant0.25$
细粒	粉粒		$0.005<d\leqslant0.075$
	黏粒		$d\leqslant0.005$

3）土的颗粒级配

土的工程性质不仅取决于土粒的大小,还主要取决于土中不同粒组的相对含量。土中各粒组的相对含量用各粒组质量占土粒总质量的百分数表示,称为土的颗粒级配。土的颗粒级配可通过颗粒分析试验测定。

（1）颗粒分析试验。

颗粒分析试验方法有筛分法和密度计法两种,前者适用于粒径大于 0.075 mm 的粗粒土,后者适用于粒径小于 0.075 mm 的细粒土。若土中同时含有粒径大于和小于 0.075 mm 的土粒,则需联合使用这两种方法。

采用筛分法时,用一套从上到下孔径依次由大到小的标准筛,将事先称过质量的干土样倒入筛的顶部,盖严上盖,置于筛分机上振筛 10～15 min,分别称出留在各筛上的土的质量,即可求出各个粒组的相对含量,即得土的颗粒级配。

采用密度计法时,利用不同大小的土粒在水中的沉降速度(简称沉速)不同来确定小于某粒径的土粒含量。

【例 3-1】　从干砂样中称取质量为 1000 g 的试样,放入标准筛中,经充分振动后,称得各级筛上留存的土粒质量,如表 3-3 的第 2 列所示,试求土中各粒组的土粒含量及小于各级筛孔径的土粒含量。

解　留在筛孔径为 2.0 mm 的筛上的土粒质量为 100 g,则小于该筛孔径的土粒含量为 (1000-100)/1000＝90%;留在筛孔径为 1.0 mm 的筛上的土粒质量为 100 g,则小于该孔径的土粒含量为(1000-100-100)/1000＝80%;可算得小于其他筛孔径的土粒含量,如表 3-3 的第 3 列所示。因 0.25<d≤0.5 的土粒质量为 300 g,则粒径范围 0.25<d≤0.5(中砂)的含量,为 300/1000＝30%;同样可算得其他粒组的土粒含量,如表 3-3 第 5 列所示。所以,该土样各粒组含量分别如下:砾,10%;砂,80%(粗砂,35%;中砂,30%;细砂,15%);细粒(包括粉粒和黏粒)10%。

表 3-3　筛分试验结果

筛孔径 /mm	各级筛上留存的 土粒质量/g	小于各级筛孔径的 土粒含量/(%)	粒径的范围 /mm	各粒组的土粒含量 /(%)
2.0	100	90	$d>2.0$	10
1.0	100	80	$0.5<d≤2.0$	35
0.5	250	55		
0.25	300	25	$0.25<d≤0.5$	30
0.1	100	15	$0.075<d≤0.25$	15
0.075	50			
底盘	100	10	$d≤0.075$	10

(2) 土的级配曲线。

根据颗粒分析试验的成果,绘制颗粒级配曲线,如图 3-1 所示。

从颗粒级配曲线的形态上可以评定土颗粒的级配特征,曲线平缓表示粒度分布连续,颗粒大小不均匀,级配良好(见图 3-1 中的 B 线);若土中缺乏某些粒径,则级配曲线出现水平段(见图 3-1 中的 C 线);曲线坡度陡而窄,说明颗粒均匀,级配不良(见图 3-1 中的 A 线)。

(3) 颗粒级配指标。

颗粒级配曲线的形状只能定性地评价土的级配好坏。为了定量判别土的颗粒级配好坏,工程中引用了不均匀系数、曲率系数两个指标。

不均匀系数为
$$C_u = \frac{d_{60}}{d_{10}} \qquad (3-1)$$

曲率系数为
$$C_c = \frac{d_{30}^2}{d_{10}d_{60}} \qquad (3-2)$$

式中:d_{10}、d_{30}、d_{60} 分别为颗粒级配曲线纵坐标上小于某粒径含量为 10%、30%、60% 所对应的

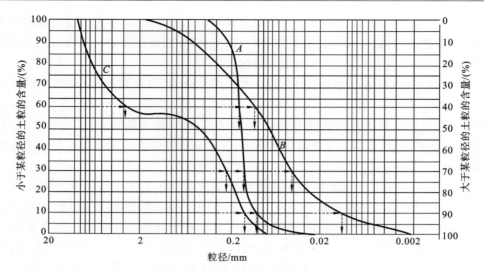

图 3-1 颗粒级配曲线

粒径值,d_{10} 称为有效粒径,d_{60} 称为控制粒径。

不均匀系数 C_u 是反映土颗粒大小不均匀程度的指标。C_u 越大,土颗粒越不均匀,级配越好(颗粒级配曲线越平缓);反之,C_u 越小,土颗粒越均匀,级配越差。工程上把 $C_u<5$ 的土视为级配不良的土;$C_u \geqslant 5$ 的土视为级配良好的土。

曲率系数 C_c 是反映级配曲线分布的整体形态,表明是否有某粒组缺失。$C_c=1\sim3$ 时,土粒大小的连续性较好;C_c 值小于 1 或大于 3 时,颗粒级配曲线有明显弯曲而呈阶梯状,颗粒级配不连续,缺乏中间粒径。

砾类土或砂类土,同时满足 $C_u \geqslant 5$ 和 $C_c=1\sim3$ 的,称为良好级配砂或良好级配砾。不能同时满足这两个条件的,则称为级配不良的土。

级配良好的土,粗细颗粒搭配较好,粗颗粒间的孔隙被细颗粒填充,易被压实。所以,在工程中常用级配良好的土作为填土用料。

【例 3-2】 如图 3-1 所示,曲线 A、B、C 分别表示三种不同粒径组成的土 A、B、C,试求三种土中各粒组的含量为多少? 各种土的不均匀系数 C_u 和曲率系数 C_c 为多少? 并对各种土的颗粒级配情况进行评价。

解 (1)由曲线 A 查得各粒组的含量为

砂粒(2~0.075 mm)　　100%−5%=95%

粉粒(0.075~0.005 mm)　5%−0%=5%

查曲线 A 得知

$$d_{60}=0.165 \text{ mm}, \quad d_{10}=0.11 \text{ mm}, \quad d_{30}=0.15 \text{ mm}$$

$$C_u=\frac{d_{60}}{d_{10}}=\frac{0.165}{0.11}=1.5<5 \quad (\text{土粒均匀})$$

$$C_c=\frac{d_{30}^2}{d_{10}d_{60}}=\frac{0.15^2}{0.11\times0.165}=1.24 \quad (\text{介于}1\sim3)$$

虽然 $C_c=1.24$,介于 1~3,但 $C_u<5$,其中有一个条件不满足,故 A 土级配不良。

(2)曲线 B 和 C 中各粒组的含量及 C_u、C_c 的计算结果如表 3-4 所示。

表 3-4   A、B、C 三种土的计算结果

土样编号	土粒组成/(%)				d_{60}/mm	d_{10}/mm	d_{30}/mm	C_u	C_c
	10～2 mm	2～0.075 mm	0.075～0.005 mm	<0.005 mm					
A	0	95	5	0	0.165	0.11	0.15	1.5	1.24
B	0	52	44	4	0.115	0.012	0.044	9.6	1.40
C	43	57	0	0	3.00	0.15	0.25	20.0	0.14

由此可知,B 土级配良好,C 土级配不良。

3. 土中的水

1) 结合水

研究表明,大多数黏土颗粒表面带有负电荷,因而在土粒周围形成了具有一定强度的电场,使孔隙中的水分子极化,这些极化后的极性水分子和水溶液中所含的阳离子(如钾、钠、钙、镁等的阳离子),在电场力的作用下定向地吸附在土颗粒周围,形成一层不可自由移动的水膜,该水膜称为结合水,如图 3-2(a)所示。最靠近颗粒表面的水分子受电场力的作用很强,可以达到 1000 MPa。随着远离土粒表面,电场力迅速减小,当达到一定距离时,电场力消失,如图 3-2(b)所示。为此,结合水又可根据受电场力作用的强弱分成强结合水和弱结合水等两类。

(1) 强结合水。

强结合水是指被强电场力紧紧地吸附在土粒表面附近的结合水膜。这部分水膜因受电场力作用大,与土粒表面结合得十分紧密,故分子排列密度大,其密度一般为 1.2～2.4 g/cm³,冰点很低,可达−78 ℃,沸点较高,在 105 ℃ 以上才蒸发,而且很难移动,没有溶解能力,不传递静水压力,失去了普通水的基本特性,其性质接近于固体,具有很大的黏滞性、弹性和抗剪强度。

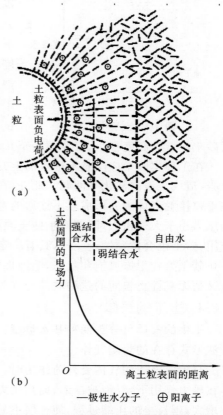

图 3-2   土粒与水分子相互作用的模拟图

(2) 弱结合水。

弱结合水是指分布在强结合水外围的结合水。这部分水膜由于距颗粒表面较远,受电场力作用较小,它与土粒表面的结合不如强结合水的紧密。其密度一般为 1.0～1.7 g/cm³,冰点低于 0 ℃,不传递静水压力,也不能在孔隙中自由流动,只能以水膜的形式由水膜较厚处缓慢移向水膜较薄处,这种移动不受重力影响。弱结合水的存在对黏性土的性质影响很大。

2) 自由水

土孔隙中位于结合水以外的水称为自由水。自由水由于不受土粒表面静电场力的作用,可在孔隙中自由移动,按其运动时所受的作用力不同,可分为重力水和毛细水等两类。

（1）重力水。

受重力作用，在土的孔隙中流动的水称为重力水。重力水常处于地下水位以下，与一般水一样，重力水可以传递静水压力和动水压力，具有溶解能力，可溶解土中的水溶盐，使土的强度降低，压缩性增大；可以对土颗粒产生浮托力，使土的重度减小；它还可以在水头差的作用下形成渗透水流，并对土粒产生渗透力，使土体发生渗透变形。

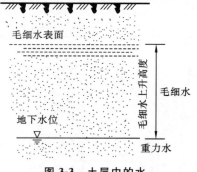

图 3-3　土层中的水

（2）毛细水。

土中存在着很多大小不同的孔隙，这些孔隙有的可以相互连通，形成弯曲的细小通道（即毛细管）。由于水分子与土粒表面之间的附着力和水表面张力的作用，地下水将沿着土中的细小通道逐渐上升，形成具有一定高度的毛细水带。这部分在地下水位以上的自由水称为毛细水，如图 3-3 所示。在土层中，毛细水上升的高度取决于土的粒径、矿物成分、孔隙的大小和形状等因素，可用试验方法测定。一般黏性土上升的高度较高，可达几米，而砂土的上升高度很小，仅几厘米至几十厘米，卵石、砾石土的毛细水上升高度接近于零。

在工程实践中应注意毛细水的上升可能使地基浸湿，使地下室受潮，或使地基、路基产生冻胀，造成土地盐渍化等问题。此外，在一般潮湿的砂土（尤其是粉砂、细砂）中，孔隙中的水仅在土粒接触点周围并形成互不连通的弯液面。由于水的表面张力的作用，弯液面下孔隙水中的压力小于大气压力，因而产生使土粒相互挤紧的力，这个力称为毛细压力。由于毛细压力的作用，砂土也会像黏性土一样，具有一定的黏聚力。如在湿砂中能开挖一定深度的直立坑壁，一旦砂土处在干燥或饱和状态，毛细现象便不复存在，毛细水连接即消失，直立坑壁就会坍塌，故又把无黏性土粒间的这种联结力称为假黏聚力。

4. 土中的气体

土中的气体可分为两种基本类型：一种是与大气连通的气体，另一种是与大气不连通、以气泡形式存在的封闭气体。

与大气连通的气体受外荷作用时，易被排出土外，对土的工程力学性质影响不大。封闭气体在压力作用下，气泡被压缩；而当压力减小时，气泡就会膨胀。所以，封闭气体可以使土的弹性增大，延长土的压缩过程，使土层不易压实。此外，封闭气体还能阻塞土内的渗流通道，使土的渗透性减小。

5. 土的结构与结构性

1）土的结构

土的结构是指土粒或粒团的排列方式及其粒间或粒团间联结的特征。土的结构是在地质作用过程中逐渐形成的，它与土的矿物成分、颗粒形状和沉积条件有关。通常，土的结构可分为三种基本类型，即单粒结构、蜂窝结构和絮凝结构。

（1）单粒结构。

粗粒土（如砂土和砂砾石土等）由于其比表面积小，在沉积过程中，主要依靠自重下沉。下沉过程中的土颗粒一旦与已经沉积稳定的颗粒相接触，找到自己的平衡位置而稳定下来，就形成点与点接触的单粒结构，如图 3-4（a）所示。随着形成条件的不同，其排列有松有密。紧密排列的单粒结构比较稳定，孔隙所占的比例较小，承载力较高，变形较小。

疏松排列的单粒结构,如松砂,由于孔隙大,在荷载作用下,土粒易发生移动,引起土体变形,承载力也较低。特别是饱和状态的细砂、粉砂及匀粒粉土,受振动荷载作用后,易产生液化现象,此时,土体承载力将完全丧失。

（2）蜂窝结构。

较细的土粒（主要指粉粒和部分黏粒）,由于土粒细、比表面积大,粒间引力大于下沉土粒的重量,在自重作用下沉积时,碰到别的正在下沉或已经沉稳的土粒,在粒间接触点上产生联结,逐渐形成链环状团粒,很多这样的链环状团粒联结起来,形成孔隙较大的蜂窝结构,如图 3-4(b)所示。

（3）絮凝结构。

极细小的黏土颗粒($d<0.002$ mm）,能在水中长期悬浮,一般不以单粒下沉,而是聚合成絮状团粒下沉,下沉后接触到已经沉稳的絮状团粒时,由于引力作用又产生联结,最终形成孔隙很大的絮凝结构,如图 3-4(c)所示。

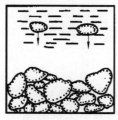 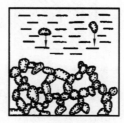 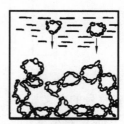

（a）单粒结构   （b）蜂窝结构   （c）絮凝结构

图 3-4   土的结构

蜂窝结构和絮凝结构的特点都是土中孔隙较大,结构不稳定,相对于单粒结构而言,具有较大的压缩性,强度也较低。但是也不尽然,具有蜂窝结构和絮凝结构的黏性土,如果形成的年代比较久远,其土粒之间的联结强度（结构强度）会由于长期受自重压力作用和胶结作用而可能得到加强。胶结作用是指由于原来溶解在水中的各种胶结物质（如氯盐、碳酸盐、氢氧化铁、氢氧化硅等）随着土中水分的蒸发而析出,在颗粒接触点处形成结晶,将土粒胶结在一起的现象,这种联结作用也称为胶结物联结。胶结物联结是在整个漫长的地质作用过程中逐渐形成的。如这种联结遭到破坏,土的联结强度也会降低,且短时间内是无法恢复的。

2）土的结构性

从天然土层中取出的土样,如能保持原有的结构及含水率不变,则称为原状土;若土样结构或含水率受到人为的破坏而发生变化,则称为扰动土。土的结构性是指土的天然结构受扰动后,土原有的物理、力学性质会降低的特性。一般把具有蜂窝结构和絮凝结构的土称为结构性土。黏性土一般具有结构性,而砂土则不具有结构性。

对于结构性土,在其天然结构被扰动后,土中的胶结物联结遭到破坏,土的力学性质往往发生很大变化,如压缩性增大、抗剪强度降低等。为评价土的结构性大小,常用灵敏度 S_t 来反映黏性土在结构被扰动后强度的损失程度。

模块 2   土的物理性质指标

土是由固体颗粒、水和空气组成的三相体。土中三相物质本身的特性及它们之间的相互作用,对土的性质有着非常重要的影响,前面对此已作了定性的描述。但是,土的性质不仅只取决于三相组成中各相的性质,而且三相之间量的比例关系也是一个非常重要的影响因素。如对于无黏性土,密实状态下强度高,松散状态下强度低;而对于细粒土,含水少时硬,含水多时则软。所以,把土体三相间量的比例关系称为土的物理性质指标,工程中常用土的物理性质指标作为评价土体工程性质优劣的基本指标。

1. 土的三相草图

为了便于研究土中三相物质之间的比例关系,常常理想地把土中实际交错混杂在一起的三相物质分别集中在一起,并以图 3-5 所示的形式表示出来,该图称为土的三相草图。

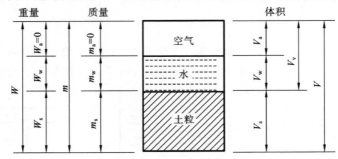

图 3-5　土的三相草图

图中各符号的含义如下。W 表示重度,m 表示质量,V 表示体积,下标 a 表示气体,下标 s 表示土粒,下标 w 表示水,下标 v 表示孔隙。例如,W_s、m_s、V_s 分别表示土粒重量、土粒质量和土粒体积。

2. 土的物理性质指标

有一些土的物理性质指标必须通过试验测定,称为实测指标,又称基本指标,包括密度、天然含水率和土粒比重;另外一些可以根据实测指标经过换算得出,称为换算指标,又称计算指标,包括干重度、饱和重度、浮重度、孔隙比、孔隙率和饱和度。下面将分别介绍这两类指标。

1）实测指标

（1）土的密度 ρ 和土的重度 γ。

天然土的密度（也称天然密度）是指单位体积天然土的质量,可简称土的密度,常用 $\rho(\text{g/cm}^3)$ 表示,其表达式为

$$\rho = \frac{m}{V} = \frac{m_s + m_w}{V} \tag{3-3}$$

土的天然密度变化较大,随土的密实程度和孔隙水含量的多少而变化,一般为 $1.6 \sim 2.0\ \text{g/cm}^3$。天然土体为三相土时,天然密度称为湿密度;天然土体为饱和状态时,天然密度称为饱和密度。

土的重度是指单位土体所受的重力,常用 $\gamma(\text{kN/m}^3)$ 表示,其表达式为

$$\gamma = \frac{W}{V} = \frac{W_s + W_w}{V} \tag{3-4}$$

土的密度是通过试验测定的,土的重度可以由土的密度换算得到。其换算关系式为

$$\gamma = \rho g \tag{3-5}$$

式中:g 为重力加速度,在国际单位制中常用 $9.81\ \text{m/s}^2$,为换算方便,也可近似用 $g = 10\ \text{m/s}^2$ 进行计算。

土的密度常用环刀法测定,具体方法见《水电水利工程土工试验规程》(DL/T 5355—2006)。工程中现场测定土的密度常用灌砂法、灌水法及核子密度仪测定法。

(2)土粒比重 G_s。

土粒比重是指土粒在 105～110 ℃温度下烘至恒重时的质量与同体积、4 ℃时纯水的质量之比,简称比重,其表达式为

$$G_s = \frac{m_s}{V_s \rho_w} \tag{3-6}$$

式中:ρ_w 为 4 ℃时纯水的密度,取 $\rho_w = 1$ g/cm^3。

土粒比重常用比重瓶法来测定,试验方法详见《水电水利工程土工试验规程》(DL/T 5355—2006)。

土粒比重是一个无量纲的量,其值取决于土粒的矿物成分和有机质含量,一般为 2.60～2.80。但当土中含有较多的有机质时,土粒比重会明显减小,甚至达到 2.40 以下。工程实践中,由于各类土的比重变化幅度不大,除重要建筑物及特殊情况外,可按经验数值选用。一般土粒的比重如表 3-5 所示。

表 3-5 土粒比重的一般数值

土名	砂土	砂质粉土	黏质粉土	粉质黏土	黏土
比重	2.65～2.69	2.70	2.71	2.72～2.73	2.74～2.76

(3)土的含水率 ω。

土的含水率是指土中水的质量与土粒质量的比,以百分数表示。其表达式为

$$\omega = \frac{m_w}{m_s} \times 100\% \tag{3-7}$$

土的含水率是反映土干湿程度的指标,常用烘干法测定,试验方法详见《水电水利工程土工试验规程》(DL/T 5355—2006),现场也可以用核子密度仪测定。在天然状态下,土的含水率变化幅度很大。一般来说,砂土的含水率 $\omega = 0～40\%$,黏性土的含水率 $\omega = 15\%～60\%$,淤泥或泥炭的含水率可高达 $100\%～300\%$。同一种土,随土的含水率增高,土变湿、变软,强度会降低,压缩性也会增大。所以,土的含水率是控制填土压实质量、确定地基承载力特征值和换算其他物理性质指标的重要指标。

2)换算指标

(1)几种不同状态下土的密度和重度。

① 干密度 ρ_d 和干重度 γ_d。

土的干密度(g/cm^3)是指单位体积土中土粒的质量,即土体中土粒质量 m_s 与总体积 V 之比。其表达式为

$$\rho_d = \frac{m_s}{V} \tag{3-8}$$

单位体积的干土所受的重力称为干重度(kN/m^3),可按下式计算:

$$\gamma_d = \frac{W_s}{V} \tag{3-9}$$

土的干密度(或干重度)是评价土的密实程度的指标。干密度大,表明土密实,干密度小,表明土疏松。因此,在堤坝、路基等填方工程中,常把干密度作为填土设计和施工质量控制的

指标。一般填土的设计干密度为 $1.5 \sim 1.7 \ \text{g/cm}^3$。

② 饱和密度 γ_{sat} 和饱和重度 γ_{sat}。

土的饱和密度（g/cm^3）是指土在饱和状态时，单位体积土的质量。此时，土中的孔隙完全被水充满，土体处于二相状态。其表达式为

$$\rho_{sat} = \frac{m_s + m_w'}{V} = \frac{m_s + V_v \rho_w}{V} \tag{3-10}$$

式中：m_w' 为土中孔隙全部充满水时水的质量；ρ_w 为水的密度，$\rho_w = 1 \ \text{g/cm}^3$。

饱和重度的表达式为

$$\gamma_{sat} = \rho_{sat} g \tag{3-11}$$

③ 浮重度 γ'。

土在水下时，单位体积的有效重量称为土的浮重度（kN/m^3），或称有效重度。地下水位以下的土由于受到水的浮力作用，土体的有效重度应扣除水的浮力的作用。浮重度的表达式为

$$\gamma' = \frac{W_s - V_s \gamma_w}{V} \tag{3-12}$$

从上述四种重度的定义可知，同一种土的四种重度在数值上的关系是 $\gamma_{sat} \geqslant \gamma > \gamma_d > \gamma'$。

（2）孔隙率 n 与孔隙比 e。

土的孔隙率是指土体中的孔隙体积与总体积之比，常用百分数表示。其表达式为

$$n = \frac{V_v}{V} \times 100\% \tag{3-13}$$

土的孔隙比是指土体中的孔隙体积与土颗粒体积之比。其表达式为

$$e = \frac{V_v}{V_s} \tag{3-14}$$

孔隙率表示孔隙体积占土的总体积的百分数，所以其值恒小于 100%。土的孔隙比主要与土粒的大小及其排列的松密程度有关。一般砂土的孔隙比为 $0.4 \sim 0.8$；黏土的为 $0.6 \sim 1.5$；有机质含量高的土，其孔隙比甚至可高达 2.0 以上。

孔隙比和孔隙率都是反映土的密实程度的指标。对于同一种土，n 或 e 愈大，土愈疏松；反之，土愈密实。在计算地基沉降量和评价砂土的密实度时，常用孔隙比而不用孔隙率。

（3）饱和度 S_r。

饱和度是指土中水的体积与孔隙体积之比，用百分数表示。其表达式为

$$S_r = \frac{V_w}{V_v} \times 100\% \tag{3-15}$$

饱和度反映土中孔隙被水充满的程度。理论上，当 $S_r = 100\%$ 时，土体孔隙中全部充满了水，土是完全饱和的；当 $S_r = 0$ 时，土是完全干燥的。实际上，土在天然状态下是极少达到完全干燥或完全饱和状态的。因为风干的土仍含有少量水分，而即使完全浸没在水下，土中还可能会有一些封闭气体存在。

按饱和度的大小，可将砂土分为以下几种不同的湿润状态：

① $S_r \leqslant 50\%$，稍湿；

② $50\% < S_r \leqslant 80\%$，很湿；

③ $S_r > 80\%$，饱和。

模块 3　土的物理性质指标间的换算

上述土的物理性质指标中,天然密度 ρ、土粒比重 G_s 和含水率 ω 三个指标是通过试验测定的。在测定这三个指标后,其他各指标可根据它们的定义并利用土中三相关系导出其换算公式。例如:

$$\gamma_d=\frac{W_s}{V}=\frac{W_s}{W/\gamma}=\frac{\gamma W_s}{W_s+W_w}=\frac{\gamma}{1+\frac{W_w}{W_s}}=\frac{\gamma}{1+\omega}$$

$$e=\frac{V_v}{V_s}=\frac{V-V_s}{V_s}=\frac{W_sV}{W_sV_s}-1=\frac{W_s}{V_s\gamma_d}-1=\frac{W_s}{V_s\gamma_w}\cdot\frac{\gamma_w}{\gamma_d}-1=\frac{G_s\gamma_w}{\gamma_d}-1$$

也可假定 $V_s=1$ 或 $V=1$,根据三相草图算出各相的数值,然后由各换算指标的定义式求得其值。

【例 3-3】　用体积 $V=50\ cm^3$ 的环刀切取原状土样,用天平称出土样的湿土质量为 94.00 g,烘干后为 75.63 g,测得土样的比重 $G_s=2.68$。求该土的湿重度 γ、含水率 ω、干重度 γ_d、孔隙比 e 和饱和度 S_r 各为多少?

解　(1)湿重度。

因
$$\rho=\frac{m}{V}=\frac{94.00}{50}\ g/cm^3=1.88\ g/cm^3$$

故
$$\gamma=\rho g=1.88\times9.81\ kN/m^3=18.44\ kN/m^3$$

(2)含水率。

$$\omega=\frac{m_w}{m_s}\times100\%=\frac{m-m_s}{m_s}\times100\%=\frac{94.00-75.63}{75.63}\times100\%=24.30\%$$

(3)干重度。

$$\gamma_d=\frac{\gamma}{1+\omega}=\frac{18.44}{1+0.243}\ kN/m^3=14.84\ kN/m^3$$

(4)孔隙比。

$$e=\frac{G_s\gamma_w}{\gamma_d}-1=\frac{2.68\times9.81}{14.84}-1=0.772$$

(5)饱和度。

$$S_r=\frac{\omega G_s}{e}\times100\%=\frac{0.243\times2.68}{0.772}\times100\%=84.4\%$$

【例 3-4】　某原状土样,经试验测得土的湿重度 $\gamma=18.44\ kN/m^3$,天然含水率 $\omega=24.3\%$,土粒的比重 $G_s=2.68$,试利用三相草图求该土样的干重度 γ_d、饱和重度 γ_{sat}、孔隙比 e 和饱和度 S_r 等指标值。

解　(1)求基本物理量。

设 $V=1\ m^3$,求三相草图中各相的数值。

① 求 W_s、W_w、W。

由 $\gamma=\frac{W}{V}$ 得　　　　$W=\gamma V=18.44\times1\ kN=18.44\ kN$

又由 $\omega=\frac{W_w}{W_s}$ 得

$$W_w = \omega W_s = 0.243 W_s \qquad \text{①}$$

$$W = W_s + W_w \qquad \text{②}$$

将①代入②得　　　　　　　$18.44 = W_s + 0.243 W_s$

$$W_s = \frac{18.44}{1.243} \text{ kN} = 14.84 \text{ kN}$$

$$W_w = 0.243 W_s = 0.243 \times 14.84 \text{ kN} = 3.61 \text{ kN}$$

② 求 V_s、V_w、V_v。

由 $G_s = \dfrac{W_s}{V_s \gamma_w}$ 得　　　　　$V_s = \dfrac{W_s}{G_s \gamma_w} = \dfrac{14.84}{2.68 \times 9.81} \text{ m}^3 = 0.564 \text{ m}^3$

又由 $\gamma_w = \dfrac{W_w}{V_w}$ 得　　　　　$V_w = \dfrac{W_w}{\gamma_w} = \dfrac{3.61}{9.81} \text{ m}^3 = 0.368 \text{ m}^3$

$$V_v = V - V_s = (1.0 - 0.564) \text{ m}^3 = 0.436 \text{ m}^3$$

(2) 求 γ_d、γ_{sat}、e、S_r。

$$\gamma_d = \frac{W_s}{V} = \frac{14.84}{1} \text{ kN/m}^3 = 14.84 \text{ kN/m}^3$$

$$\gamma_{sat} = \rho_{sat} g = \frac{m_s + V_v \rho_w}{V} \cdot g = \frac{W_s + V_v \gamma_w}{V} = \frac{14.84 + 0.436 \times 9.81}{1} \text{ kN/m}^3 = 19.12 \text{ kN/m}^3$$

$$S_r = \frac{V_w}{V_v} \times 100\% = \frac{0.368}{0.436} \times 100\% = 84.4\%$$

$$e = \frac{G_s \gamma_w}{\gamma_d} - 1 = \frac{2.68 \times 9.81}{14.84} - 1 = 0.77$$

【例 3-5】 某饱和黏性土的含水率为 $\omega = 38\%$，比重 $G_s = 2.71$，求土的孔隙比 e 和干重度 γ_d。

解 （1）计算各基本物理量。

设 $V_s = 1 \text{ m}^3$，绘三相草图（见图 3-6），求三相草图中的各基本物理量。

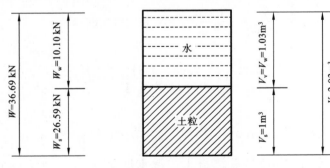

图 3-6　例 3-5 三相草图

① 求 W_s、W_w、W。

由 $G_s = \dfrac{W_s}{V_s \gamma_w}$ 得　　　$W_s = G_s V_s \gamma_w = 2.71 \times 1 \times 9.81 \text{ kN} = 26.59 \text{ kN}$

由 $\omega = \dfrac{W_w}{W_s}$ 得　　　　$W_w = \omega W_s = 0.38 \times 26.59 \text{ kN} = 10.10 \text{ kN}$

$$W = W_s + W_w = (26.59 + 10.10) \text{ kN} = 36.69 \text{ kN}$$

② 求 V_w、V_v、V。

由 $\gamma_w = \dfrac{W_w}{V_w}$ 得

$$V_w = \frac{W_w}{\gamma_w} = \frac{10.10}{9.81} \text{ m}^3 = 1.03 \text{ m}^3$$

因为是饱和土体,所以

$$V_w = V_v, \quad V = V_s + V_w = (1 + 1.03) \text{ m}^3 = 2.03 \text{ m}^3$$

(2) 求 e 和 γ_d。

$$e = \frac{V_v}{V_s} = \frac{1.03}{1} = 1.03$$

$$\gamma_d = \frac{W_w}{V} = \frac{26.59}{2.03} \text{ kN/m}^3 = 13.10 \text{ kN/m}^3$$

应当注意,在以上三个例题中,例 3-4 是假设土的总体积 $V = 1.0 \text{ m}^3$,例 3-5 则是假设土粒的体积 $V_s = 1.0 \text{ m}^3$。事实上,因为土的物理性质指标都是三相基本物理量间的相对比例关系,所以取三相图中任意一个基本物理量等于任何数值进行计算都应得到相同的指标值。但如假定的已知量选取合适,则可以减少计算工作量。而例 3-3 是根据测定的三个试验指标按换算公式计算的,它比按三相草图计算简便迅速。但在学习中必须首先掌握物理性质指标的定义、三相草图的概念及计算公式的推导过程。在此基础上,利用换算公式就不会发生概念模糊,甚至出现错误现象了。

❖技能应用❖

技能 1　制备试验所用土样

1. 试验目的

土样和试样的制备程序是试验工作的第一个质量要素,为保证试验结果的可靠性和试验数据的可比性,必须统一土样和试样的制备方法及程序。制备步骤直接影响试验成果。

2. 试验方法和适用范围

试样的制备分为原状土试样制备和扰动土试样制备等两类。扰动土试样在试验前必须经过制备程序,包括土的风干、碾碎、过筛、均土、分样、储存及制备试样等过程;对于封闭原状土试样,除小心搬运和妥善存放外,在试验前不应开启,尽量使土样少受扰动;土样制备程序应视不同的试验而异,故土样制备前应拟订土工试验计划。

3. 仪器设备

(1) 细筛:孔径分别为 5 mm、2 mm、0.5 mm。

(2) 洗筛:孔径为 0.075 mm。

(3) 台秤:称量为 10~40 kg,最小分度值为 5 g。

(4) 天平:称量为 1000 g,最小分度值为 0.1 g;称量为 200 g,最小分度值为 0.01 g。

(5) 碎土器:磨土机。

(6) 击样器:如图 3-7 所示。

(7) 压样器:如图 3-8 所示。

(8) 饱和器:如图 3-9 所示。

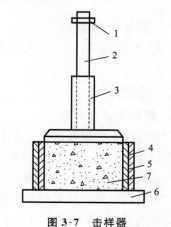

图 3-7　击样器

1—定位环;2—导杆;3—击锤;4—击样筒;

5—环刀;6—底座;7—试样

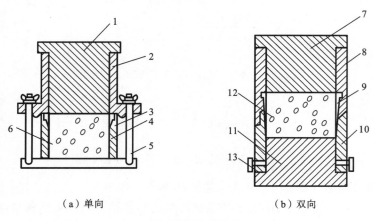

（a）单向　　　　　　　　　　　　　（b）双向

图 3-8　压样器

1—活塞；2—导筒；3—护环；4—环刀；5—拉杆；6—试样；7—上活塞；
8—上导筒；9—坏刀；10—下导筒；11—下活塞；12—试样；13—销钉

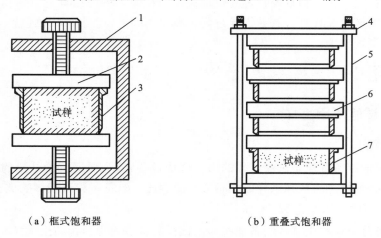

（a）框式饱和器　　　　　　　　　　（b）重叠式饱和器

图 3-9　饱和器

1—框架；2,6—透水板；3,7—环刀；4—夹板；5—拉杆

（9）抽气设备：应附真空表和真空缸。

（10）其他：烘箱、干燥器、保湿器、研钵、木碾、橡皮板、切土刀、钢丝锯、凡士林、喷水设备等。

4. 制备程序

1）原状土试样制备

（1）开启土样筒取试样。将土样筒按标明的上下方向放置，剥去蜡封和胶带，小心开启土样筒取出土样。观察原状土的颜色、气味、结构、夹杂物和均匀性等情况，并作原状土开土记录。当确定土样已受扰动或取土质量不符合要求时，不应制备力学性质试验的试样。

（2）切取试样。环刀切取试样时，应在环刀内壁涂一薄层凡士林，刃口向下放在土样上，将环刀垂直下压，并用切土刀沿环刀外侧切削土样，边压边削至土样高出环刀。切削过程中应细心观察土样的情况，并描述它的层次、气味，有无杂质、裂缝等。

（3）剩余土样。环刀切削的余土可做土的物理性试验，切取试样后剩余的原状土样应用蜡纸封好,置于保湿器内,以备补做试验之用。

(4) 试样存放。视试样本身及工程要求,决定试样是否进行饱和,如不立即进行试验或饱和时,则将试样保存于保湿器内。

2) 扰动土试样制备

扰动土试样的备样步骤如下。

(1) 描述土样。将土样从土样筒或包装袋中取出,对土样的颜色、土类、气味及夹杂物等进行描述,取代表性土样测含水率。

(2) 碾散过筛。将块状扰动土放在橡皮板上,用木碾或粉碎机碾散,但切勿压碎颗粒,如含水率较大不能碾散,则应风干至可碾散时为止。根据试验所需土样数量,将碾散后的土样过筛。物理性试验土样,如液限、塑限、缩限等试验土样,过 0.5 mm 筛;力学试验土样,过 2 mm筛;击实试验土样,过 5 mm 筛。对于含细粒土的砾质土,应先用水浸泡并充分搅拌,使粗细颗粒分离,再按不同试验项目的要求进行过筛。

扰动土试样的制备程序如下。

(1) 将碾散的风干土样通过孔径为 2 mm 或 5 mm 的筛,取筛下足够试验用的土样(试验的数量视试验项目而定,应有备用试样 1~2 个),充分拌匀,测定风干含水率,装入保湿缸或塑料袋内备用。

(2) 称取过筛的风干土样,平铺于搪瓷盘内,计算得到的加水量,用量筒量取,并将水均匀喷洒于土样上,充分拌匀后装入盛土容器内,盖紧、润湿一昼夜。

(3) 测定润湿土样不同位置处的含水率,不应少于两点,一组试样的含水率与要求的含水率之差不得超过 ±1%。

(4) 扰动土试样的制备,可采用击样法、压样法进行。

① 击样法:将环刀容积和要求干密度所需质量的湿土倒入装有环刀的击样器内,击实到所需密度,然后取出环刀。

② 压样法:将环刀容积和要求干密度所需质量的湿土倒入装有环刀的压样器内,采用静压力通过活塞将土样压紧到所需密度,然后取出环刀。

(5) 擦净环刀外壁,称环刀和试样总质量,精确至 0.1 g,同一组试样的密度与要求的密度之差不得大于 ±0.01 g/cm³。

(6) 对不需要饱和且不立即进行试验的试样,应存放在保湿器内备用。

3) 试件饱和

土的孔隙逐渐被水填充的过程称为饱和。孔隙被水充满时的土,称为饱和土。根据土样的透水性能,决定饱和方法如下。

(1) 粗粒土,可直接在仪器内浸水饱和。

(2) 细粒土,渗透系数大于 10^{-4} cm/s 时,采用毛细管饱和法较为方便。

① 选用框式饱和器,在装有试样的环刀上下面放滤纸和透水石,装入饱和器内,并旋紧螺母。

② 将装好试样的饱和器放入水箱中,注入清水,水面不宜将试样淹没,使土中气体得以排出。

③ 关上箱盖,浸水时间不得少于两昼夜,借土的毛细管作用使试样饱和。

④ 取出饱和器,松开螺母,取出环刀,擦干外壁,取下试件上下滤纸,称环刀和试样总质量,准确至 0.1 g,并根据式(3-15)计算试样饱和度。

⑤ 如饱和度低于 95% 时,将环刀装入饱和器,浸入水内,重新延长饱和时间。

(3)细粒土,渗透系数小于 10^{-4} cm/s 时,采用真空抽气饱和法。如土的结构性较弱,抽气可能发生扰动,则不宜采用这种方法。

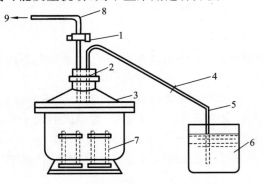

图 3-10　真空饱和装置
1—二通阀;2—橡皮塞;3—真空缸;
4—管夹;5—引水管;6—水缸;
7—饱和器;8—排气管;9—接抽气机

① 选用叠式饱和器和框式饱和器及真空饱和装置(见图 3-10)。在叠式饱和器下夹板的正中,依次放置透水板、滤纸、带试样的环刀、滤纸、透水板,如此顺序重复,由下向上重叠到拉杆高度,将饱和器上夹板盖好后,拧紧拉杆上端的螺母,将各个环刀在上下夹板间夹紧。

② 将装好试样的饱和器放入真空缸内,盖口涂一薄层凡士林,以防漏气。

③ 将真空缸与抽气机接通,启动抽气机。当真空压力表读数接近当地一个大气压力值时(抽气时间不小于 1 h),微开管夹,使清水徐徐注入真空缸,在注水过程中,真空压力表读数宜保持不变。

④ 待水淹没饱和器后,即停止抽气。开管夹使空气进入真空缸,静待一定时间,细粒土宜为 10 h,使试样充分饱和。

⑤ 打开真空缸,从饱和器内取出带环刀的试样,称环刀和试样的总质量,精确至 0.1 g,并计算饱和度。当饱和度低于 95% 时,应继续抽气饱和。

5. 计算

1)干土质量

干土质量为

$$m_{s} = \frac{m}{1 + 0.01\omega_{0}} \tag{3-16}$$

式中:m_{s} 为干土质量,g;m 为风干土质量(或天然湿土质量),g;ω_{0} 为风干含水率(或天然含水率),%。

2)试样制备含水率所加水量

试样制备含水率所加水量为

$$m_{w} = \frac{m}{1 + 0.01\omega_{0}} \times 0.01(\omega' - \omega_{0}) \tag{3-17}$$

式中:m_{w} 为土样制备所需加水质量,g;m 为风干含水率下的土样质量,g;ω_{0} 为土样的风干含水率,%;ω' 为土样所要求的含水率,%。

3)制备扰动土试样所需总土质量

制备扰动土试样所需总土质量为

$$m = (1 + 0.01\omega_{0})\rho_{d}V \tag{3-18}$$

式中:m 为制备试样所需总质量,g;ρ_{d} 为制备试样所要求的干密度,g/cm³;V 为计算出的击实土样体积或压样器所用环刀体积,cm³;ω_{0} 为风干含水率,%。

4)制备扰动土样应增加的水量

制备扰动土样应增加的水量为

$$\Delta m_{w} = 0.01(\omega' - \omega_{0})\rho_{d}V \tag{3-19}$$

式中：Δm_w 为制备扰动土样应增加的水量，g；其他符号含义同前。

5）饱和度

饱和度为

$$S_r = \frac{(\rho - \rho_d)G_s}{e\rho_d} \quad \text{或} \quad S_r = \frac{\omega G_s}{e} \tag{3-20}$$

式中：S_r 为试样的饱和度，%；ρ 为试样饱和后的密度，g/cm³；ρ_d 为土的干密度，g/cm³；G_s 为土粒比重；e 为试样的孔隙比；ω 为试样饱和后的含水率，%。

6. 试验记录

原状土开土记录如表 3-6 所示。

表 3-6　原状土开土记录表

委托单位_____　工程名称_____　记录者_____

进室日期_____　开土日期_____　校核者_____

土样编号		取土高程/m	取土深度/m	颜色	气味	结构	夹杂物	包装与扰动情况	其他
室内	野外								

扰动土试样制备记录如表 3-7 所示。

表 3-7　扰动土试样制备记录表

工程名称_____　土样编号_____　制备日期_____

制 备 者_____　计 算 者_____　校 核 者_____

土样编号		
制备标准	干密度/(g/cm³)	
	含水率 ω'/(%)	
所需土质量及增加水量的计算	环刀或计算的击实筒容积 V/cm³	
	干土质量 m_s/g	
	风干含水率 ω_0/(%)	
	湿土质量 m/g	
	增加的水量 Δm_w/g	
	所需土质量/g	
试样制备	制备方法	
	环刀质量/g	
	环刀加湿土质量/g	
	密度 ρ/(g/cm³)	
	含水率 ω/(%)	
	干密度 ρ_d/(g/cm³)	
与制备标准之差	干密度 ρ_d/(g/cm³)	
	含水率 ω/(%)	
备　注		

技能 2 进行颗粒分析试验

1. 试验目的

测定土中各种粒组的质量分数，以便了解土粒的组成情况，供识别砂类土的分类、判断土的工程性质及建材选料之用。

2. 试验方法和适用范围

颗粒分析试验方法分为筛分法和密度计法：对于粒径小于或等于 60 mm、大于 0.075 mm 的土粒，可用筛分法测定；对于粒径小于 0.075 mm 的土粒，则用密度计法来测定。

3. 筛分法

筛分法是将土样通过各种不同孔径的筛子，并按筛子孔径的大小将颗粒加以分组，然后再称量并计算出各个粒组的质量分数的方法。

1）仪器设备

（1）分析筛：粗筛，孔径为 60 mm、40 mm、20 mm、10 mm、5 mm、2 mm；细筛，孔径为 1.0 mm、0.5 mm、0.25 mm、0.1 mm、0.075 mm。

（2）天平：称量为 5000 g，最小分度值为 1 g；称量为 1000 g，最小分度值为 0.1 g；称量为 200 g，最小分度值为 0.01 g。

（3）振筛机：筛分过程能上下振动。

（4）其他：烘箱、研钵、瓷盘、毛刷、木碾等。

2）操作步骤（无黏性土的筛分法）

（1）从风干、松散的土样中，用四分法按下列规定取出代表性试样：

① 粒径小于 2 mm 颗粒的土取 100～300 g；

② 最大粒径小于 10 mm 的土取 300～1000 g；

③ 最大粒径小于 20 mm 的土取 1000～2000 g；

④ 最大粒径小于 40 mm 的土取 2000～4000 g；

⑤ 最大粒径小于 60 mm 的土取 4000 g 以上。

称量精确至 0.1 g；当试样质量大于 500 g 时，准确至 1 g。

（2）将试样过 2 mm 细筛，分别称出筛上和筛下土质量。

（3）取 2 mm 筛上试样倒入依次叠好的粗筛的最上层筛中，进行粗筛筛析；取 2 mm 筛下试样倒入依次叠好的细筛最上层筛中，进行细筛筛析。细筛宜放在振筛机上振摇，振摇时间一般为 10～15 min。

（4）由最大孔径筛开始，顺序将各筛取下，在白纸上用手轻叩摇晃，如仍有土粒漏下，应继续轻叩摇晃，直至无土粒漏下为止。漏下的土粒应全部放入下级筛内，并将留在各筛上的试样分别称量，准确至 0.1 g。

（5）各细筛上及底盘内土质量总和与筛前所取 2 mm 筛下土质量之差不得大于 1%；各粗筛上及 2 mm 筛下的土质量总和与试样质量之差不得大于 1%。

注：若 2 mm 筛下土的质量小于试样总质量的 10%，则可省略细筛筛析；若 2 mm 筛上土的质量小于试样总质量的 10%，则可省略粗筛筛析。

3）计算与制图

（1）计算小于某粒径试样的质量分数，即

$$x = \frac{m_{\mathrm{A}}}{m_{\mathrm{B}}} d_x \tag{3-21}$$

式中：x 为小于某粒径试样的质量占试样总质量的百分比，%；m_{A} 为小于某粒径的试样质量，g；m_{B} 当细筛筛析或用密度计法分析时，为所取试样质量，当粗筛分析时，则为试样总质量，g；d_x 为粒径小于 2 mm 或粒径小于 0.075 mm 的试样的质量分数，如试样中无粒径大于 2 mm 或粒径无大于 0.075 mm 的，在计算粗筛筛析时 $d_x = 100\%$。

（2）绘制颗粒大小分布曲线。以小于某粒径试样的质量分数为纵坐标、颗粒粒径为横坐标（对数尺度）进行绘制。如图 3-11 所示。

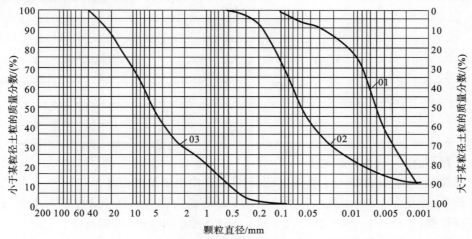

图 3-11　颗粒大小分布曲线

（3）计算级配指标。

不均匀系数为

$$C_{\mathrm{u}} = \frac{d_{60}}{d_{10}}$$

曲率系数为

$$C_{\mathrm{c}} = \frac{d_{30}^2}{d_{10} d_{60}}$$

4）试验记录

本试验记录如表 3-8 所示。

4. 密度计法

密度计法是将一定量的土样放在量筒中，然后加纯水，经过搅拌，使土的大小颗粒在水中均匀分布，制成一定量的均匀浓度的土悬液（1000 mL）。静置悬液，在土粒下沉过程中，用密度计测出对应于不同时间的悬液的不同密度，根据密度计读数和土粒的下沉时间，就可计算出粒径小于某一粒径颗粒的质量占土样总质量的百分数。

1）仪器设备

（1）密度计：甲种密度计，刻度为 −5～50，最小分度值为 0.50；乙种密度计，刻度为 0.995～1.020，最小分度值为 0.0002。

（2）量筒：高约为 45 cm，内径约为 6 cm，容积为 1000 mL，刻度为 0～1000 mL，分度值为 10 mL。

表 3-8　颗粒分析试验记录表（筛分法）

工程名称＿＿＿＿　土样编号＿＿＿＿　试验日期＿＿＿＿

试　验　者＿＿＿＿　计　算　者＿＿＿＿　校　核　者＿＿＿＿

风干土质量＝＿＿＿＿g	粒径小于 0.075 mm 的土的质量分数＝＿＿＿＿%
2 mm 筛上土质量＝＿＿＿＿g	粒径小于 2 mm 的土的质量分数＝＿＿＿＿%
2 mm 筛下土质量＝＿＿＿＿g	细筛筛析时所取试样质量＝＿＿＿＿g

筛号	孔径/mm	留筛土质量/g	累计留筛土质量/g	小于该孔径的土质量/g	小于该孔径的土的质量分数/(%)
底盘总计					

（3）洗筛：孔径为 0.075 mm。

（4）洗筛漏斗：上口直径大于洗筛直径，下口直径略小于量筒内径。

（5）天平：称量为 1000 g，最小分度值为 0.1 g；称量为 200 g，最小分度值为 0.01 g。

（6）搅拌器：轮径为 50 mm，孔径为 3 mm，杆长约为 450 mm，带螺旋叶。

（7）煮沸设备：附冷凝管装置。

（8）温度计：刻度为 0～50 ℃，最小分度值为 0.5 ℃。

（9）其他：秒表、锥形瓶（容积为 500 mL）、研钵、木杵、电导率仪等。

2）试剂

（1）分散剂：浓度为 6% 的过氧化氢、1% 的硅酸钠、4% 的六偏磷酸钠。

（2）水溶盐检验试剂：5% 的硝酸银、10% 的硝酸、5% 的氯化钡、10% 的盐酸。

3）操作步骤

（1）宜采用风干土试样，计算试样干土质量为 30 g 时所需的风干土质量，即

$$m=m_s(1+0.01\omega_0) \tag{3-22}$$

式中：m 为风干土质量，g；m_s 为试样干土质量，g；ω_0 为风干土含水率，%。

（2）称质量为 30 g 的风干试样倒入锥形瓶中，勿使土粒丢失。注入水 200 mL，浸泡过夜。

（3）将锥形瓶放在煮沸设备上，连接冷凝管进行煮沸。一般煮沸时间约 1 h。

（4）将冷却后的悬液倒入瓷杯中，静置约 1 min，将上部悬液倒入量筒。杯底沉淀物用橡皮头研杵细心研散，加水，经搅拌后，静置约 1 min，再将上部悬液倒入量筒。如此反复操作，直至杯中悬液澄清为止。当土中粒径大于 0.075 mm 的颗粒质量估计超过试样总质量的 15% 时，应将其全部倒至 0.075 mm 筛上冲洗，直至筛上仅留粒径大于 0.075 mm 的颗粒为止。

（5）将留在洗筛上的颗粒洗入蒸发皿内，倾去上部的清水，烘干称量，按《水电水利工程土工试验规程》（DL/T 5355—2006）规定进行细筛筛析。

（6）将洗筛上的颗粒倒入量筒，加浓度为 4% 的六偏磷酸钠约 10 mL 于量筒溶液中，再注入纯水，使筒内悬液达 1000 mL。

（7）用搅拌器在量筒内沿整个悬液深度上下搅拌约 1 min，往复约 30 次，取出搅拌器，将密度计放入悬液中同时开动秒表。测经 1 min、5 min、30 min、120 min、1440 min 时的密度计读数。

4）注意事项

（1）每次读数均应在预定时间前 10～20 s 将密度计小心放入悬液接近读数的深度，并注意密度计浮泡应保持在量筒中部位置，不得贴近筒壁。

（2）密度计读数均以弯液面上缘为准。

（3）每次读数完毕立即取出密度计放入盛有纯水的量筒中，并测定各相应的悬液温度，精确至 0.5 ℃。

（4）每次放入或取出密度计时，应尽量减少对悬液的扰动。

（5）如试样在分析前未过 0.075 mm 筛，而在密度计第 1 个读数时，发现下沉的土粒质量已超过试样总质量的 15%，则应在试验结束后，将量筒中土粒过 0.075 mm 筛，然后按《水电水利工程土工试验规程》（DL/T 5355—2006）规定求得粒径大于 0.075 mm 的颗粒组成。

5）计算和绘图

（1）计算小于某粒径的试样的质量分数。

① 对于甲种密度计，有

$$x = \frac{100}{m_s} C_s (R + m_T + n - C_D) \tag{3-23}$$

$$C_s = \frac{\rho_s}{\rho_s - \rho_{w20}} \cdot \frac{2.65 - \rho_{w20}}{2.65} \tag{3-24}$$

式中：x 为小于某粒径土的质量分数，%；m_s 为试样干土质量，g；m_T 为温度校正值，查《水电水利工程土工试验规程》（DL/T 5355—2006）；C_D 为分散剂校正值；R 为甲种密度计读数；n 为弯液面校正值；C_s 为土粒比重校正值，查《水电水利工程土工试验规程》（DL/T 5355—2006）确定，或按式（3-24）计算；ρ_s 为土粒密度，g/cm³；ρ_{w20} 为 20 ℃时水的密度，g/cm³。

② 对于乙种密度计，有

$$x = \frac{100V}{m_s} C_s' [(R' - 1) + m_T' + n' - C_D'] \rho_{w20} \tag{3-25}$$

$$C_s' = \frac{\rho_s}{\rho_s - \rho_{w20}} \tag{3-26}$$

式中：C_s' 为土粒比重校正值，查《水电水利工程土工试验规程》（DL/T 5355—2006）确定，或按式（3-26）计算；n' 为弯液面校正值；m_T' 为温度校正值，查《水电水利工程土工试验规程》（DL/T 5355—2006）确定；C_D' 为分散剂校正值；R' 为乙种密度计读数。

（2）按《水电水利工程土工试验规程》（DL/T 5355—2006）确定，有

$$d = \sqrt{\frac{1800 \times 10^4 \eta}{(G_s - G_{wT}) \rho_{w0} g} \cdot \frac{L}{t}} \tag{3-27}$$

式中：d 为颗粒直径，mm；ρ_{w0} 为 4 ℃时水的密度，g/cm³；η 为水的动力黏滞系数，10^{-6} kPa・s；G_s 为土粒比重；G_{wT} 为温度为 T ℃时的水的比重；L 为某一时间 t 内的土粒沉降距离，cm；g 为重力加速度，取 981 cm/s²；t 为沉降时间，s。

（3）绘制颗粒大小分布曲线。以小于某粒径土的质量分数为纵坐标,颗粒直径为横坐标（对数尺度）,将试验数据点在图上,绘成一条平滑曲线,即为该土的颗粒大小分布曲线。

6）试验记录

本试验记录如表 3-9 所示。

表 3-9　颗粒分析试验记录表（密度计法）

工程名称_____　　土样编号_____　　试验日期_____

试 验 者_____　　计 算 者_____　　校 核 者_____

粒径小于 0.075 mm 土的质量分数____　干土总质量____　湿土质量____　试样处理说明____
含水量____　干土质量____　含盐量____　密度计号____　量筒号____
风干土质量____　烧杯号____　土粒比重____　比重校正值____　弯液面校正值____

试验时间	下沉时间 /min	悬液温度 T/℃	密度计读数					土粒落距 L/cm	粒径 d/mm	小于某粒径土的质量分数/（%）
			密度计读数 R	温度校正值 m	分散剂校正值 C_D	$R_M=R+m+n-C_D$	$R_H=R_M C_s$			

技能 3　测定土的含水率

1. 试验目的

试验目的是测定土的含水率。土的含水率是土在 105～110 ℃下烘到恒重时所失去的水的质量与干土质量的百分比值。含水率是土的基本物理性质指标之一,它反映了土的干湿状态,是计算土的干密度、孔隙比、饱和度、液性指数的基本指标,也是建筑物地基、路堤、土坝等施工质量控制的重要指标。

2. 试验方法和适用范围

（1）烘干法,室内试验的标准方法,一般黏性土都可以采用。

（2）酒精燃烧法,适用于快速简易测定细粒土的含水率。

（3）比重法,适用于砂类土。

3. 烘干法试验

1）仪器设备

（1）烘箱。

（2）天平:称量为 200 g,分度值为 0.01 g。

（3）其他:干燥器、称量盒。

2）操作步骤

（1）取代表性试样,黏性土取 15～30 g,砂性土、有机质土取 50 g,放入质量为 m_0 的称量盒内,立即盖上盒盖,称盒加湿土总质量 m_1,精确至 0.01 g。

（2）打开盒盖,将试样和盒放入烘箱,在 105～110 ℃ 的恒温下烘干。烘干时间与土的类别及取土数量有关。黏性土的烘干时间不得少于 8 h;砂类土的烘干时间不得少于 6 h;对含有机质超过 10% 的土,应将温度控制在 65～70 ℃ 的恒温下烘至恒重。

（3）将烘干后的试样盒从烘箱中取出,盖好盒盖放入干燥器内冷却至室温（一般为 0.5～1 h）,称盒加干土质量 m_2,精确至 0.01 g。

4. 酒精燃烧法

1）仪器设备

（1）酒精:纯度为 95%。

（2）天平:称量为 200 g,分度值为 0.01 g。

（3）其他:称量盒、滴管、火柴和调土刀等。

2）操作步骤

（1）取代表性试样,黏性土取 5～10 g,砂性土取 5～10 g,有机质土取 50 g,放入称量盒内,立即盖上盒盖,称盒加湿土总质量 m_1,精确至 0.01 g。

（2）打开盒盖,用滴管将酒精注入放有试样的称量盒中,直至盒中出现自由液面为止,并使酒精在试样中充分混合均匀。

（3）点燃盒内酒精,烧至自然熄灭。

（4）按上述方法再重复燃烧两次,在第三次火焰熄灭后,立即盖上盒盖冷却至室温,称盒加干土质量 m_2,精确至 0.01 g。

3）计算含水率

含水率按式（3-28）计算,即

$$\omega = \frac{m_w}{m_s} = \frac{m_1 - m_2}{m_2 - m_0} \times 100\% \tag{3-28}$$

烘干法试验应对试样进行两次平行测定,取其算术平均值。两次测定的差值,当含水率小于 10% 时,允许的平均差值为 0.5%;当含水率大于或等于 10% 且小于 40% 时,允许的平均差值为 1%;当含水率大于或等于 40% 时,允许的平均差值为 2%。

4）试验记录

本试验记录如表 3-10 所示。

表 3-10　含水率试验记录表

工程名称＿＿＿＿　　试验方法＿＿＿＿　　试验日期＿＿＿＿

试　验　者＿＿＿＿　　计　算　者＿＿＿＿　　校　核　者＿＿＿＿

试样编号	土样说明	盒号	盒质量/g	盒加湿土质量/g	盒加干土质量/g	水的质量/g	干土质量/g	含水率/(%)	平均含水率/(%)
			(1)	(2)	(3)	(4)=(2)-(3)	(5)=(3)-(1)	(6)=(4)/(5)×100%	(7)

技能 4　测定土的密度

1. 试验目的

测定土的湿密度，以了解土的疏密和干湿状态，供换算土的其他物理性质指标和工程设计及控制施工质量之用。

2. 试验方法与适用范围

（1）对于一般黏性土，宜采用环刀法取样。

（2）对于易破碎、难以切削的土，可采用蜡封法取样。

（3）对于砂土与砂砾土，可采用现场灌砂法或灌水法取样。

3. 环刀法

环刀法是采用一定体积环刀切取土样并称土质量的方法。环刀内土的质量与体积之比即为土的密度。

1）仪器设备

（1）环刀：内径为 6～8 cm，高 2～3 cm。

（2）天平：称量为 500 g，分度值为 0.1 g；称量为 200 g，分度值为 0.01 g。

（3）其他：切土刀、钢丝锯、凡士林等。

2）操作步骤

（1）测出环刀的容积 V，在天平上称环刀质量 m_1。

（2）取直径和高度略大于环刀的原状土样或制备土样。

（3）环刀取土。在环刀内壁涂一薄层凡士林，将环刀刃口向下放在土样上，随即将环刀垂直下压，边压边削，直至土样上端伸出环刀为止。将环刀两端余土削去修平（严禁在土面上反复涂抹），然后擦净环刀外壁。

（4）将取好土样的环刀放在天平上称量，记下环刀与湿土的总质量 m_2。

3）计算土的密度

土的密度为

$$\rho = \frac{m}{V} = \frac{m_2 - m_1}{V} \tag{3-29}$$

式中：ρ 为密度，计算精确至 0.01 g/cm^3；m 为湿土质量，g；m_2 为环刀加湿土质量，g；m_1 为环刀质量，g；V 为环刀体积，cm^3。

密度需进行两次平行测定，两次测定的差值不得大于 0.03 g/cm^3，取两次试验结果的平均值。

4）试验记录

本试验记录如表 3-11 所示。

表 3-11　密度试验记录表(环刀法)

工程名称_____　土样说明_____　试验日期_____

试　验　者_____　计　算　者_____　校　核　者_____

试样编号	土样说明	环刀号	湿土质量/g (1)	体积/cm³ (2)	湿密度/(g/cm³) $(3)=\dfrac{(1)}{(2)}$	含水率/(%) (4)	干密度/(g/cm³) $(5)=\dfrac{(3)}{1+0.01(4)}$	平均干密度/(g/cm³) (6)

任务 2　土的物理状态的判定

✧任务导入✧

小浪底大坝为土质斜心墙堆石坝,坝顶高程 281 m,最大坝高 160 m,坝顶长 1666.3 m,坝体填筑总量为 5184.7 万 m³,其中主坝斜心墙Ⅰ区防渗土料填筑总量约为 820 万立方米。小浪底工程所用土料有轻粉质壤土、中粉质壤土、重粉质壤土和粉质黏土等 4 类。对于高土石坝心墙,防渗土料的合理选择、填筑标准的合理确定不仅对于经济合理地设计大坝具有十分重要的意义,而且对于保证顺利施工和坝体填筑质量也具有十分重要的意义。

根据文件提供的 33 组试验结果,塑性指数最大为 19,最小为 9,平均为 12.9。由于施工过程中所检测的土料的塑性指数与招标文件中提供的料场的土料的塑性指数相差较大,承包商曾以业主提供的料场与投标时相比发生了变化为由向业主提出索赔。对于此问题工程师进行认真的分析研究后认为,引起土料塑性指数差异的原因,一是料场土料发生变化,二是不同试验方法。

【任务】

(1) 塑性指数在大坝心墙料填筑中的主要作用是什么?

(2) 测定土料的塑性指数。

✧知识准备✧

在天然状态下,土所表现出的干湿、软硬、松密等特征,统称为土的物理状态。土的物理状态对土的工程性质影响较大,类别不同的土所表现出的物理状态特征也不同。如无黏性土,其力学性质主要受密实程度的影响;而黏性土,其力学性质则主要受含水率变化的影响。因此,不同类别的土具有不同的物理状态指标。

模块 1　无黏性土的密实状态

无黏性土是具有单粒结构的散粒体。它的密实状态对其工程性质影响很大。密实的砂土,其结构稳定,强度较高,压缩性较小,是良好的天然地基;疏松的砂土,特别是饱和的松散粉细砂,结构常处于不稳定状态,容易产生流砂,在振动荷载作用下,可能会发生液化,对工程建筑不利。所以,常根据密实度来判定天然状态下无黏性土层的优劣。无黏性土密实度判别方法如下。

1. 孔隙比判别

判别无黏性土密实度最简便的方法是用孔隙比 e 判别。孔隙比愈小,土愈密实;孔隙比愈大,土愈疏松。但由于颗粒的形状和级配对密实度的影响很大,而孔隙比没有考虑颗粒级配这一重要因素的影响,故应用时存有缺陷。为说明这个问题,取两种不同级配的砂土进行分析。如图 3-12 所示,把砂土颗粒视为理想的圆球。图 3-12(a) 所示的为均匀级配的砂最紧密的排列,可以算出这时的不均匀系数 $C_u = 1.0$,$e = 0.35$;图 3-12(b) 所示的同样是理想的圆球状砂,但其中除大的圆球外,还有小的圆球可以充填于孔隙中,即不均匀系数 $C_u > 1.0$,显然,这种砂最紧密排列时的孔隙比 $e < 0.35$。就是说,两种级配不同的砂,若都具有相同的孔隙比 $e = 0.35$,级配均匀的砂已处于最密实的状态,而级配不均匀的砂则达不到最密实的状态;反之,相同密实状态下,级配良好的砂,其孔隙比较小。

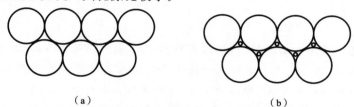

（a）　　　　　　　　　　　（b）

图 3-12　颗粒级配对砂土密实度的影响

2. 相对密实度判别

相对密实度 D_r 是将天然状态下的孔隙比 e 与最疏松状态下的孔隙比 e_{max} 和最密实状态下的孔隙比 e_{min} 进行对比,作为衡量无黏性土密实度的指标,其表达式为

$$D_r = \frac{e_{max} - e}{e_{max} - e_{min}} \tag{3-30}$$

式中:e_{max} 为砂土在最疏松状态下的孔隙比;e_{min} 为砂土在最密实状态下的孔隙比;e 为砂土在天然状态下的孔隙比。

显然,D_r 越大,土越密实。当 $D_r = 0$ 时,土处于最疏松状态;当 $D_r = 1$ 时,土处于最密实状态。工程中根据相对密实度 D_r,将无黏性土的密实程度划分为密实、中密和疏松三种状态,其标准如下:$D_r > 0.67$,密实;$0.33 < D_r \leqslant 0.67$,中密;$D_r \leqslant 0.33$,疏松。

3. 标准贯入试验判别

标准贯入试验是在现场进行的原位试验。该法用质量为 63.5 kg 的穿心锤,以 76 cm 的落距将贯入器打入土中 30 cm 时所需要的锤击数作为判别指标,称为标准贯入锤击数 N。显然,锤击数 N 愈大,土层愈密实;N 愈小,土层愈疏松。我国《岩土工程勘察规范》(GB 50021—2009)按标准贯入锤击数 N 划分砂土密实度的标准如表 3-12 所示。

表 3-12　砂土的密实度

密　实　度	密　实	中　密	稍　密	松　散
标准贯入锤击数 N	$N > 30$	$15 < N \leqslant 30$	$10 < N \leqslant 15$	$N \leqslant 10$

碎石土可以根据标准贯入锤击数划分为密实、中密、稍密和松散四种密实状态。其划分标准如表 3-13 所示。

表 3-13 碎石土密实度野外鉴别方法

重型圆锥动力触探锤击数	$N_{63.5} \leqslant 5$	$5 < N_{63.5} \leqslant 10$	$10 < N_{63.5} \leqslant 20$	$N_{63.5} > 20$
密实度	松散	稍密	中密	密实

注：① 本表适用于平均粒径小于或等于 50 mm，且最大粒径不大于 100 mm 的卵石、碎石、圆砾、角砾。对于平均粒径大于 50 mm 或最大粒径大于 100 mm 的碎石土，可按《建筑地基基础设计规范》GB 50007—2011 附录鉴别其密实度。

② 表内 $N_{63.5}$ 为经综合修正后的平均值。

【例 3-6】 某砂层的天然重度 $\gamma = 18.2$ kN/m³，含水率 $\omega = 13\%$，土粒的比重 $G_s = 2.65$，最小孔隙比 $e_{min} = 0.40$，最大孔隙比 $e_{max} = 0.85$。问该土层处于什么状态？

解 （1）土层的天然孔隙比 e 为

$$e = \frac{G_s \gamma_w (1+\omega)}{\gamma} - 1 = \frac{2.65 \times 9.81(1+0.13)}{18.2} - 1 = 0.614$$

（2）相对密实度 D_r 为

$$D_r = \frac{e_{max} - e}{e_{max} - e_{min}} = \frac{0.85 - 0.614}{0.85 - 0.40} = 0.524$$

因为 $0.33 < D_r < 0.67$，故该砂层处于中密状态。

模块 2 黏性土的稠度

1. 黏性土的稠度状态

黏性土的物理状态随其含水率的变化而有所不同。所谓稠度，是指黏性土在某一含水率时的稀稠程度或软硬程度。稠度还反映土粒间的连接强度。稠度不同，土的强度及变形特性也不同。所以，稠度也可以指土对外力引起变形或破坏的抵抗能力。黏性土处在某种稠度时所呈现出的状态，称为稠度状态。

黏性土所表现出的稠度状态是随水率的变化而变化的。当土中含水率很小时，水全部为强结合水，此时土粒表面的结合水膜很薄，土颗粒靠得很近，颗粒间的结合水联结很强。因此，当土粒之间只有强结合水时，按水膜厚薄不同，土呈现为坚硬的固态或半固态。随着含水率的增加，土粒周围结合水膜加厚，结合水膜中除强结合水外还有弱结合水，此时，土处于塑态。土在这一状态范围内，具有可塑性，即被外力塑成任意形状而土体表面不发生裂缝或断裂，外力去掉后仍能保持其形变的特性。黏性土只有在塑态时，才表现出可塑性。

当含水率继续增加，土中除结合水外还有自由水时，土粒多被自由水隔开，土粒间的结合水联结消失，土处于液态。

2. 界限含水率

所谓界限含水率，是指黏性土从一个稠度状态过渡到另一个稠度状态时的分界含水率，也称稠度界限。因此，四种稠度状态之间有三个界限含水率，分别称为缩限 ω_S、塑限 ω_P 和液限 ω_L，如图 3-13 所示。

（1）缩限 ω_S，是指固态与半固态之间的界限含水率。当含水率小于缩限 ω_S 时，土体的体积不随含水率的减小而发生变化；当含水率大于缩限 ω_S 时，土体的体积随含水率的增加而

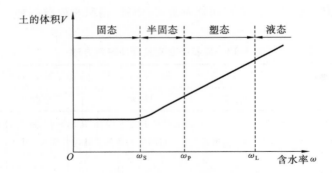

图 3-13　黏性土的稠度状态

变大。

（2）塑限 ω_P，是指半固态与塑态之间的界限含水率，也就是，可塑状态的下限，即含水率小于塑限时，黏性土不具有可塑性。

（3）液限 ω_L，是指塑态与流动状态之间的界限含水率，也就是黏性土可塑状态的上限含水率。

3．塑性指数与液性指数

1）塑性指数 I_P

塑性指数 I_P 是指液限 ω_L 与塑限 ω_P 的差值，塑性指数习惯上直接用去掉％的数值来表示，其表达式为

$$I_P = (\omega_L - \omega_P) \times 100 \qquad (3\text{-}31)$$

如 $\omega_L = 36\%$，$\omega_P = 16\%$，则 $I_P = (36\% - 16\%) \times 100 = 20$，通常写为 $I_P = 20$。

塑性指数表明黏性土处在可塑状态时含水率的变化范围。它的大小与土的黏粒含量及矿物成分有关，土的塑性指数愈大，土中黏粒含量愈多。因为土的黏粒含量愈多，土的比表面积愈大，亲水性愈强，则弱结合水的含量可能愈高，因而土处在可塑状态时含水率变化范围也就愈大，I_P 值也愈大；反之，I_P 值愈小。所以，塑性指数是一个能反映黏性土性质的综合性指数，工程上普遍采用塑性指数对黏性土进行分类和评价。但由于液限测定标准的差别，同一土类按不同标准可能得到不同的塑性指数，即塑性指数相同的土，采用不同的规范标准，得出的土类可能不同。

2）液性指数 I_L

土的含水率在一定程度上可以说明土的软硬程度。对同一种黏性土来说，含水率越大，土体越软。但是，对两种不同的黏性土来说，即使含水率相同，若它们的塑性指数各不相同，则这两种土所处的状态就可能不同。例如，两土样的含水率均为 32％，液限 ω_L 为 30％ 的土样就会处于流动状态，而液限 ω_L 为 35％ 的土样则会处于塑态。因此，只知道土的天然含水率还不能说明土所处的稠度状态，还必须把风干含水率 ω_0 与这种土的塑限 ω_P 和液限 ω_L 进行比较，才能判定天然土的稠度状态，进而说明土是硬的还是软的。工程中，用液性指数 I_L 作为判定土的软硬程度的指标，其表达式为

$$I_L = \frac{\omega_0 - \omega_P}{\omega_L - \omega_P} = \frac{\omega_0 - \omega_P}{I_P} \qquad (3\text{-}32)$$

式中：ω_0 为土的风干含水率。

值得注意的是,黏性土的塑限与液限都是将土样经搅拌后测定的,此时,土的原状结构已完全破坏。由于液性指数没有考虑土的原状结构对强度的影响,因此用它评价重塑土的软硬状态比较合适,而用于评价原状土的天然稠度状态,往往偏于保守。当风干含水率超过液限时,土并不表现为流动状态。这是因为保持原状结构的天然黏性土,除具有结合水联结外,还存在胶结物联结。当 $\omega_0 > \omega_L$,且 $I_L > 1$ 时,结合水联结消失了,但胶结物联结仍然存在,这时土仍具有一定的强度。所以,在基础施工中,应注意保护黏土地基的原状结构,以免承载力受到损失。

【例 3-7】　从某地基中取原状土样,用 76 g 圆锥仪测得土的 10 mm 液限 $\omega_L = 47\%$,塑限 $\omega_P = 18\%$,风干含水率 $\omega_0 = 40\%$。问该地基土处于什么状态?

解　液性指数为

$$I_L = \frac{\omega_0 - \omega_P}{\omega_L - \omega_P} = \frac{40 - 18}{47 - 18} = 0.759$$

查《岩土工程勘察规范》(GB 50021—2009),$0.75 < I_L < 1.0$,土处于软塑状态。

❖技能应用❖

技能 1　测定土的界限含水率

1. 试验目的

细粒土由于含水率不同,分别处于液状、塑状、半固态和固态。液限 ω_L 是细粒土呈塑态的上限含水率;塑限 ω_P 是细粒土呈塑态的下限含水率。

试验的目的是测定细粒土的液限 ω_L、塑限 ω_P,计算塑性指数,给土分类定名,供设计、施工使用。

2. 试验方法和适用范围

(1) 土的液塑限试验:采用液塑限联合测定法。

(2) 土的塑限试验:采用搓滚法。

(3) 土的液限试验:采用碟式仪法。

3. 液塑限联合测定法

1) 仪器设备

(1) 液塑限联合测定仪:如图 3-14 所示,圆锥质量为 76 g,锥角为 30°。

(2) 天平:称量为 200 g,分度值为 0.01 g。

(3) 其他:调土刀、不锈钢杯、凡士林、称量盒、烘箱、干燥器等。

2) 操作步骤

液塑限联合试验原则上采用风干含水率的土样制备试样,但也允许采用风干土制备试样进行试验。

(1) 当采用风干含水率的土样时,应剔除大于 0.5 mm 的颗粒,然后分别按接近液限、塑限和两者之

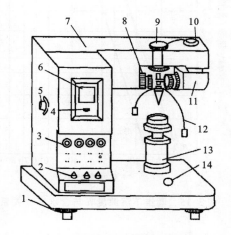

图 3-14　光电式液塑限联合测定仪结构
1—水平调节螺丝;2—控制开关;3—指示灯;
4—零线调节螺钉;5—反光镜调节螺钉;6—屏幕;
7—机壳;8—物镜调节螺钉;9—电池装置;
10—光源调节螺钉;11—光源;12—圆锥仪;
13—升降台;14—水平泡

间状态制备不同稠度的土膏,静置湿润。静置时间可视原含水量的大小而定。当采用风干土样时,取过 0.5 mm 筛的代表性土样约 200 g,分成 3 份,分别放入 3 个盛土皿中,加入不同数量的纯水,使其含水率分别接近液限、塑限和两者中间状态的含水率,调成均匀土膏,然后放入密封的保湿缸中,静置 24 h。

(2) 将制备好的土膏用调土刀调拌均匀,密实地填入试样杯中,应使空气逸出。高出试样杯的余土用刮土刀刮平,随即将试样杯放在仪器底座上。

(3) 取圆锥仪,在锥体上涂一薄层凡士林,接通电源,使电磁铁吸稳圆锥仪。

(4) 调节屏幕准线,使初读数为零。调节升降座,使圆锥仪锥角接触试样面,指示灯亮时圆锥因自重下沉入试样内,经 5 s 后立即测读圆锥下沉深度。

(5) 取下试样杯,从杯中取 10 g 以上的试样 2 个,测定含水率。

(6) 按以上(2)~(5)的步骤,测试其余 2 个试样的圆锥下沉深度和含水量。

3) 计算与制图

(1) 计算含水率。计算含水率,即

$$\omega = \left(\frac{m}{m_s} - 1\right) \times 100\% \tag{3-33}$$

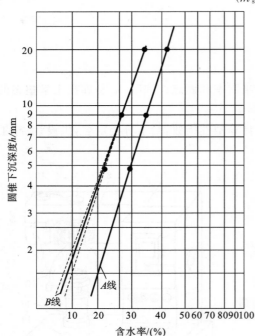

图 3-15 圆锥下沉深度 h 与含水率 ω 关系图

(2) 绘制圆锥下沉深度 h 与含水率 ω 的关系曲线。以含水率为横坐标,圆锥下沉深度为纵坐标,在双对数纸上绘制 h-ω 关系曲线。三点连一条直线。当三点不在一直线上时,通过高含水率的一点分别与其余两点连成两条直线,在圆锥下沉深度为 2 处查得相应的含水率,当两个含水率的差值小于 2% 时,应以该两点含水率的平均值与高含水率的点连成一线。当两个含水率的差值大于或等于 2% 时,应补做试验。

(3) 确定液限 ω_L、塑限 ω_P。在圆锥下沉深度 h 与含水率 ω 的关系图(见图 3-15)上,查得下沉深度为 17 mm 所对应的含水率为液限 ω_L,由图 3-15 查得下沉深度为 2 mm 所对应的含水率为塑限 ω_P,以百分数表示,取整数。

(4) 计算塑性指数和液性指数。塑性指数和液性指数分别按式(3-34)和式(3-35)计算,即

$$I_P = \omega_L - \omega_P \tag{3-34}$$

$$I_L = \frac{\omega_0 - \omega_P}{I_P} \tag{3-35}$$

(5) 按规范规定确定土的名称。

4) 试验记录

本试验记录如表 3-14 所示。

表 3-14　液塑限联合试验记录表

工程名称_____　土样说明_____　试验日期_____

试 验 者_____　计 算 者_____　校 核 者_____

试样编号	
圆锥下沉深度 h/mm	
盒号	
盒质量/g	
盒＋湿土质量/g	
盒＋干土质量/g	
湿土质量/g	
土质量/g	
水的质量/g	
含水率 ω/(%)	
平均含水率/(%)	
液限 ω_L/(%)	
塑限 ω_P/(%)	
塑性指数 I_P	
液性指数 I_L	
土的名称	

任务 3　土的工程分类的判定

❖任务导入❖

洋河水库拦河坝加固工程中,砂砾卵石混合料是使用量最多的一种土料,用于坝体坝基、下游护坡垫层、上游护坡垫层、坝体代替、坝顶路基础和坝下游排水沟反滤层等部位。这种砂砾卵石混合料主要是由于河流上游洪水、枯水的交替变化,经过先后两次沉积或冲击而形成的粗、细两种料的混合体。

根据现场勘察、大型野外碾压试验,并结合室内振动台试验成果,田各庄砂砾卵石混合料场可划分为两大区域,即以 31♯、34♯、37♯坑为代表的较粗类砂砾卵石混合料和以 22♯、25♯坑为代表的较细类砂砾卵石混合料,34♯和 37♯坑控制范围内的较粗砂砾卵石混合料。

【任务】

(1) 根据规范对土进行分类定名。

❖知识准备❖

在实际工程中会遇到各种各样的土。在不同的环境里形成的土,其成分和工程性质变化很大。对土进行工程分类的目的就是,根据工程实践经验,将工程性质相近的土归成一类并予以定名,以便于对土进行合理的评价和研究,使工程技术人员对土有一个共同的认识,利于经验交流。

土的分类法有两大类:一类是实验室分类法,该分类方法主要根据土的颗粒级配及塑性等对土进行分类,常在工程技术设计阶段使用;另一类是目测法,是在现场勘察中根据经验和简易的试验,以及土的干强度、含水率、手捻感觉、摇振反应和韧性等,对土进行简易分类。本节主要介绍实验室分类法。

目前,我国使用的土名和使用土的实验室分类法得到的土名并不统一。这是由于各类工程的特点不同,工程中对土的某些工程性质的重视程度和要求并不完全相同,制定分类标准时的着眼点、侧重面也就不同,加上长期的经验和习惯,形成了不同的分类体系。有时即使在同一行业中,不同的规范之间也存在着差异。为了适应各种不同行业技术工作的需要,本书介绍水利工程行业的土工分类标准。

对同样的土如果采用不同的规范分类,定出的土名可能会有差别。所以,在使用规范时必须先确定工程所属行业,根据有关行业规范,确定建筑物地基土的类型。

按水利部颁发的《土工试验规程》(SL 237—1999)规定的分类法,土的总分类体系如图 3-16 所示。分类时应以图 3-16 所示从左到右分三大步确定土的名称,具体步骤如下。

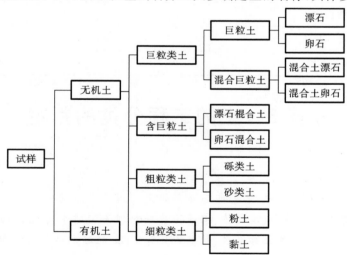

图 3-16　土的分类体系

1. 鉴别有机土和无机土

土中的有机质无固定粒径,是由完全分解、部分分解到未分解的动、植物残骸构成的物质。有机质含量可根据颜色、气味、纤维质来鉴别,如土样呈黑色、青黑色或其他暗色,有臭味,含纤维质,手触有弹性和海绵感的,一般是有机土。土样不含或基本不含有机质的,为无机土。当不能判别时,可由试验测定。

2. 鉴别巨粒类土、含巨粒土、粗粒类土和细粒类土

对无机土,先根据该土样的颗粒级配曲线,确定巨粒组($d>60$ mm)的质量占土总质量的百分数。当土样中巨粒组质量大于总质量的50%时,该土称为巨粒类土;当土样中巨粒组质量为总质量的$15\%\sim50\%$时,该土称为含巨粒土;当土样中巨粒组质量小于总质量的15%时,可扣除巨粒,按粗粒土或细粒土的相应规定分类定名。

当粗粒组(0.075 mm$<d\leqslant60$ mm)质量大于总质量的50%时,该土称为粗粒类土;当细粒组($d\leqslant0.075$ mm)质量大于或等于总质量的50%时,该土则为细粒类土。然后再对巨粒类土、含巨粒土、粗粒类土或细粒类土进一步细分。

3. 对巨粒类土、含巨粒土、粗粒类土和细粒类土的进一步分类

1) 巨粒类土和含巨粒土的分类和定名

巨粒类土又分为巨粒土和混合巨粒土,即巨粒含量在$75\%\sim100\%$的划分为巨粒土;巨粒含量在$50\%\sim75\%$的划分为混合巨粒土。当巨粒含量为$15\%\sim50\%$时,则称之为含巨粒土。巨粒类土和含巨粒土的分类定名,如表 3-15 所示。

表 3-15　巨粒类土和含巨粒土的分类

土类	粗 粒 含 量		土代号	土 名 称
巨粒土	巨粒含量为 $75\%\sim100\%$	漂石粒含量$>50\%$	B	漂石
		漂石粒含量$\leqslant50\%$	C_b	卵石
混合巨粒土	巨粒含量小于 75%, 大于 50%	漂石粒含量$>50\%$	BSl	混合土漂石
		漂石粒含量$\leqslant50\%$	C_bSl	混合土卵石
含巨粒土	巨粒含量为 $15\%\sim50\%$	漂石含量$>$卵石含量	SlB	漂石混合土
		漂石含量$\leqslant$卵石含量	SlC$_b$	卵石混合土

2) 细粒类土的分类和定名

细粒组质量大于或等于总质量的50%的土称为细粒类土。细粒类土又分为细粒土、含粗粒的细粒土和有机质土。粗粒组质量小于总质量的25%的土称为细粒土;粗粒组质量为总质量的$25\%\sim50\%$的土称为含粗粒的细粒土;含有部分有机质(有机质含量为$5\%\leqslant Q_u\leqslant10\%$)的土称为有机质土。细粒土、含粗粒的细粒土和有机质土的细分如下。

(1) 细粒土的分类。细粒土应根据塑性图分类。塑性图以土的液限ω_L为横坐标、塑性指数I_P为纵坐标,如图 3-17 所示。塑性图中有A、B两条线,A线方程式为$I_P=0.73(\omega_L-20)$,

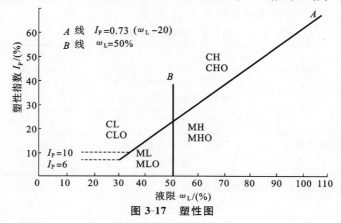

图 3-17　塑性图

A 线上侧为黏土,下侧为粉土。B 线方程式为 $\omega_L = 50\%$,$\omega_L < 50\%$ 为低液限,$\omega_L = 50\%$ 为高液限。这样 A、B 两条线将塑性图划分为四个区域,每个区域都标出两种土类名称的符号。应用时,根据土的 ω_L 和 I_P 值可在图中得到相应的交点。按照该点所在区域的符号,由表 3-16 便可查出土的典型名称。

(2) 含粗粒的细粒土分类。含粗粒的细粒土应先按表 3-16 所示的规定确定细粒土名称,再按下列规定最终定名:

① 粗粒中砾粒占优势,称为含砾细粒土,土代号后缀为 G,如 CHG 为含砾高液限黏土,CLG 为含砾低液限黏土;

② 粗粒中砂粒占优势,称为含砂细粒土,土代号后缀为 S,如 CHS 为含砂高液限黏土,CLS 为含砂低液限黏土。

表 3-16 细粒土分类表

土的塑性指标在图中的位置		土代号	土名称
塑性指标(I_P)	液限		
$I_P \geqslant 0.73(\omega_L - 20)$;$I_P \geqslant 0$	$\omega_L \geqslant 50\%$	CH	高液限黏土
	$\omega_L < 50\%$	CL	低液限黏土
$I_P < 0.73(\omega_L - 20)$;$I_P < 10$	$\omega_L \geqslant 50\%$	MH	高液限粉土
	$\omega_L < 50\%$	ML	低液限粉土

(3) 有机质土的分类。有机质土按表 3-16 所示的规定定出细粒土名称,再在各相应土类代号后加后缀 O,如 CHO 为有机质高液限黏土,MLO 为有机质低液限粉土。也可直接从塑性图中查出有机质土的名称。

3) 粗粒类土的分类和定名

粗粒组质量大于总质量 50% 的土称为粗粒类土。粗粒类土又分为砾类土和砂类土等两类。粗粒类土中砾粒组(2 mm < d ≤ 60 mm)质量大于总质量 50% 的土称为砾类土;砾粒组质量小于或等于总质量的 50% 的土称为砂类土。砾类土和砂类土又细分如下。

(1) 砾类土分类。根据其中的细粒含量和类别及粗粒组的级配,砾类土又分为砾、含细粒土砾和细粒土质砾。细分和定名如表 3-17 所示。

(2) 砂类土的分类。砂类土也根据其中的细粒含量及类别、粗粒组的级配,又分为砂、含细粒土砂和细粒土质砂。细分和定名如表 3-18 所示。

表 3-17 砾类土分类表

土类	粒组含量		土代号	土 名 称
砾	细粒含量小于 5%	级配:$C_u \geqslant 5$,$C_c = 1 \sim 3$	GW	级配良好的砾
		级配:不同时满足上述要求	GP	级配不良的砾
含细粒土砾	细粒含量为 5%～15%		GF	含细粒土砾
细粒土质砾	细粒含量为 5%～50%	细粒为黏土	GC	黏土质砾
		细粒为粉土	GM	粉土质砾

注:表中细粒土质砾应按细粒土在塑性图中的位置定名。

表 3-18　砂类土分类定名表

土类	粒 组 含 量		土代号	土 名 称
砂	细粒含量小于 5%	级配：$C_u \geqslant 5$，$C_c = 1 \sim 3$	SW	级配良好的砂
		级配：不同时满足上述要求	SP	级配不良的砂
含细粒土砂	细粒含量为 5%～15%		SF	含细粒土砂
细粒土质砂	细粒含量为 15%～50%	细粒为黏土	SC	黏土质砂
		细粒为粉土	SM	粉土质砂

注：表中细粒土质砂应按细粒土在塑性图中的位置定名。

此外，自然界中还分布有许多一般土所没有的特殊性质的土，如黄土、红黏土、膨胀土、冻土等特殊土。它们的分类都有专门的规范，工程实践遇到时，可选择相应的规范查用。

❖技能应用❖

技能 1　按《土工试验规程》(SL 237—1999)对土进行分类定名

某水利枢纽工程是一个以灌溉为主，兼有发电、防洪等综合效益的不完全多年调节水库。工程大坝为黏土心墙坝，坝轴线布置在左岸 4♯沟和右岸 14♯沟内，上游围堰与坝体结合，成为坝体的一部分。心墙上、下游设置反滤层和过渡层，下部基础进行帷幕、固结灌浆。其中黏土心墙的料场还未确定，工程地质资料已提供，经试验分析，得到以下结果：从某无机土样的颗粒级配曲线上查得粒径大于 0.075 mm 的颗粒含量为 97%，粒径大于 2 mm 的颗粒含量为 63%，粒径大于 60 mm 的颗粒含量为 7%，$d_{60} = 3.55$ mm，$d_{30} = 1.65$ mm，$d_{10} = 0.3$ mm。试按《土工试验规程》(SL 237—1999)对土分类定名。

1. 分析解答

(1) 因该土样的粗粒组含量为 97%－7%＝90%，大于 50%，故该土属粗粒类土。

(2) 因该土样粗粒组含量为 63%－7%＝56%，大于 50%，故该土属于砾类土。

(3) 因该土样细粒含量为 100%－97%＝3%，小于 5%，查表 3-17，该土属于砾。需根据级配情况进行细分。

(4) 该土的不均匀系数为

$$C_u = \frac{d_{60}}{d_{10}} = \frac{3.55}{0.3} = 11.8 > 5$$

曲率系数为

$$C_c = \frac{d_{30}^2}{d_{60} d_{10}} = \frac{1.65^2}{3.55 \times 0.3} = 2.56，介于 1 到 3 之间。$$

2. 判定结论

该土属级配良好，因此该土定名为级配良好的砾，即 GW。

思　考　题

1. 有一块体积为 60 cm³ 的原状土样，重 1.05 N，烘干后重 0.85 N。已知土粒比重（相对密度)$G_s=2.67$。求土的天然重度 γ、风干含水率 ω_0、干重度 γ_d、饱和重度 γ_{sat}、浮重度 γ'、孔隙比 e 及饱和度 S_r。

2. 有一饱和的原状土样切满于容积为 21.7 cm^3 的环刀内,称得总质量为 72.49 g,经 105 ℃烘干至恒重为 61.28 g,已知环刀质量为 32.54 g,土粒比重为 2.74,试求该土样的湿密度、含水率、干密度及孔隙比(要求绘出土的三相比例示意图,按三相比例指标的定义求解)。

3. 某工地在填土施工中所用土料的含水率为 5%,为便于夯实需在土料中加水,使其含水率增至 15%,试问每 1000 kg 质量的土料应加多少水?

4. 某饱和土样重 0.40 N,体积为 21.5 cm^3,将其烘过一段时间后重为 0.33 N,体积缩至 15.7 cm^3,饱和度 $S_r=75\%$,试求土样在烘烤前和烘烤后的含水率及孔隙比和干重度。

5. 某砂土的重度 $\gamma_s=17$ kN/m^3,含水率 $\omega=8.6\%$,土粒重度 $\gamma_s=26.5$ kN/m^3。其最大孔隙比和最小孔隙比分别为 0.842 和 0.562。求该沙土的孔隙比 e 及相对密实度 D_r,并按规范定其密实度。

6. 某一完全饱和黏性土试样的含水率为 30%,土粒相对密度为 2.73,液限 ω_L 为 33%,塑限 ω_P 为 17%,试求孔隙比、干密度和饱和密度,并按塑性指数和液性指数分别定出该黏性土的分类名称和软硬状态。

项目4 土方工程压实检测与运用

任务1 土方工程压实参数设计

❖任务导入❖

水布垭混凝土面板堆石坝为目前世界上最高的面板堆石坝,坝顶高程为409 m,坝轴线长660 m,最大坝高233 m,坝顶宽度为12 m,防浪墙顶高程为410.4 m,墙高5.4 m。大坝上游坝坡坡比为1:1.4,下游平均坝坡坡比为1:1.4。坝体填筑分为七个填筑区,从上游到下游分别为盖重区(ⅠB)、粉细砂铺盖区(ⅠA)、垫层区(ⅡA)、过渡区(ⅢA)、主堆石区(ⅢB)、次堆石区(ⅢC)和下游堆石区(ⅢD),大坝填筑量(包括上游铺盖)共1563.74万立方米。

填筑料碾压试验包括坝料和围堰填筑碾压试验。对不同的填筑料的铺料方法、铺料厚度和压实厚度、碾压机具、碾压遍数、行车速度、加水量、压实前后的级配和渗透系数、孔隙率、干容重提出试验结果。

对各类上坝填筑料进行颗粒级配分析试验,并对填筑施工中填料洒水量、碾压方式、碾压速度、碾压遍数等施工工艺及参数进行检查。每一填筑单元碾压后,采用试坑灌水法对填料进行抽样检查试验,测定填料的干密度、含水率、孔隙率、颗粒级配等。

各种填料抽样检查频次及试验项目如表4-1所示。

表4-1 填筑料抽样检查频次及试验项目表

坝料类别及部位		试验项目	取样试验频次
垫层料	水平	颗粒级配、干密度、含水率、孔隙率	1次/(1500～3000)m³
	斜坡	颗粒级配、干密度、含水率、孔隙率	1次/(3000～5000)m³
过渡料		颗粒级配、干密度、含水率、孔隙率、渗透系数	1次/(6000～10000)m³
主堆石料		颗粒级配、干密度、含水率、孔隙率	1次/(30000～50000)m³
次堆石料		颗粒级配、干密度、含水率、孔隙率	1次/(50000～80000)m³
下游堆石料		颗粒级配、干密度、含水率、孔隙率	1次/(100000～120000)m³

【任务】

(1) 坝体压实参数有哪些?

(2) 如何确定土方工程压实参数?

(3) 如何通过压实参数控制压实质量?

❖知识准备❖

工程建设常用土料填筑土堤、土坝、路基和地基等,为了提高填土的强度、增加土的密实度、减小压缩性和渗透性,一般都要经过压实。压实的方法很多,可归结为碾压、夯实和振动三类。大量的实践证明,在对黏性土进行压实时,土太湿或太干都不能压实,只有当含水率控制为某一适宜值时,压实效果才能达到最佳。黏性土在一定的压实功能下,达到最密时的含水率,称为最优含水率,用 ω_{op} 表示,与其对应的干密度则称为最大干密度,用 ρ_{dmax} 表示。因此,为了既经济又可靠地对土体进行碾压或夯实,必须研究土的这种压实特性,即土的击实性。

模块 1　击实试验和击实曲线

研究土的击实性,需做击实试验。根据试验的结果,经计算整理,可绘制出干密度与含水率之间的关系曲线,即击实曲线(见图 4-1)。

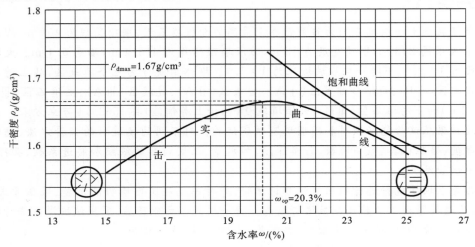

图 4-1　击实曲线

击实曲线反映出土的击实特性如下。

(1) 对于某一土样,在一定的击实功能作用下,只有当土的含水率为某一适宜值时,土样才能达到最密实。因此在击实曲线上就反映出有一个峰值,峰点所对应的纵坐标值为最大干密度 ρ_{dmax},对应的横坐标值为最优含水率 ω_{op}。据研究,黏性土的最优含水率与塑限 ω_P 有关,大致为 $\omega_{op}=\omega_P+2\%$。

(2) 土在击实过程中,土粒相互位移,很容易将土中气体挤出;但要挤出土中水分来达到击实的效果,对于黏性土来说,不是短时间的加载所能办到的。因此,人工击实不是挤出土中水分而是挤出土中气体来达到击实目的的。同时,当土的含水率接近或大于最优含水率时,土孔隙中的气体越来越处于与大气不连通的状态,击实作用已不能将其排出土体之外。所以,击实土不可能达到完全饱和状态,击实曲线必然位于饱和曲线的左侧而不可能与饱和曲线相交,如图 4-2 所示。

(3) 当含水率低于最优含水率时,干密度受含水率变化的影响较大,即含水率变化对于密度的影响在偏干时比偏湿时更加明显,因此,击实曲线的左段(低于最优含水率)比右段的坡度陡。

模块 2　土的压实度

在工程实践中,常用土的压实度来直接控制填土的工程质量。压实度是工地压实时要求

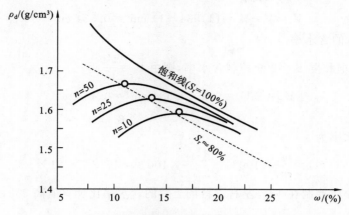

图 4-2　土的含水率、干密度和击实功能关系曲线

达到的干密度 ρ_d 与室内击实试验所得到的最大干密度 ρ_{dmax} 之比值，即

$$\lambda = \frac{\rho_d}{\rho_{dmax}} \tag{4-1}$$

可见，λ 值越接近 1，对压实质量的要求越高。Ⅰ 级坝和高坝，填土的 $\lambda = 0.98 \sim 1.00$；Ⅱ级、Ⅲ 级及其以下级别的中坝，填土的 $\lambda = 0.96 \sim 0.98$。在高速公路的路基工程中，要求 $\lambda > 0.95$，对于一些次要工程，λ 值可适当取小些。

【**例 4-1**】　某土料场土料为低液限黏土，天然含水率 $\omega_0 = 21\%$，比重 $G_s = 2.70$，室内标准击实试验得到最大干密度 $\rho_{dmax} = 1.85~\text{g/cm}^3$。设计取压实度 $\lambda = 0.95$，并要求压实后土的饱和度 $S_r \leqslant 90\%$，问土料的天然含水率是否适于填筑？碾压时土料应控制为多大的含水率？

解　(1) 求压实后土的孔隙体积。

填土的干密度为

$$\rho_d = \rho_{dmax}\lambda = 1.85 \times 0.95~\text{g/cm}^3 = 1.76~\text{g/cm}^3$$

绘制土的三相草图如图 4-3 所示，设 $V_s = 1~\text{cm}^3$。

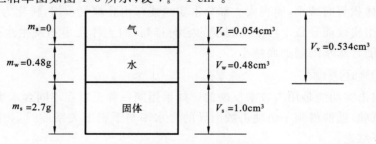

图 4-3　例 4-1 三相草图

由 $G_s = \dfrac{m_s}{V_s \rho_w}$ 得

$$m_s = G_s V_s \rho_w = 2.70 \times 1 \times 1~\text{g} = 2.70~\text{g}$$

由 $\rho_d = \dfrac{m_s}{V}$ 得

$$V = \frac{m_s}{\rho_d} = \frac{2.7}{1.76}~\text{cm}^3 = 1.534~\text{cm}^3$$

所以　　　　　　　　　$V_v = V - V_s = (1.534 - 1)\ \text{cm}^3 = 0.534\ \text{cm}^3$

（2）求压实时的含水率。

根据题意，按饱和度 $S_r = 0.9$ 控制含水率，则由 $S_r = \dfrac{V_w}{V_v}$ 得

$$V_w = S_r V_v = 0.9 \times 0.534\ \text{cm}^3 = 0.48\ \text{cm}^3$$

所以　　　　　　　　　$m_w = \rho_w V_w = 0.48\ \text{g}$

压实时的含水率为

$$\omega = \frac{m_w}{m_s} \times 100\% = \frac{0.48}{2.70} \times 100\% = 17.8\% < 21\%$$

即碾压时的含水率应控制在 18% 左右。料场土料的含水率比计算值高 3%，不适于直接填筑，应进行翻晒处理。

模块 3　影响土击实效果的因素

影响土压实性的因素很多，主要有含水率、击实功能、土类和级配及粗粒含量等。

1. 含水率的影响

如果用同一种土料，在不同的含水率下，用同一击数将它们分层击实，就能得到一条含水率 ω 与相应干密度 ρ_d 关系曲线，如图 4-1 所示。当含水率较低时，击实后的干密度随水率的增加而增大。而当干密度增大到某一值后，含水率的继续增加反招致干密度的减小。干密度的这一最大值称为该击数下的最大干密度 $\rho_{d\max}$，与它对应的含水率称为最优含水率 ω_{op}。这就是说，当击数一定时，只有在某一含水率下才获得最佳的击实效果。击实曲线的这种特征被解释为黏性土在含水率低时，土粒表面的吸着水层薄，击实过程中粒间电作用力以引力占优势，土粒相对错动困难，并趋向于形成任意排列，干密度就低。随着含水率的增加，吸着水层增厚，击实过程中粒间斥力增大，土粒易于错动，因此，土粒定向排列增多，干密度相应地增大。在含水率超过某一值后，虽仍能使粒间引力减小，但此时空气以封闭气泡的形式存在于土体内，击实时气泡体积暂时减小，而很大一部分击实功能却由孔隙气承担，转化为孔隙压力，粒间所受的力减小，击实仅能导致土粒更高程度的定向排列，而土体几乎不发生永久的体积变化。因而，干密度反随含水率的增加而减小。

2. 击实功能的影响

在实验室内击实功能是用击数来反映的。如果用同一种土料在不同含水率下分别用不同击数进行击实试验，就能得到一组随击数而异的含水率与干密度关系曲线，如图 4-2 所示，由图 4-2 可得如下结论。

（1）土料的最大干密度和最优含水率不是常数。最大干密度随击数的增加而逐渐增大；反之，最优含水率逐渐减小。然而，这种增大或减小的速率是递减的。因此，光靠增加击实功能来提高土的最大干密度是有一定限度的。

（2）当含水率较低时，击数的影响较显著。当含水率较高时，含水率与干密度关系曲线趋近于饱和线，也就是说，这时提高击实功能是无效的。

还应指出，填料的含水率过高或过低都是不利的。含水率过低，填土遇水后容易引起湿陷；过高又将破坏填土的其他力学性质。因此，在实际施工中填土的含水率控制得当与否，不仅涉及经济效益，而且影响到工程质量。

3. 土类和级配的影响

试验表明,在相同击实功能下,黏性土的黏粒含量越高或塑性指数越大,压实越困难,最大干密度越小,最优含水率越大。这是由于在相同含水率下,黏粒含量一高,吸着水层就薄,击实过程中土粒错动就困难。

然而,对无黏性土而言,含水率对压实性的影响虽不像黏性土的那样敏感,但还是有影响的。图 4-4 所示的是无黏性土的击实试验结果。可以看出,它的击实曲线与黏性土的不同。含水率近于零,它有较高的干密度。可是,在某一较小的含水率,却出现最低的干密度。这被认为是由于假黏聚力的存在,击实过程中一部分击实功能消耗在克服这种假黏聚力上而造成的。随着含水率的增加,假黏聚力逐渐消失,就得到较高的干密度。因此,在无黏性土的实际填筑中,通

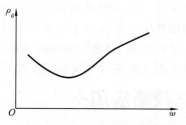

图 4-4　无黏性土的击实曲线

常需要不断洒水使其在较高含水率下压实。顺便指出,无黏性土的填筑标准,通常是用相对密实度来控制的,一般不进行击实试验。对于土石坝,无黏性填料的相对密实度要求不低于 0.70;在地震区,要求不低于 0.75~0.85。

在同一土类中,土的级配对它的压实性影响很大。级配均匀的,压实干密度要比不均匀的低,这是因为在级配均匀的土内,较粗土粒形成的孔隙很少有细土粒去充填。而级配不均匀的土则相反,有足够的细土粒去充填,因而能获得较高的干密度。

4. 粗粒含量的影响

上面提到,在轻型击实试验中,允许试样的最大粒径不大于 5 mm。当土内含有粒径大于 5 mm 的土粒时,常需剔除后进行试验。这样,由试验测得的最大干密度和最优含水率必与实际土料在相同击实功能下的最大干密度和最优含水率不同。但当土内粒径大于 5 mm 的土粒含量不超过 25%~30%(土粒浑圆时,容许达到 30%;土粒呈片状时,容许达 25%)时,可认为土内粗土粒可匀布在细土粒之内,同时细土粒达到了它的最大干密度。于是,实际土料的最大干密度和最优含水率可直接算得。

最大干密度为

$$\rho'_{dmax}=\cfrac{1}{\cfrac{1-P_5}{\rho_{dmax}}-\cfrac{P_5}{\rho_w G_{s5}}} \tag{4-2}$$

式中:ρ_{dmax} 为粒径小于 5 mm 土料的最大干密度;ρ'_{dmax} 为相同击实功能下实际土料的最大干密度;P_5 为粒径大于 5 mm 的土粒含量;G_{s5} 为粒径大于 5 mm 的土粒干相对密度(实际上由粗土粒的质量除以它的饱和面干体积求得)。

最优含水率为

$$\omega'_{op}=\omega_{op}(1-P_5)+\omega_{ab}P_5 \tag{4-3}$$

式中:ω_{op} 为粒径小于 5 mm 土料的最优含水率;ω'_{op} 为相同击实功能下实际土料的最优含水率;ω_{ab} 为粒径大于 5 mm 土粒的吸着含水率;其余符号含义同上。

室内试验用来模拟工地压实是一种半经验的方法。根据 1949 年以来的工程实践和现有压实机械的能力,《碾压式土石坝设计规范》(DL/T 5395—2007)规定,黏性土填料的设计填筑干密度应按压实度确定,其定义为

$$P = \frac{\rho_{ds}}{\rho_{dmax}} \tag{4-4}$$

式中:P 为填料的压实度;ρ_{ds} 为填料的设计填筑干密度;ρ_{dmax} 为击实试验求得的最大干密度。

对于 Ⅰ、Ⅱ 级坝和高坝,压实度应不低于 0.96;对于其他级别的坝,压实度应不低于 0.93。填筑含水率一般就控制在最优含水率附近,其上、下限偏离最优含水率不超过 3% 以便获得最佳的压实效果。对于大型和重要工程,由室内击实试验确定的填筑标准还应通过工地碾压试验进行校核,并确定最经济的碾压参数(如碾压机具重量、铺土厚度、碾压遍数和行车速率等),或根据工地条件对室内试验提供的填筑标准进行适当修正后,作为实际施工控制的填筑标准。

❖技能应用❖

技能 1　测定土的击实参数

1. 击实试验方法种类

在实验室内进行击实试验,是研究土压实性的基本方法,是填土工程施工不可缺少的重要试验项目。土的击实试验分轻型击实试验和重型击实试验两类,表 4-2 所示的是我国国标的击实试验方法和仪器设备的主要技术参数。具体选用应根据工程实际情况而定。我国以往采用轻型击实试验比较多,水库堤防、铁路路基填土均采用轻型击实试验检测土的击实性,而高等级公路填土和机场跑道等一般要采用重型击实试验检测土的击实性。

表 4-2　击实试验方法种类规格表

试验方法	锤底直径 /mm	锤质量 /kg	落距 /mm	击实筒尺寸			护筒高度 /mm	层数 /层	每层击数 /次	单位锤击能 /(kJ/m³)	最大粒径 /mm
				内径 /mm	筒高 /mm	容积 /cm³					
轻型	51	2.5	305	102	116	947.4	≥50	3	25	592.2	5
重型	51	4.5	457	152	116	2103.9	≥50	5	56	2684.9	40

2. 仪器设备

目前我国室内击实试验仪有手动操作与电动操作两类,其所用的主要仪器设备如下。

(1)击实仪:包括击实筒、击锤及导筒等,如图 4-5 和图 4-6 所示。其击实筒、击锤和护筒等主要部件的尺寸规定如表 4-2 所示。

(2)天平:称量为 200 g,分度值为 0.01 g。

(3)台秤:称量为 10 kg,分度值为 5 g。

(4)标准筛:孔径为 20 mm、40 mm 和 5 mm 标准筛。

(5)试样推出器:宜用螺旋式千斤顶或液压式千斤顶,如无此类装置,也可用刮刀和修土刀从击实筒中取出试样。

(6)其他:烘箱、喷水设备、碾土设备、盛土器、修土刀和保湿设备等。

3. 操作步骤

1)试样制备

试样制备分为干法制备和湿法制备等两类,根据工程要求选用轻型、重型试验方法,根据试验土的性质选用干法、湿法制备。

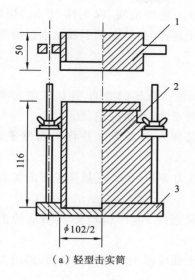

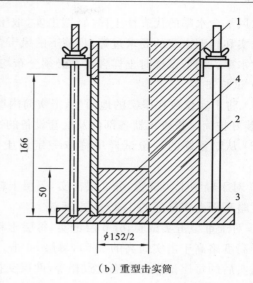

（a）轻型击实筒　　　　　　　（b）重型击实筒

图 4-5　击实筒

1—护筒；2—击实筒；3—底板；4—垫块

（1）干法制备。

取一定量的代表性风干土样（轻型的约为 20 kg，重型的约为 50 kg），放在橡皮板上用木碾碾散（也可用碾土器碾散），并分别按下列方法备样。

① 轻型击实试验过 5 mm 筛，将筛下的土样拌匀，并测定土样的风干含水率。根据土的塑限 ω_P 预估最优含水率，按依次相差约 2% 的含水率制备一组（不少于 5 个）试样，其中应有 2 个含水率大于塑限 ω_P，2 个含水率小于塑限 ω_P，1 个含水率接近于塑限 ω_P。计算应加水量，即

$$m_w = \frac{m}{1+\omega_0}(\omega - \omega_0) \qquad (4-5)$$

式中：m_w 为土样所需加水质量，g；m 为风干含水率时的土样质量，g；ω_0 为风干含水率，%；ω 为土样所要求的含水率，%。

② 重型击实试验过 20 mm 或 40 mm 筛，将筛下土样拌匀并测定土样的风干含水率。按依次相差约 2% 的含水率制备一组（不少于 5 个）试样，其中至少有 3 个含水率小于塑限 ω_P 的试样。然后按式（4-5）计算加水量。

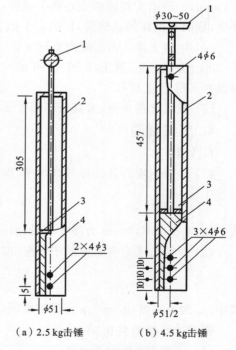

（a）2.5 kg击锤　　　（b）4.5 kg击锤

图 4-6　击锤与导筒

1—提手；2—导筒；3—硬橡皮垫；4—击锤

③ 将一定量土样平铺于不吸水的盛土盘内（轻型击实，取土样约 2.5 kg。重型击实，取土样约 5.0 kg），按预定含水率用喷水设备往土样上均匀喷洒所需加水量，拌匀并装入塑料袋内或密封于盛土器内静置 24 h 备用。

（2）湿法制备。

取风干含水率的代表性土样(轻型击实,取土样 20 kg;重型击实,取土样 50 kg)碾散,按重型击实和轻型击实的要求过筛,将筛下的风干含水率土样拌匀,分别风干或加水到所要求的不同含水率。制备试样时土样含水率必须分布均匀。

2)试样击实

(1)将击实仪放在坚实的地面上,击实筒内壁和底板涂一薄层润滑油,连接好击实筒与底板,安装好护筒。检查仪器各部件及配套设备的性能是否正常,并做好记录。

(2)从制备好的一份试样中称取一定量土料,分层倒入击实筒内并将土面整平,分层击实。

① 对于轻型击实试验,分 3 层击实,每层土料的质量为 600~800 g(其量应使击实后试样的高度略高于击实筒高的 1/3)每层 25 击。

② 对于重型击实试验,分 5 层击实,每层土料的质量宜为 900~1100 g(其量应使击实后的试样高度略高于击实筒高的 1/5),每层 56 击。

击实后的每层试样高度应大致相等,两层交接面的土面应刨毛。击实完成后,超出击实筒顶的试样高度(即余土高度)应小于 6 mm。

(3)用修土刀沿护筒内壁削挖后,扭动并取下护筒,测出超高(应取多个测值平均,精确至 0.1 mm)。沿击实筒顶部细心修平试样,拆除底板。如试样底面超出筒外,亦应修平。擦净筒外壁,称筒与试样的总质量,精确至 1 g,并计算试样的湿密度。

(4)用推土器从击实筒内推出试样,从试样中心处取 2 个一定量土料(轻型击实,取土样 5~30 g;重型击实,取土样 50~100 g)平行测定土的含水率,称量精确至 0.01 g,含水率的平行误差不得超过 1%。

(5)重复上述步骤,对其余不同含水率的试样依次击实测定。

4. 成果整理

1)计算

(1)计算击实后各试样的含水率,即

$$\omega = \left(\frac{m}{m_d} - 1\right) \times 100\% \tag{4-6}$$

式中:ω 为含水率,%;m 为湿土质量,g;m_d 为干土质量,g。

(2)计算击实后各试样的干密度,即

$$\rho_d = \frac{\rho}{1+\omega} \tag{4-7}$$

式中:ρ_d 为干密度,g/cm³;ρ 为湿密度,g/cm³;ω 为含水率,%。

密度计算精确至 0.01 g/cm³。

(3)计算土的饱和含水率,即

$$\omega_{sat} = \left(\frac{\rho_w}{\rho_d} - \frac{1}{G_s}\right) \times 100\% \tag{4-8}$$

式中:ω_{sat} 为饱和含水率,%;G_s 为土粒相对密度;ρ_d 为土的干密度,g/cm³;ρ_w 为水的密度,g/cm³。

2)制图

(1)以干密度为纵坐标,含水率为横坐标,绘制干密度与含水率的关系曲线图。曲线上峰点的纵、横坐标分别代表土的最大干密度和最优含水率,如图 4-7 所示,如果曲线不能给出峰点,应进行补点试验或重做试验。击实试验一般不宜重复使用土样,以免影响准确性(重复使用土样会使最大干密度偏高)。

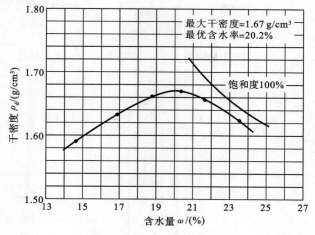

图 4-7　ρ_d-ω 关系曲线

(2) 按式(4-8)计算数个干密度下土的饱和含水率。绘制饱和曲线,如图 4-7 所示。

3) 校正

轻型击实试验中,当粒径大于 5 mm 的颗粒含量小于或等于 30% 时,应对最大干密度和最优含水率进行校正。

(1) 计算校正后的最大干密度,即

$$\rho_{\text{dmax}}' = \frac{1}{\dfrac{1-P}{\rho_{\text{dmax}}} + \dfrac{P}{G_{s2}\rho_w}} \tag{4-9}$$

式中:ρ_{dmax}' 为校正后的最大干密度,g/cm³;ρ_{dmax} 为击实试验的最大干密度,g/cm³;ρ_w 为水的密度,g/cm³;P 为粒径大于 5 mm 颗粒的含量(用小数表示);G_{s2} 为粒径大于 5 mm 颗粒的干相对密度,指当土粒呈饱和面干状态时的土粒总质量与相当于土粒总体积的纯水 4 ℃时质量的比值,计算精确至 0.01 g/cm³。

(2) 计算校正后的最优含水率,即

$$\omega_{\text{op}}' = \omega_{\text{op}}(1-P) + P\omega_{ab} \tag{4-10}$$

式中:ω_{op}' 为校正后的最优含水率,%;ω_{op} 为击实试验的最优含水率,%;ω_{ab} 为粒径大于 5 mm 颗粒的吸着含水率,%;P 为粒径大于 5 mm 颗粒的含量(用小数表示);计算精确至 0.01%。

5. 试验记录

击实试验结果记录于表 4-3 中。

6. 注意事项

(1) 击实仪、天平和其他计量器具应按有关检定规程进行检定。

(2) 击实筒应放在坚硬的地面上(如混凝土地面),击实筒内壁和底板均需要涂一薄层润滑油(如凡士林)。

(3) 击实仪的击锤应配导筒,击锤与导筒间应有足够的间隙使锤能自由下落。电动操作的击锤在试验前、后应对仪器的性能(特别对落距跟踪装置)进行检查并做好记录。

表 4-3　击实试验记录表

工程名称_____　　　　试验者_____

土样编号_____　　　　计算者_____

试验日期_____　　　　校对者_____

土粒相对密度_____　　　土样说明_____　　　试验仪器_____

土样类别_____　　　每层击数_____

风干含水率_____%　　　估计最优含水率_____%

	试验点号	1	2	3	4	5	6	7
干密度	筒湿土质量/g							
	筒质量/g							
	湿土质量/g							
	筒体积/cm³							
	湿密度/(g/cm³)							
	干密度/(g/cm³)							
含水率	盒号							
	盒加湿土质量/g							
	盒加干土质量/g							
	盒质量/g							
	水质量/g							
	干土质量/g							
	含水率/(%)							
	平均含水率/(%)							

（4）击实一层后，用刮土刀把土样表面刮毛，使层与层之间压密。应控制击实筒余土高度小于 6 mm，否则试验无效。

（5）检查击实曲线是否在饱和曲线左侧，且击实曲线的右边部分是否与饱和曲线接近平行。

（6）使用击实仪时，须注意安全。打开仪器电源后，手不能接触击实锤。

任务 2　土方工程压实质量的检测

❖任务导入❖

我国正在建设一批 300 m 级的高土石坝，由此带来的大坝安全稳定问题也受到越来越多的关注。裂缝是土石坝事故产生的重要原因之一，而坝体的不均匀沉降是产生裂缝的主要原因。

陕西黑河引水工程黏土心墙堆石坝，竣工时坝体的最大沉降为 186.2 cm，蓄水后坝体的最大沉降为 194.3 cm;四川狮子坪水电站的碎石土心墙堆石坝,竣工期坝体的最大沉降为 130.97 cm,蓄水后坝体的最大沉降为 106.13 cm。而位于湖北省境内的坝高 233 m 的水布垭大坝,比此前建成的世界最高面板堆石坝——墨西哥阿瓜米尔帕坝高出 46 m,是目前世界上唯一一座坝高超过 200 m 的大坝。它不仅突破了世界坝工界关于面板堆石坝坝高不得超过 200 m 的理论禁区,而且实现了喀斯特地区建成面板堆石坝的技术突破。国内外坝工界权威一致认为,水布垭工程大量运用新技术、新工艺、新材料,在大坝施工与质量控制、大坝性状监控等方面取得了重大突破,由此形成坝体最大沉降仅为坝高的 1% 和渗漏量小于 40 L/s 的良好性态,为世界坝工界罕见。国际大坝委员会主席卢斯·巴格(Luis Berga)先生称:"水布垭面板堆石坝是世界面板堆石坝的里程碑式的工程。"

由此分析,坝体压实质量的控制与检测对于大坝安全有着至关重要的意义。

【任务】

(1) 坝体填筑压实控制参数有哪些?

(2) 如何对坝体压实参数进行检测?

✤知识准备✤

模块 1　坝体压实施工质量控制

坝体压实质量应控制压实参数,并取样检测密度和含水率。检验方法、仪器和操作方法应符合国家及行业颁发的有关规程、规范要求。

(1) 黏性土现场密度检测,宜采用环刀法、表面型核子水分密度计法。环刀容积不小于 500 cm³,环刀直径不小于 100 mm、高度不小于 64 mm。

(2) 砾质土现场密度检测,宜采用挖坑灌砂(灌水)法。

(3) 土质不均匀的黏性土和砾质土的压实度检测宜用三点击实法。

(4) 反滤料、过渡料及砂砾料现场密度检测,宜采用挖坑灌水法或辅以表面波压实密度仪法。采用挖坑灌水法时,试样中最大粒径超过 80 mm 时,试坑直径不应小于最大粒径的 3 倍,试坑深度为碾压层厚。

(5) 堆石料现场密度检测,宜采用挖坑灌水法,也可辅以表面波压实密度仪法、测沉降法等快速方法。挖坑灌水法测密度的试坑直径不小于坝料最大粒径的 2～3 倍,最大不超过 2 m,试坑深度为碾压层厚。

(6) 黏性土含水率检测,宜采用烘干法,也可用表面型核子水分密度计法、酒精燃烧法、红外线烘干法。

(7) 砾质土含水率检测,宜采用烘干法或烤干法。

(8) 反滤料、过渡料和砂砾料含水率检测,宜采用烘干法或烤干法。

(9) 堆石料含水率检测,宜采用烤干和风干联合法。

防渗体压实控制指标采用干密度、含水率或压实度。反滤料、过渡料及砂砾料的压实控制指标采用干密度或相对密度。堆石料的压实控制指标采用孔隙率。

模块 2　压实质量检测

土石坝压实质量的检验方法应采用《水电水利工程土工试验规程》(DL/T 5355—2006)规

定的、经部级鉴定的新技术和国际上公认的检测方法。施工单位可根据当地土料性质及现场快速测量的要求，制定若干补充规定。坝体压实检查项目及抽样次数如表 4-4 所示。

表 4-4　坝体压实检查项目及抽样次数

坝料类别及部位		检查项目	抽样（检测）次数
防渗体	黏性土 边角夯实部位	干密度、含水率	2～3 次/每层
	黏性土 碾压面		1 次/(100～200) m³
	黏性土 均质坝		1 次/(200～500) m³
	砾质土 边角夯实部位	干密度、含水率、大于 5 mm 砾石含量	2～3 次/每层
	砾质土 碾压面		1 次/(200～500) m³
反滤料		干密度、颗粒级配、含泥量	1 次/(200～500) m³，每层至少一次
过渡料		干密度、颗粒级配	1 次/(500～1000) m³，每层至少一次
坝壳砂砾（卵）料		干密度、颗粒级配	1 次/(5000～10000) m³
坝壳砾质土		干密度、含水率、小于 5 mm 砾石含量	1 次/(3000～6000) m³
堆石料		干密度、颗粒级配	1 次/(10000～100000) m³

注：堆石料颗粒级配试验组数可比干密度试验适当减少。

❖技能应用❖

技能 1　测定土的压实参数

1. 含水率测定

一般采用的含水率快速测定法有酒精燃烧法、红外线烘干法、电炉烤干法等。酒精燃烧法、红外线烘干法多适用于黏性土；电炉烤干法适用于砾质土，也可用于黏性土。

红外线烘干法、电炉烤干法与温度、烘烤时间、土料性质有关，用其快速测定含水率时，应事先与标准烘干法进行对比试验，以定出烘烤时间、土样数量，并用统计法确定与标准烘干法的误差。实际含水率按下式修正：

$$W = W' \pm K \tag{4-11}$$

式中：W 为恒温标准烘干法测定的含水率；W' 为各种快速法测定的含水率；K 为相应的改正值。

2. 密度测定

1）灌砂法

（1）试验步骤。

① 在试验地点，选一块平坦表面，并将其清扫干净，其面积不得小于基板面积。

② 将基板放在平坦表面上。

当表面的粗糙度较大时，则将盛有量砂（质量为 m_5）的灌砂筒放在基板中间的圆孔上，将灌砂筒的开关打开，让砂流入基板的中孔内，直到储砂筒内的砂不再下流时关闭开关。取下灌砂筒，并称量筒内砂的质量 m_6，精确至 1 g。当需要检测厚度时，应先测量厚度后再进行这一步骤。

③ 取走基板,并将留在试验地点的量砂收回,重新将表面清扫干净。

④ 将基板放回清扫干净的表面上(尽量放在原处),沿基板中孔凿洞(洞的直径与灌砂筒一致)。在凿洞过程中,应注意勿使凿出的材料丢失,并随时将凿出的材料取出,装入塑料袋中,不使水分蒸发,也可放在大试样盒内。

试洞的深度应等于测定层厚度,但不得有下层材料混入,最后将洞内的全部凿松材料取出。

对于土基或基层,为防止试样盘内材料的水分蒸发,可分几次称取材料的质量。全部取出材料的总质量为 m_w,精确至 1 g。

⑤ 从挖出的全部材料中取出有代表性的样品,放在铝盒或洁净的搪瓷盘中,测定其含水率($\omega(\%)$)。

样品的质量如下。

用小灌砂筒测定时,细粒土的质量不小于 100 g;各种中粒土的质量不小于 500 g。

用大灌砂筒测定时,细粒土的质量不小于 200 g;各种中粒土的质量不小于 1000 g;对于粗粒土或水泥、石灰、粉煤灰等无机结合料稳定土,宜将取出的全部材料烘干,且其质量不小于2000 g,称其质量 m_d,精确至 1 g。

当为沥青表面处治或沥青贯入结构类材料时,则可省去测定含水率的步骤。

⑥ 将基板安放在试坑上,灌砂筒安放在基板中间(储砂筒内放满砂,其质量 m_1),使灌砂筒的下口对准基板的中孔及试洞,打开灌砂筒的开关,让砂流入试坑内。直到储砂筒内的砂不再下流时,关闭开关。小心取走灌砂筒,并称量筒内剩余砂的质量 m_4,精确到 1 g。

⑦ 如清扫干净的平坦表面的粗糙度不大,也可省去上述②和③步的操作。在试洞挖好后,将灌砂筒直接对准放在试坑上,中间不需要放基板。打开筒的开关,让砂流入试坑内。在此期间,应注意勿碰动灌砂筒。直到灌砂筒内的砂不再下流时,关闭开关,小心取走灌砂筒,并称量余砂的质量 m_4',精确至 1 g。

⑧ 仔细取出筒内的量砂,以备下次试验时再用,若量砂的湿度已发生变化或量砂中混有杂质,则应该重新烘干、过筛,并放置一段时间,使其与空气的湿度达到平衡后再用。

(2) 试验数据计算。

① 计算填满试坑所用的砂的质量 m_b。

若灌砂时,试坑上放有基板,则有

$$m_b = m_1 - m_4 - (m_5 - m_6) \tag{4-12}$$

若灌砂时,试坑上不放基板,则有

$$m_b = m_1 - m_4' - m_2 \tag{4-13}$$

② 计算试坑材料的湿密度 ρ_w,即

$$\rho_w = \frac{m_t}{m_b} \cdot \rho_s \tag{4-14}$$

③ 计算试坑材料的干密度 ρ_d,即

$$\rho_d = \frac{\rho_w}{1 + 0.01\omega} \tag{4-15}$$

④ 水泥、石灰、粉煤灰等无机结合料稳定土的干密度 ρ_d 为

$$\rho_d = \frac{m_d}{m_b} \cdot \rho_s \tag{4-16}$$

⑤ 计算测试点的施工压实度，即

$$k = \frac{\rho_d}{\rho_{dmax}} \times 100\% \tag{4-17}$$

（3）试验中应注意的问题。

① 量砂要规则。

② 每换一次量砂，都必须测定松方密度。

③ 地表面处理要平整。

④ 在挖坑时试坑周壁应笔直。

⑤ 灌砂时检测厚度应为整个碾压层厚，不能只取上部或者取到下一个碾压层中。

2）灌水法

（1）试验步骤。

① 根据试样最大粒径，确定试坑尺寸，如表 4-5 所示。

表 4-5　试坑尺寸　　　　　　　　　　（单位：mm）

试样最大粒径	试 坑 尺 寸	
	直径	深度
5（20）	150	200
40	200	250
60	250	300

② 将选定试验处的试坑地面整平，除去表面松散的土层。

③ 按确定的试坑直径画出坑口轮廓线，在轮廓线内下挖至要求深度，边挖边将坑内的试样装入盛土容器内，称试样质量，精确到 10 g，并测定试样的含水率。

④ 试坑挖好后，放上相应尺寸的套环，用水准尺找平，将大于试坑容积的塑料薄膜袋平铺于坑内，翻过套环压住薄膜四周。

⑤ 记录储水筒内初始水位高度，拧开储水筒出水管开关，将水缓慢注入塑料薄膜袋中。当袋内水面接近套环边缘时，将水流调小，直至袋内水面与套环边缘齐平时关闭出水管，持续 3～5 min，记录储水筒内水位高度。当袋内出现水面下降时，应另取塑料薄膜袋重做试验。

（2）计算。

① 试坑的体积为

$$V_p = (H_1 - H_2)A_w - V_0 \tag{4-18}$$

式中：V_p 为试坑体积，cm^3；H_1 为储水筒内初始水位高度，cm；H_2 为储水筒内注水终了时水位高度，cm；A_w 为储水筒断面积，cm^2；V_0 为套环体积，cm^3。

② 试样的密度为

$$\rho_0 = \frac{m_p}{V_p} \tag{4-19}$$

式中：m_p 为取自试坑内的试样质量，g。

3. 压实度测定

三点击实试验法又称快速压实控制法。用此法进行现场检验时，不需要测定含水率，仅在测定密度后,用测密度试验的土样做三种含水率的击实试验,测定三个击实湿密度,就可以确定填土的压实度、最优含水率(ω_{op})与填土含水率(ω_f)的差值。此种方法的优点是,能较好地考虑土料压实性的变化。对于压实性变化较大的黏性土或砾质土宜用此法控制压实度。

三点击实控制法的操作方法如图 4-8 所示。

(1) 准备一张三点击实控制图。

(2) 测定填土密度 ρ_f,其值标在横坐标为 0 的相应纵坐标点 ρ_f 上。

(3) 取小于 5 mm、保持原有填土含水率的土样,用标准击实功能击实,得 ρ_1,并将该值标在三点击实控制图横坐标为 0 的相应纵坐标点(1)(见图 4-8)上。

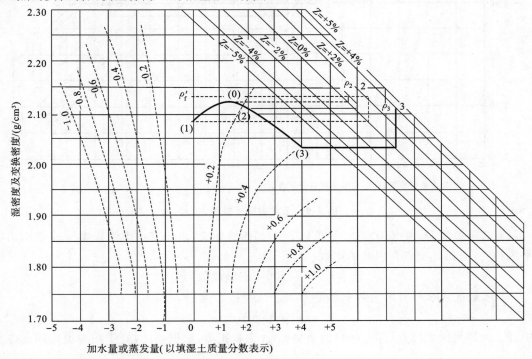

图 4-8　三点击实控制图 1

(4) 取 3 kg 小于 5 mm 的湿土样,加水 60 cm³(即 $Z=2\%$),混合均匀进行击实,测得击实密度,标在该图斜线 $Z=+2\%$ 的相应纵坐标点 2 上,由点 2 引铅直线与 $Z=0\%$ 的斜线相交,再由相交点引水平线与横坐标 $+2\%$ 的纵线相交,其交点为点(2)。

(5) 如果点(2)的纵坐标比点(1)大时,仍将原土样加水。取 3 kg 湿土样,加 120 cm³ 水(即 $Z=4\%$),混合均匀进行击实,得击实密度 ρ_3,标在斜线 $Z=+4\%$ 的相应纵坐标点 3 上,由点 3 引铅直线与 $Z=0\%$ 的斜线相交,再由相交点引水平线与横坐标 $+4\%$ 的纵线相交,其点为点(3)。

(6) 如果点(2)的纵坐标比点(1)的小,则将原土样干燥。取 3 kg 湿土样,使其水分减少40 cm³(即 $Z=-1.5\%$),然后混合均匀进行击实,得击实密度 ρ_3,标在 $Z=-1.5\%$ 斜线的相应纵坐标点 3 上,由点 3 引铅直线与 $Z=0\%$ 的斜线相交,再由相交点引水平线与横坐标-1.5% 的纵线相交,其点为点(3),如图 4-9 所示。

(7) 将点(1)、(2)、(3)连成光滑的曲线,确定最大纵坐标点(0),即变换最大湿密度。

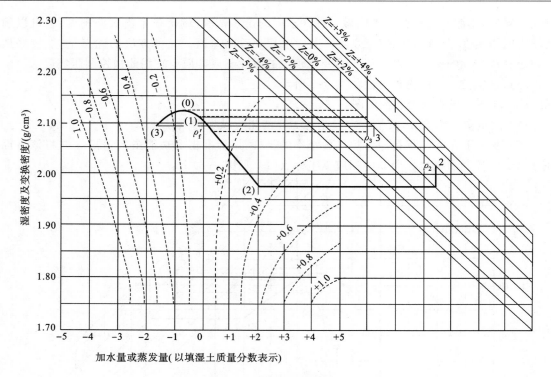

图 4-9　三点击实控制图 2

（8）求压实度 D，由点（0）引水平线与 $Z=0\%$ 斜线相交，由相交点作铅直线与 ρ_f' 点引出的水平线相交，查出此交点在斜线的度数。

$$压实度 \ D=(100+斜线读数)\%$$

（9）求最优含水率与填土含水率差值（$\omega_{op}-\omega_f$）：

$$\omega_{op}-\omega_f=\Delta+Z_m \tag{4-20}$$

式中：Z_m 为最大纵坐标点（即点（0））的横坐标；Δ 为校正值，根据点（0）处于图中虚线间的位置查得。

思 考 题

1. 击实试验有何目的？黏性土的击实试验成果有何作用？

2. 击实试验中击实仪为什么要放在坚实的地面上？击锤击土时为什么一定要自由铅直下落？试样击实后为什么要控制余土超高？

3. 击实曲线能否与饱和线相交？为什么？

项目5　土体渗透变形及其防治

任务1　土体渗透系数的测定

❖任务导入❖

　　水在重力作用下通过土中的孔隙,从势能高的地方向势能低的地方发生流动,这种现象称为水的渗透。土的生成决定了土具有多孔性,这给水的渗透提供了通道。土体被水透过的性质,称为土的渗透性。修建的水工建筑物,如图 5-1 所示,在土坝或水闸挡水后,在上下游水位差的作用下,上游的水就会通过土坝或水闸地基渗透到下游,水也会在浸润线以下的坝体中产生渗流。

　　水在土中渗透,引起水量漏失,降低工程的经济效益,还会使土中的应力发生变化,改变土体的稳定条件,甚至造成土体的渗流破坏和土体的滑坡。这些渗流问题的出现,使得研究水在土中的渗透对于水工建筑物的设计、施工和管理都具有非常重要的意义。

【任务】

　　(1)何为渗透系数?

　　(2)如何确定黏性土的渗透系数?

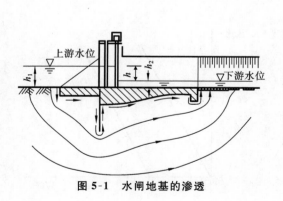

图 5-1　水闸地基的渗透

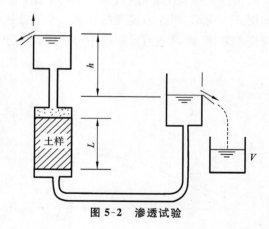

图 5-2　渗透试验

❖知识准备❖

模块1　达西定律

1. 达西定律

　　为了解决生产实践中的渗流问题,首先必须研究渗流运动的基本规律。为此在 1856 年,法国学者达西用直立圆筒装砂进行渗透试验,如图 5-2 所示。结果发现:渗流量 Q 与过水断

面积 A、渗流水头 h 成正比，与渗流路径（渗径）L 成反比，引入表征土的渗透性大小的系数即渗透系数 k 后，可以表示如下：

$$Q = qt = k \frac{h}{L} At \tag{5-1}$$

或

$$v = ki \tag{5-2}$$

式中：i 为水力坡降，$i = \dfrac{h}{L}$。

　　也就是说，根据达西的研究，当水流为层流状态时，水的渗透速度与水力坡降成正比。这就是著名的达西定律。

　　达西在研究渗透定律时，由于观测实际流动的巨大困难，故按照生产实际的需要对渗流进行了简化，不考虑土的固体颗粒，认为整个土体的空间均为渗流所充满。而实际上，由于水在土体中的渗透不是经过整个土体的截面积，而仅仅是通过该截面积内土体的孔隙面积，因此，水在土体孔隙中渗透的实际速度要大于按式(5-2)计算出的渗透速度。

　　达西定律是土力学中的重要定律之一，不仅仅是研究地下水运动的基本定律，而且在水利水电工程建设中，坝基和渠道的渗漏计算、水库的渗漏计算、基坑排水计算、井孔的涌水量计算等，都是以达西定律为基础获得解决的。

2. 达西定律的适用范围

　　一般情况下，由于土体中的孔隙通道很小且很曲折，水在土体中的渗透流速都很小，其渗流可以看做是层流——水流流线互相平行的流动。水在砂性土和较疏松的黏性土中的渗流一般都符合达西定律，渗透速度与水力坡降呈直线关系。

　　水在粗颗粒土如砾石、卵石中的渗流，水力坡降较小时，渗透速度不大，可以认为是层流。如图 5-3 所示，当渗透速度超过某一临界流速时，渗透速度与水力坡降的关系就表现为流线不规则的紊流，此时达西定律便不再适用。

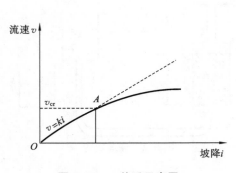

图 5-3　v-i 关系示意图

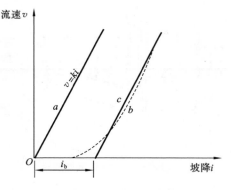

图 5-4　黏土的渗透规律

　　水在密实黏土中的渗流，由于受到水薄膜的阻碍，其渗流情况便偏离达西定律，如图 5-4 的 b 曲线所示。当水力坡降较小时，渗透速度与水力坡降不呈线性关系，甚至不发生渗流。只有在水力坡降达到某一较大数值，克服了薄膜水的阻力后，水才开始渗流，其渗透存在一个起始水力坡降。

3. 渗透系数

　　从达西定律公式可知，当 $i = 1$ 时，$v = k$，表明渗透系数 k 是单位水力坡降时的渗透速度。

它是表示土的透水性强弱的指标,单位为 cm/s,与水的渗透速度单位相同。

土的渗透系数是渗流计算中必不可少的一个基本参数,其数值大小主要决定于土的种类和透水性质。土的渗透系数不仅可用于渗透计算,还可用来评定土层透水性的强弱,作为选择坝体填料的依据,如土石坝的防渗墙常用渗透系数较小的黏土。

当 $k>10^{-2}$ cm/s 时,称为强透水层;当 $k=10^{-5}\sim10^{-3}$ cm/s 时,称为中等透水层;当 $k<10^{-6}$ cm/s 时,称为相对不透水层。

各种土的渗透系数参考值如表 5-1 所示。

表 5-1　各种土的渗透系数参考数值

土 的 类 别	渗透系数 k	
	cm/s	m/d
黏土	$<6\times10^{-6}$	<0.005
亚黏土	$6\times10^{-6}\sim1\times10^{-4}$	$0.005\sim0.1$
轻亚黏土	$1\times10^{-4}\sim6\times10^{-4}$	$0.1\sim0.5$
黄土	$3\times10^{-4}\sim6\times10^{-4}$	$0.25\sim0.5$
粉砂	$6\times10^{-4}\sim1\times10^{-3}$	$0.5\sim1.0$
细砂	$1\times10^{-3}\sim6\times10^{-3}$	$1.0\sim5.0$
中砂	$6\times10^{-3}\sim2\times10^{-2}$	$5.0\sim20.0$
粗砂	$2\times10^{-2}\sim6\times10^{-2}$	$20.0\sim50.0$
网砾	$6\times10^{-2}\sim1\times10^{-1}$	$50.0\sim100.0$
卵石	$1\times10^{-1}\sim6\times10^{-1}$	$100.0\sim500.0$

模块 2　渗透系数的确定方法

渗透系数 k 是衡量土体渗透性强弱的一个重要力学性质指标,也是渗透计算时用到的一个基本参数。由于自然界中土的沉积条件复杂,渗透系数 k 值相差很大,因此渗透系数难以用理论计算求得,只能通过试验直接测定。

渗透系数测定方法可分为室内渗透试验和现场渗透试验两大类。室内渗透试验可根据土的类别,选择不同的仪器进行试验;现场渗透试验可采用试坑(或钻孔)注水法(测定非饱和土的渗透系数)或抽水法(测定饱和土的渗透系数)进行试验。室内与现场渗透试验的基本原理相同,均以达西定律为依据。

1. 渗透系数的室内测定

室内测定土的渗透系数的仪器和方法较多,但从试验原理上大体可以分为常水头法和变水头法两种。常水头法一般用于渗透性较强的无黏性土,变水头法一般用于渗透性较弱的黏性土。

1)常水头法

常水头法在试验过程中保持水头为一常数,从而水头差也是常数。如图 5-5 所示,试验时,在截面面积为 A 的圆形容器中装入高度为 L 的饱和试样,不断向容器中加水,使其水位保持不变,水在水头差 Δh 作用下产生渗流,流过试样,从桶底排出。试验过程中保持水头差 Δh 不变,测得在一定时间 t 内流经试验的水量 Q,则根据达西定律,有

$$Q = vAt = k\frac{\Delta h}{L}At \qquad\qquad (5-3)$$

$$k = \frac{QL}{\Delta hAt} \qquad\qquad (5-4)$$

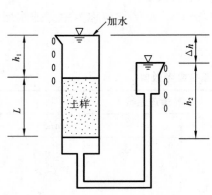

图 5-5　常水头渗透试验

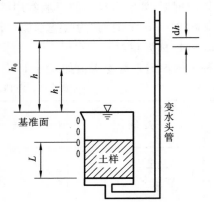

图 5-6　变水头渗透试验

2）变水头法

变水头法试验装置如图 5-6 所示,水流从一根竖直的带有刻度的其断面面积为 a 的玻璃管和 U 形管自下而上流经断面面积为 A、长度为 L 的土样。试验过程中,随时间的变化,立管的水位不断下降,而装有土样的容器中的水位保持不变,从而作用于试样两端的水头差随时间变化而变化。试验时,将玻璃管充水至需要的水位高度后,开动秒表,测记起始时刻 t_0 的水头差 h_0,再经过时间 t_1 后,测记水头差为 h_1。那么,在试验过程中,任意时刻 t 的水头差为 h,经过 $\mathrm{d}t$ 时间后,管中的水位下降 $\mathrm{d}h$,则 $\mathrm{d}t$ 时间内流入试验的水量为

$$\mathrm{d}Q = -a\mathrm{d}h$$

式中:负号表示渗流量随 h 的减小而增加。

根据达西定律,$\mathrm{d}t$ 时间内流出试验的水量为

$$\mathrm{d}Q = kiA\mathrm{d}t = k\frac{h}{L}A\mathrm{d}t$$

根据水流连续条件,土样内流入水量应该等于流出水量,即

$$-a\mathrm{d}h = k\frac{h}{L}A\mathrm{d}t$$

也即

$$\mathrm{d}t = -\frac{aL}{kA}\frac{\mathrm{d}h}{h}$$

等式两边在 t_0—t_1 时间内积分,得

$$\int_{t_0}^{t_1}\mathrm{d}t = -\frac{aL}{kA}\int_{h_0}^{h_1}\frac{\mathrm{d}h}{h}$$

$$t_1 - t_0 = -\frac{aL}{kA}\ln\frac{h_0}{h_1}$$

于是,可求得变水头的渗透系数为

$$k = \frac{aL}{A(t_1 - t_0)}\ln\frac{h_0}{h_1} \qquad\qquad (5-5)$$

试验过程中,一般选定不同的 h_0 和 h_1,分别测出它们各自对应的渗透系数,然后取平均

值作为该土样的渗透系数。

室内测定渗透系数的优点是,设备简单、花费较少,在工程中得到普遍应用。但是,土的渗透性与其结构构造有很大关系,而且实际土层中水平与垂直方向的渗透系数往往有很大差异;同时由于取样时对土有不可避免的扰动,故一般很难获得具有代表性的原状土样。因此,室内试验测得的渗透系数往往不能很好地反映现场土的实际渗透性质,必要时可直接进行大型现场渗透试验。有资料表明,现场渗透试验值可能比室内小试样试验值大 10 倍以上,需引起足够的重视。

2. 渗透系数的现场测定

现场研究场地的渗透性,进行渗透系数测定,常常用现场抽水试验或井孔注水试验的方法。下面主要介绍现场抽水试验的方法,井孔注水试验方法与此类似。

现场抽水试验测定渗透系数一般适用于均质粗粒土层,试验原理如图 5-7 所示。在现场打一口贯穿要测定渗透系数 k 的土层的试验井,并在距井中心处设置两个以上观测地下水位变化的观察孔,然后自井中以不变的速率进行抽水。抽水时,井周围的地下水迅速向井中渗透,造成井周围的地下水位下降,形成一个以井孔为中心的降水漏斗。在渗流达到稳定后,若测得的抽水量为 Q,观测孔距井轴线的距离分别为 r_1、r_2,孔中的水位高度为 h_1、h_2,则用达西定律即可求出土层的平均渗透系数。

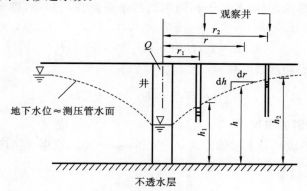

图 5-7　现场抽水试验

围绕井轴取一过水断面,该断面距井中心距离为 r,水面高度为 h,那么过水断面的面积为

$$A = 2\pi r h$$

设该过水断面上各处的水力坡降为常数,且等于地下水位线在该处的坡降,则

$$i = \frac{\mathrm{d}h}{\mathrm{d}r}$$

根据达西定律,单位时间内井内抽出的水量为

$$q = Aki = 2\pi r h k \frac{\mathrm{d}h}{\mathrm{d}r}$$

$$a \frac{\mathrm{d}r}{r} = 2\pi k h \mathrm{d}h$$

两边积分得

$$q\int_{r_1}^{r_2}\frac{\mathrm{d}r}{r}=2\pi k\int_{h_1}^{h_2}h\mathrm{d}h$$

即可得渗透系数
$$k=\frac{q\ln(r_2/r_1)}{\pi(h_2^2-h_1^2)} \tag{5-6}$$

3. 成层土的等效渗透系数

天然地基往往由渗透性不同的土层所组成,其各向渗透性也不尽相同。对于成层土,应分别测定各层土的渗透系数,然后根据渗流方向求出与层面平行或与层面垂直时的平均渗透系数。

1) 与层面平行的渗流情况

如图 5-8(a) 所示,假如各层土的渗透系数各向同性,分别为 $k_1,k_2,\cdots,k_n$,厚度为 H_1,$H_2,\cdots,H_n$,总厚度为 H。与层面平行的渗流,若流经各层土单位宽度的渗流量为 $q_{x1},q_{x2},\cdots,$ q_{xn},则总单宽渗流量 q_x 应为

$$q_x=q_{x1}+q_{x2}+\cdots+q_{xn}$$

根据达西定律有

$$q_x=k_x iH,\quad q_{xi}=k_i i_i H_i$$

式中:k_x 为与层面平行渗流的平均渗透系数;i 为成层土的平均水力坡降。

对于平行层面的渗流,流经各层土相同距离的水头损失均相等,即各层土的水力坡降 i_i 相等。

$$k_x iH=k_1 iH_1+k_2 iH_2+\cdots+k_n iH_n$$

即与层面平行渗流的平均渗透系数为

$$k_x=\frac{1}{H}(k_1 H_1+k_2 H_2+\cdots+k_n H_n) \tag{5-7}$$

2) 与层面垂直的渗流情况

如图 5-8(b) 所示,流经各土层的渗流量为 $q_{y1},q_{y2},\cdots,q_{yn}$,根据水流连续原理,流经整个土层的单宽渗流量应为

$$q_y=q_{y1}=q_{y2}=\cdots=q_{yn} \tag{5-8}$$

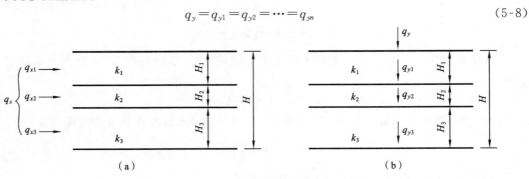

图 5-8　渗流情况

设渗流通过厚度为 H 的土层时,总水头损失为 h,各土层的厚度为 $H_1,H_2,\cdots,H_n$,水头损失分别为 $h_1,h_2,\cdots,h_n$,则各土层的水力坡降为 $i_1,i_2,\cdots,i_n$,整个土层的平均水力坡降为 i,根据达西定律可得各土层的渗流量与总渗流量关系,有

$$q_y=q_{y1}=q_{y2}=\cdots=q_{y3}$$

$$q_{y1} = k_i i_i A = k_i \frac{h_i}{H_i} A$$

$$h_i = \frac{q_{y1} H_i}{k_i A} \tag{5-9}$$

$$q_y = k_y i A = k_y \frac{h}{H} A$$

$$h = \frac{q_y H}{k_y A} \tag{5-10}$$

式中：k_y 为与层面垂直渗流的平均渗透系数；A 为渗流截面面积。

对于垂直于层面的渗流，通过整个土层的总水头损失应等于各层水头损失之和，即

$$h = \sum h_i \tag{5-11}$$

将式(5-9)、式(5-10)代入式(5-11)，经整理后可得与层面垂直渗流的平均渗透系数为

$$k_y = \frac{H}{\dfrac{H_1}{k_1} + \dfrac{H_2}{k_2} + \cdots + \dfrac{H_n}{k_n}} \tag{5-12}$$

比较式(5-7)与式(5-12)可知，成层土平行方向渗流的平均渗透系数取决于最透水土层的渗透系数和厚度；垂直方向渗流的平均渗透系数取决于最不透水土层的渗透系数和厚度。因此，平行层面渗流的平均渗透系数总是大于垂直层面渗流的平均渗透系数。

模块 3　影响渗透系数的因素

土的渗透系数与土和水两方面的多种因素有关，下面分别就这两个方面的因素进行讨论。

（1）土颗粒的粒径、级配和矿物成分。土中孔隙通道大小直接影响到土的渗透性。一般情况下，细粒土的孔隙通道比粗粒土的小，其渗透系数也较小；级配良好的土，粗粒土间的孔隙被细粒土所填充，它的渗透系数比粒径级配均匀的小；在黏性土中，黏粒表面结合水膜的厚度与颗粒的矿物成分有很大关系，结合水膜越厚，土粒间的孔隙通道越小，其渗透性也就越小。

（2）土的孔隙比。同一种土，孔隙比越大，则土中过水断面越大，渗透系数也就越大。渗透系数与孔隙比之间的关系是非线性的，与土的性质有关。

（3）土的结构和构造。当孔隙比相同时，絮凝结构的黏性土，其渗透系数比分散结构的大；宏观构造上的成层土及扁平黏粒土在水平方向的渗透系数远大于垂直方向的。

（4）土的饱和度。土中的封闭气泡不仅减小了土的过水断面，而且可以堵塞一些孔隙通道，使土的渗透系数降低，同时可能会使流速与水力坡降之间的关系不符合达西定律。

（5）渗流水的性质。水的流速与其动力黏滞度有关，动力黏滞度越大，流速越小；动力黏滞度随温度的增加而减小，因此温度升高一般会使土的渗透系数增加。

（6）水的温度。试验表明，渗透系数 k 与渗流液体（水）的重度 γ_w 及黏滞度有关，水温不同时，γ_w 相差较小，但 η 变化较大，水温愈高，η 愈低；k 与 η 基本上呈线性关系。因此，在 $T\ ℃$ 测得的 k_T 值应进行温度修正，使其成为标准温度下的渗透系数值。在标准温度 20 ℃ 下的渗透系数修正系数为

$$k = \frac{\eta_T}{\eta_{20}} k_T \tag{5-13}$$

❖技能应用❖

技能 1　测定黏性土的渗透系数

1. 常水头渗透系数测定

1）试验仪器设备

本试验所用的主要仪器设备如下。常水头渗透仪由金属封底圆筒、金属孔板、滤网、测压管和供水瓶组成。金属封底圆筒内径为 10 cm，高 40 cm。当使用其他尺寸的圆筒时，圆筒内径应大于试样最大粒径的 10 倍。

2）试验步骤

（1）按要求装好仪器，量测滤网至筒顶的高度，将调节管和供水管相连。从渗水孔向圆筒充水至高出滤网顶面。

（2）取具有代表性的风干土样 3～4 kg，测定其风干含水率。将风干土样分层装入圆筒内，每层 2～3 cm，根据要求的孔隙比，控制试样厚度。当试样中含黏粒时，应在滤网上铺 2 cm 厚的粗砂作为过滤层，防止细粒流失。每层试样装后从渗水孔向圆筒充水至试样顶面，最后一层试样应高出测压管 3～4 cm，并在试样顶面铺 2 cm 的砾石作为缓冲层。当水面高出试样顶面时，应继续充水至溢水孔有水溢出。

（3）量试样顶面至筒顶高度，计算试样高度，称剩余土样的质量，计算试样质量。

（4）检查测压管水位，当测压管与溢水孔水位不平时，用吸球调整测压管水位，直至两者水位齐平。

（5）将调节管提高至溢水孔以上，将供水管放入圆筒内，开止水夹，使水由顶部注入圆筒，降低调节管位置至距试样顶部 1/3 高度处，形成水位差使水渗入试样，经过调节管流出。调节供水管止水夹，使进入圆筒的水量多于溢出的水量，溢水孔始终有水溢出，保持圆筒内水位不变，试样处于常水头下渗透。

（6）在测压管水位稳定后，测记水位，并计算各测压管之间的水位差。按规定时间记录渗出水量，接取渗出水时，调节管口不得浸入水中，测量进水和出水处的水温，取平均值。

（7）降低调节管位置至试样的中部和下部 1/3 处，按步骤（5）、（6）重复测定渗出水量和水温，当不同水力坡降下测定的数据接近时，结束试验。

（8）根据工程需要，改变试样的孔隙比，继续试验。

水的动力黏质系数、黏质系数比、温度校正值如表 5-2 所示。

表 5-2　水的动力黏质系数、黏质系数比、温度校正值

温度 /(℃)	动力黏滞系数 η /(×10⁻⁶ kPa·s)	η_T/η_{20}	温度校正值 T_p	温度 /(℃)	动力黏滞系数 η /(×10⁻⁶ kPa·s)	η_T/η_{20}	温度校正值 T_p
5.0	1.516	1.501	1.17	8.0	0.387	1.373	1.28
5.5	1.498	1.478	1.19	8.5	1.367	1.353	1.30
6.0	1.470	1.455	1.21	9.0	1.347	1.334	1.32
6.5	1.449	1.435	1.23	9.5	1.328	1.315	1.34
7.0	1.428	1.414	1.25	10.0	1.310	1.297	1.36

温度/(℃)	动力黏滞系数 η/($\times 10^{-6}$ kPa·s)	η_T/η_{20}	温度校正值 T_p	温度/(℃)	动力黏滞系数 η/($\times 10^{-6}$ kPa·s)	η_T/η_{20}	温度校正值 T_p
7.5	1.407	1.393	1.27	10.5	1.292	1.279	1.38
11.0	1.274	1.261	1.40	20.5	0.998	0.988	1.78
11.5	1.256	1.243	1.42	21.0	0.986	0.976	1.80
12.0	1.239	1.227	1.44	21.5	0.974	0.964	1.83
12.5	1.223	1.211	1.46	22.0	0.968	0.958	1.85
13.0	1.206	1.194	1.48	22.5	0.952	0.943	1.87
13.5	1.188	1.176	1.50	23.0	0.941	0.932	1.89
14.0	1.175	1.168	1.52	24.0	0.919	0.910	1.94
14.5	1.160	1.148	1.54	25.0	0.899	0.890	1.98
15.0	1.144	1.133	1.56	26.0	0.879	0.870	2.03
15.5	1.130	1.119	1.58	27.0	0.859	0.850	2.07
16.0	1.115	1.104	1.60	28.0	0.841	0.833	2.12
16.5	1.101	1.090	1.62	29.0	0.823	0.815	2.16
17.0	1.088	1.077	1.64	30.0	0.806	0.798	2.21
17.5	1.074	1.066	1.66	31.0	0.789	0.781	2.25
18.0	1.061	1.050	1.68	32.0	0.773	0.765	2.30
18.5	1.048	1.038	1.70	33.0	0.757	0.750	2.34
19.0	1.035	1.025	1.72	34.0	0.742	0.735	2.39
19.5	1.022	1.012	1.74	35.0	0.727	0.720	2.43
20.0	1.010	1.000	1.76				

3）计算

常水头渗透系数按式(5-4)计算。

标准温度下的渗透系数按式(5-13)计算。

4）试验记录

常水头渗透试验的记录格式如表 5-3 所示。

表 5-3　常水头渗透试验记录

工程编号＿＿＿＿＿＿＿＿＿＿＿＿　　　　试验者＿＿＿＿＿＿＿＿＿＿＿＿

试样编号＿＿＿＿＿＿＿＿＿＿＿＿　　　　计算者＿＿＿＿＿＿＿＿＿＿＿＿

试验日期＿＿＿＿＿＿＿＿＿＿＿＿　　　　校核者＿＿＿＿＿＿＿＿＿＿＿＿

试验次数	经过时间	测压管水位/cm			水位差			水力坡降	渗水量/cm	渗透系数/(cm/s)	水温/(℃)	校正系数	水温 20℃时的渗透系数/(cm/s)	平均渗透系数/(cm/s)
		Ⅰ	Ⅱ	Ⅲ	H_1	H_2	平均							
①		②	③	④	⑤=②-③	⑥=③-④	(7)=1/2(⑤+⑥)	⑧=⑦/L	⑨	⑩	⑪	⑫=η_T/η_{20}	⑬=⑩×⑫	⑭

2. 变水头渗透系数测定

1）试验仪器设备

本试验所用的主要仪器设备如下。

（1）渗透容器：由环刀、透水石、套环、上盖和下盖组成。环刀内径为 61.8 mm，高 40 mm；透水石的渗透系数应大于 10^{-3} cm/s。

（2）变水头装置：由渗透容器、变水头管、供水瓶、进水管等组成。变水头管的内径应均匀，管径不大于 1 cm，管外壁应有最小分度为 1.0 mm 的刻度，长度宜为 2 m 左右。

2）试验步骤

（1）将装有试样的环刀装入渗透容器，用螺母旋紧，要求密封至不漏水、不透气。对不易透水的试样，按《土工试验方法标准》的规定进行抽气饱和；对饱和试样和较易透水的试样，直接用变水头装置的水头进行试样饱和。

（2）将渗透容器的进水口与变水头管连接，利用供水瓶中的纯水向进水管注满水，并渗入渗透容器，开排气阀，排除渗透容器底部的空气，直至溢出水中无气泡为止，关排水阀，放平渗透容器，关进水管夹。

（3）向变水头管注纯水。使水升至预定高度，水头高度根据试样结构的疏松程度确定，一般不应大于 2 m，待水位稳定后切断水源，开进水管夹，使水通过试样，当出水口有水溢出时开始测记变水头管中起始水头高度和起始时间，按预定时间间隔测记水头和时间的变化，并测记出水口的水温。

（4）将变水头管中的水位变换高度，待水位稳定再进行测记水头和时间变化，重复 5～6 次，当不同开始水头下测定的渗透系数在允许差值范围内时，结束试验。

3）计算

变水头渗透系数应按式(5-5)计算。

标准温度下渗透系数应按式(5-13)计算。

4）试验记录

常水头渗透试验的记录格式如表 5-4 所示。

表 5-4　变水头渗透试验记录

工程编号_____　　试样面积_____　　试验者_____
试样编号_____　　试样高度_____　　计算者_____
仪器编号_____　　测压管面积_____　　校核者_____
试验日期_____　　孔　隙　比_____

开始时间 t_1/s	终了时间 t_2/s	经过时间 t/s	开始水头 H_1/cm	终了水头 H_1/cm	$2.3\dfrac{aL}{At}$	$\lg\dfrac{H_1}{H_2}$	T ℃时的渗透系数/(cm/s)	水温/(℃)	校正系数	水温 20 ℃时的渗透系数/(cm/s)	平均渗透系数/(cm/s)
①	②	③=②−①	④	⑤	⑥	⑦	⑧=⑥×⑦	⑨	⑩=η_T/η_{20}	⑪=⑧×⑩	⑫

任务 2 判定土体的渗透变形及制定防治措施

❖任务导入❖

1998 年长江洪水险情以渗流险情最为普遍,沿长江 6000 余处险情中就有 400 余处属渗流险情。其中管涌被视为险中之险。如果冒砂管涌洞口出现在堤内脚附近,外侧江水面有游涡迹象,自然以迅速在外侧堵漏为上策。但如果管涌险情离堤很远,就只有在管涌出口导滤压盖了。此时除压盖备料应符合拦砂不阻水的原则外,还得设法判断管涌险情是否会继续发展,影响大堤的安全。

【任务】

(1) 什么是管涌?
(2) 如何防治管涌等渗透变形?

❖知识准备❖

模块 1 渗透力和渗透变形

土的渗透使土体受到渗透力的作用,在该作用下土体可能产生渗透破坏。破坏性的渗透可导致水工建筑物的失事。以土石坝为例,根据近年资料来看,各种形式的渗透变形导致失事的仍占 1/4～1/3。

1. 渗透力

水在土中渗透时将受到土粒的阻力,同时水对土粒也就产生一种反作用力。这种由于水的渗流作用对土粒产生的单位体积的力,称为渗透力或动水压力,记为 j。

在渗流土体中沿渗流方向取出一个土柱体来研究,土柱长度为 L,横截面积为 A,水从截面 1 流向截面 2,如图 5-9 所示。因渗流速度很小,惯性力可以忽略不计,土柱体上作用的力有作用于截面 1 上的总水压力、作用于截面 2 上的总水压力、土柱体对渗流的总阻力。显然,引起渗流的力与土柱体对渗流的总阻力应达到静力平衡,即

$$(h_1 - h_2)\gamma_w A = jAL$$

所以
$$j = \frac{h_1 - h_2}{L}\gamma_w = \frac{h}{L}\gamma_w = i\gamma_w \tag{5-14}$$

可以看出,渗透力的大小等于水力坡降与水的容重之乘积,其作用方向与渗透方向一致,其单位为 N/m^3 或 kN/m^3。

2. 临界水力坡降

图 5-10 所示的为渗流对透水坝基的作用情况。在入渗处,渗流方向自上而下,与土重方向一致时,渗透力起增大土重的作用,对土体稳定有利;反之,在渗出处,渗流方向是自下而上,与土重方向相反时,渗透力起减轻土重的作用,不利于土体稳定。

这时,若渗透力等于土的浮容重,土体所受压力为零,土颗粒处于悬浮的临界状态。若渗透力大于土的浮容重,土粒就会随流体一起流动,向上涌出呈破坏状态。

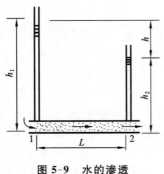

图 5-9　水的渗透

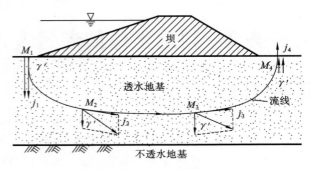

图 5-10　渗流对坝基的作用

临界状态时,渗透力等于土的浮容重,即

$$j = \gamma' \tag{5-15}$$

此时,i_{cr}表示临界水力坡降,若表示成与土的物理性质指标有关的形式,则为

$$i_{cr} = \frac{G_s - 1}{1 + e} = (1 - n)(G_s - 1) \tag{5-16}$$

由式(5-16)可知,临界水力坡降与土粒比重G_s及孔隙比e(或孔隙率)有关,其值为$0.8 \sim$ 1.2。对于$G_s = 2.65$、$e = 0.65$的中等密实砂土,$i_{cr} = 1.0$。在工程计算中,通常将土的临界水力坡降除以安全系数$2 \sim 3$后得出设计上采用的允许水力坡降数值,即

$$[i_{cr}] = \frac{i_{cr}}{2 \sim 3} \tag{5-17}$$

一些资料指出,匀粒砂土的允许水力坡降$[i_{cr}] = 0.27 \sim 0.44$;细粒含量大于$30\%$的砂砾土的允许水力坡降$[i_{cr}] = 0.3 \sim 0.4$。黏土一般不易发生变形,其临界坡降值较大,故$[i_{cr}]$值也可以提高。有的资料建议$[i_{cr}] = 4 \sim 6$。

模块 2　渗透变形的类型

土工建筑物及地基由于渗流作用而出现土层剥落、地面隆起、渗流通道等破坏或变形现象,称为渗透破坏或者渗透变形。渗透破坏是土工建筑物破坏的重要原因之一,危害很大。

1. 渗透破坏的主要类型

土的渗透变形的主要类型有流土(流砂)、管涌、接触流土和接触冲刷。就单一土层来说,渗透变形的主要类型是流土和管涌。

1) 流土

流土是指在渗流作用下,局部土体隆起、浮动或颗粒群同时发生移动而流失的现象。流土一般发生在无保护的渗流出口处,而不会发生在土体内部。开挖基坑或渠道时出现的所谓"流砂"现象,就是流土的常见形式。如图 5-11 所示,河堤覆盖层下流砂涌出的现象是由于覆盖层下有一强透水砂层,而堤内、外水头差大,从而弱透水层的薄弱处被冲溃,大量砂土涌出,危及河堤的安全;如图 5-12 所示,细砂层在承压水作用下,当基坑开挖至细砂层时,渗透力的作用使细砂向上涌出,出现大量流土,从而引起房屋地基不均匀变形,上部结构开裂,影响房屋的正常使用。

任何类型的土,包括黏性土和无黏性土,只要水力坡降大于临界值,都会发生流土破坏。无黏性土发生流土的主要表现是颗粒群同时被悬浮,形成泉眼群、砂沸等现象,土体最终被渗流托

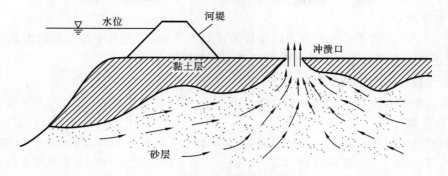

图 5-11 河堤覆盖层下流砂涌出的现象

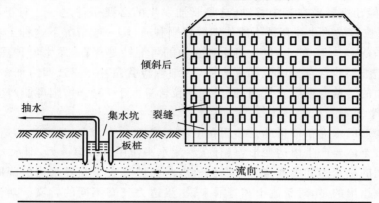

图 5-12 流砂涌向基坑引起房屋不均匀下沉的现象

起;而黏性土发生流土的主要表现则是出现土体隆起、浮动、膨胀和断裂等现象。流土一般最先发生在渗流逸出处的表面,然后向土体内部发展,过程迅速,对土工建筑物和地基危害极大。

2）管涌

在渗透水流作用下,土中的细颗粒在粗颗粒形成的孔隙中移动以至流失,随着土的孔隙不断扩大,渗透速度不断增加,较粗的颗粒也被水流逐渐带走,最终导致土体内形成贯通的渗流管道,这种现象称为管涌,如图 5-13 所示。

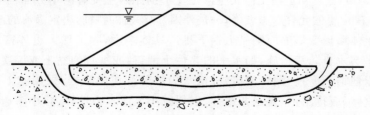

图 5-13 通过坝基的管涌示意图

管涌一般发生在砂性土中,发生的部位一般在渗流出口处,也可能发生在土体的内部。管涌现象一般随时间增加不断发展,是一种渐进性质的破坏。

3）接触流土

接触流土是指渗流垂直于两种不同介质的接触面流动时,把其中一层的细粒带入另一层土中的现象,如反滤层的淤堵。

4）接触冲刷

接触冲刷是指渗流平行于两种不同介质的接触面流动时，把其中细粒层的细粒带走的现象，一般发生在土工建筑物地下轮廓线与地基土的接触面处。

2. 渗透破坏产生的条件

土的渗透变形的发生和发展主要取决于两个条件，一是几何条件，二是水力条件。

1）几何条件

土体颗粒在渗流条件下产生松动和悬浮，必须克服土颗粒之间的黏聚力和内摩擦力，土的黏聚力和内摩擦力与土颗粒的组成和结构有密切关系。渗透变形产生的几何条件是指土颗粒的组成和结构等特征。例如，对于管涌来说，只有当土中粗颗粒所构成的孔隙直径大于细颗粒的直径时，才可能让细颗粒在其中移动，这是管涌发生的必要条件之一。对于不均匀系数 C_u <10 的土，粗颗粒形成的孔隙直径不能让细颗粒顺利通过，一般情况下这种土不会发生管涌；而对于不均匀系数 C_u >10 的土，发生流土和管涌的可能性都存在，发生何种现象主要取决于土的级配情况和细颗粒含量。试验结果表明，当细颗粒含量小于 25% 时，细颗粒填不满粗颗粒所形成的孔隙的渗透变形属于管涌；而当细颗粒含量大于 35% 时，则可能产生流土。

2）水力条件

产生渗透变形的水力条件指的是作用在土体上渗透力的大小，是产生渗透变形的外部因素和主动条件。土体要产生渗透变形，只有在渗流水头作用下的渗透力，即水力坡降大到足以克服土颗粒之间的黏聚力和内摩擦力，也就是说，水力坡降大于临界水力坡降时，才可以发生渗透变形。应该指出的是，对于流土和管涌来说，渗透力具有不同的含义。对于流土来说，渗透力指的是作用在单位土体上的渗透力，是属于层流范围内的概念；而对于管涌来说，则指的是作用在单个土颗粒上的渗透力，已经超出了层流的界限。

另外，渗流逸出处有无适当的保护对渗透变形的产生和发展有着重要的意义。当逸出处直接临空，此处的水力坡降是最大的，同时水流方向也有利于土的松动和悬浮，这种逸出处条件最易产生渗透变形。所以工程上一般在渗流逸出处设置反滤层，以降低渗流逸出速度和水力坡降。

模块3　渗透破坏的防治措施

通过前面的学习，已经知道使土体发生渗透变形的原因主要有两个方面：一是内因，即土的类别及组成特征，决定土的允许水力坡降；一是外因，即渗流的特征，决定渗流的渗透水力坡降。

因此，防止土体渗透变形的原则是上挡下排。具体来说，除了增大土体密度以外，在入渗处，采用设置水平与垂直防渗措施，如水平的黏性土铺盖，或垂直的黏土或混凝土防渗墙、帷幕灌浆及板桩等，以便增长径途、截断渗流、降低水力坡降。在出渗处，采用滤土排水的措施，如设置反滤层、盖重体，或排水沟、排水减压井，以便减小出逸水力坡降、减小渗透力、增强渗流出逸处土体抵抗渗透变形的能力。

❖技能应用❖

技能1　预测土的渗透变形

1. 土的渗透变形的判别

土的渗透变形的判别应包括下列内容：

（1）土的渗透变型类型的判别；

（2）流土和管涌的临界水力比降的确定；

（3）土的允许水力比降的确定。

2. 土的渗透变形的判别方法

（1）流土和管涌应根据土的细粒含量，采用下列方法判别。

① 流土：

$$P_c \geqslant \frac{1}{4(1-n)} \times 100 \tag{5-18}$$

② 管涌：

$$P_c < \frac{1}{4(1-n)} \times 100 \tag{5-19}$$

式中：P_c 为土的细颗粒含量，以质量分数计，％；n 为土的孔隙率，％。

土的细颗粒含量可按下列方法确定。

不连续级配的土，级配曲线中至少有一个以上的粒径级的颗粒含量小于或等于 3％的平缓段，粗细颗粒的区分粒径 d_f 是平缓段粒径级的最大和最小粒径的平均粒径，或以最小粒径为区分粒径，相应于此粒径的含量为细粒含量。

连续级配的土，区分粗颗粒和细颗粒粒径的界限粒径 d_f 为

$$d_f = \sqrt{d_{70} d_{10}} \tag{5-20}$$

式中：d_f 为粗细颗粒的区分粒径，mm；d_{70} 为小于该粒径的含量占总土重 70％的颗粒粒径，mm；d_{10} 为小于该粒径的含量占总土重 10％的颗粒粒径，mm。

（2）对于不均匀系数大于 5 的不连续级配土可采用下列方法判别。

① 流土：

$$P_c \geqslant 35\%$$

② 过渡型，取决于土的密度、粒级、形状：

$$25\% \leqslant P_c < 35\%$$

③ 管涌：

$$P_c < 25\%$$

④ 土的不均匀系数可采用下式计算：

$$C_u = \frac{d_{60}}{d_{10}} \times 100 \tag{5-21}$$

式中：C_u 为土的不均匀系数；d_{60} 为占总土重 60％的土粒的最大粒径，mm；d_{10} 为占总土重 10％的土粒的最大粒径，mm。

（3）接触冲刷宜采用下列方法判别。

对于双层结构的地基，当两层土的不均匀系数均小于或等于 10，且符合

$$\frac{D_{10}}{d_{10}} \leqslant 10 \tag{5-22}$$

时，不会发生接触冲刷。

式中：D_{10}、d_{10} 分别代表较粗一层土和较细一层土的颗粒粒径，mm，小于该粒径的土重占总土重的 10％。

（4）接触流失宜采用下列方法判别。

对于渗流向上的情况，符合下列条件将不会发生接触流失。

① 对于不均匀系数小于或等于 5 的土层，应符合

$$\frac{D_{15}}{d_{85}} \leqslant 5 \tag{5-23}$$

式中：D_{15} 为较粗一层土的颗粒粒径，mm，小于该粒径的土重占总土重的 15%；d_{85} 为较细一层土的颗粒粒径，mm，小于该粒径的土重占总土重的 85%。

② 对于不均匀系数小于或等于 10 的土层，应符合

$$\frac{D_{20}}{d_{70}} \leqslant 7 \tag{5-24}$$

式中：D_{20} 为较粗一层土的颗粒粒径，mm，小于该粒径的土重占总土重的 20%；d_{70} 为较细一层土的颗粒粒径，mm，小于该粒径的土重占总土重的 70%。

3. 流土与管涌的临界水力坡降的确定方法

（1）流土型宜采用下式计算：

$$i_{cr} = (G_s - 1)(1 - n) \tag{5-25}$$

式中：i_{cr} 为土的临界水力坡降；G_s 为土的颗粒密度与水的密度之比；n 为土的孔隙率，%。

（2）管涌型或过渡型宜采用下式计算：

$$i_{cr} = 2.2(G_s - 1)(1 - n)^2 \frac{d_5}{d_{20}} \tag{5-26}$$

式中：d_5、d_{20} 为分别占总土重的 5% 和 20% 的土粒的最大粒径，mm。

（3）管涌型也可采用下式计算：

$$i_{cr} = \frac{42 d_3}{\sqrt{\dfrac{k}{n^3}}} \tag{5-27}$$

式中：k 为土的渗透系数，cm/s；d_3 为占总土重 3% 的土粒的最大粒径，mm。

（4）土的渗透系数应通过渗透试验测定。若无渗透系数试验资料，可根据下式计算近似值：

$$k = 6.3 C_u^{-3/8} d_{20}^2 \tag{5-28}$$

式中：d_{20} 为占总土重 20% 的土粒的最大粒径，mm。

4. 无黏性土的允许水力坡降的确定方法

（1）以土的临界水力坡降除以安全系数（安全系数取 1.5～2.0）；对水工建筑物的危害较大时，安全系数取 2；对于特别重要的工程，安全系数可取 2.5。

（2）无试验资料时，可根据表 5-5 选用经验值。

表 5-5　无黏性土允许水力坡降

允许水力坡降	渗透变形型式					
	流土型			过渡型	管涌型	
	$C_u \leqslant 3$	$3 < C_u \leqslant 5$	$C_u = 5$		级配连续	级配不连续
$i_{允许}$	0.25～0.35	0.35～0.50	0.50～0.80	0.25～0.40	0.15～0.25	0.10～0.20

注：本表不适用于渗流出口有反滤层的情况。

思　考　题

1. 如图 5-14 所示,在恒定的总水头差之下水,自下而上透过两个土样,从土样 1 顶面溢出。

(1) 以土样 2 底面 c-c 为基准面,求该面的总水头和静水头。

(2) 已知水流经土样 2 的水头损失为总水头差的 30%,求 b-b 面的总水头和静水头。

(3) 已知土样 2 的渗透系数为 0.05 cm/s,求单位时间内土样横截面单位面积的流量。

(4) 求土样 1 的渗透系数。

2. 如图 5-15 所示,在 5.0 m 厚的黏土层下有一厚 6.0 m 的砂土层,其下为基岩(不透水)。为测定该砂土的渗透系数,打一钻孔到基岩顶面,并以 10^{-2} m³/s 的速率从孔中抽水。在距抽水孔 15 m 和 30 m 处各打一观测孔,穿过黏土层进入砂土层,测得孔内稳定水位分别在地面以下 3.0 m 和 2.5 m,试求该砂土的渗透系数。

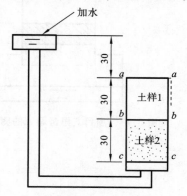

图 5-14　项目 5 思考题 1 的图
(单位:cm)

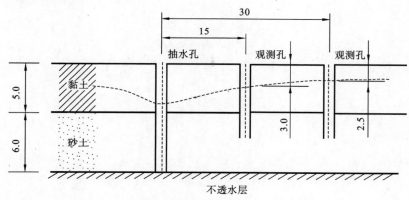

图 5-15　项目 5 思考题 2 的图(单位:m)

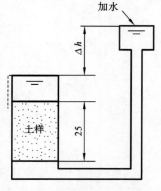

图 5-16　项目 5 思考题 3 的图
(单位:cm)

3. 在图 5-16 所示的装置中,土样的孔隙比为 0.7,颗粒比重为 2.65,求渗流的水力梯度达临界值时的总水头差和渗透力。

4. 试验装置如图 5-17 所示,土样横截面积为 30 cm²,测得 10 min 内透过土样渗入其下容器的水重 0.018 N,求土样的渗透系数及其所受的渗透力。

5. 某场地土层如图 5-18 所示,其中黏性土的饱和容重为 20.0 kN/m³;砂土层含承压水,其水头高出该层顶面 7.5 m。今在黏性土层内挖一个深 6.0 m 的基坑,为使坑底土不致因渗流而破坏,则坑内的水深 h 不得小于多少?

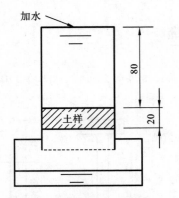

图 5-17 项目 5 思考题 4 的图（单位：cm）

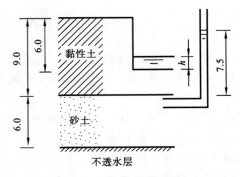

图 5-18 项目 5 思考题 5 的图（单位：m）

项目 6　地基变形计算

　　廖坊水利枢纽工程位于中国江西省抚州市的抚河干流,地处临川区、金溪县、南城县交界处,是以防洪、灌溉为主,兼有发电、供水、航运等功能的大(2)型水库,是国家"九五"重点水利枢纽工程和江西省"十五"重点建设工程,也是抚州继洪门水库之后的第二座大型水库。水库总库容为 4.32 亿立方米,电站装机总容量为 4.95 万千瓦,库区水面 2.3 万亩。河西堤为廖坊水利枢纽库区防护工程之一,上起城南麻桥,下与万年堤相连,为干砌石黏土心墙结构。该堤能否为库区发挥防护的作用,其地基变形稳定性评价是其中一个重要的环节。地基变形,其后果是,水工建筑物各部位发生位移与相对位移,影响水工建筑物的稳定性,同时相对位移产生的开裂会造成堤坝体的集中渗流。因此,地基变形是水工建筑物渗流和稳定性分析中的重要内容。

任务 1　土体的应力计算

✥任务导入✥

　　土体在自身重力、建筑物荷载、交通荷载或其他因素(如地下水渗流、地震等)的作用下,均可产生土中应力。土中应力将引起土体或地基的变形,使土工建筑物(如路堤、土坝等)或建筑物(如房屋、桥梁、涵洞等)发生沉降、倾斜及水平位移。土体或地基的变形过大,往往会影响路堤、房屋和桥梁等的正常使用。土中应力过大,又会导致土体的强度破坏,使土工建筑物发生土坡失稳或使建筑物地基的承载力不足而发生失稳。因此在研究土的变形、强度及稳定性问题时,都必须掌握土中应力状态,土中应力的计算和分布规律是土力学的基本内容之一。

【任务】

　　(1) 何谓土中应力?它有哪些分类和用途?

　　(2) 在工程中,如何考虑土中应力分布规律?

　　(3) 如何计算土中自重应力和附加应力?

✥知识准备✥

模块 1　土中自重应力

　　自重应力是指由土体本身有效重量产生的应力。一般而言,土体在自重作用下,在漫长的地质历史中已压缩稳定,不再引起土的变形(新沉积土或近期人工充填土除外)。

　　1) 竖向自重应力

　　假定土体是具有水平表面的半无限弹性体;土体中所有竖直面和水平面均不存在切应力。均质土中竖向自重应力如图 6-1 所示。

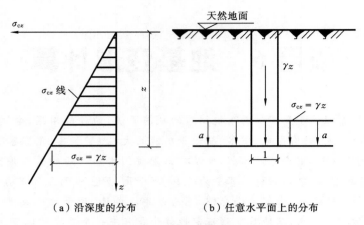

（a）沿深度的分布　　　　　　（b）任意水平面上的分布

图 6-1　均质土中竖向自重应力

（1）竖向自重应力 σ_{cz}。

设地基中某单元体离地面的距离为 z，土的容重为 γ，则单元体上竖向自重应力等于单位面积上的土柱有效重量，即

$$\sigma_{cz} = \gamma z$$

可见，土的竖向自重应力随着深度增加而直线增大，呈三角形分布。

计算时应注意如下几点问题。

① 计算点在地下水位以下时，由于水对土体有浮力作用，故水下部分土柱的有效重量应采用土的浮容重 γ' 或饱和容重 γ_{sat} 计算。

a. 当位于地下水位以下的土为砂土时，土中水为自由水，计算时用 γ'。

b. 当位于地下水位以下的土为坚硬黏土时，$I_L < 0$，在饱和坚硬黏土中只含有结合水，计算自重应力时，应采用饱和容重。

c. 水下黏土，当 $I_L \geqslant 1$ 时，采用 γ'。

d. 如果是介于砂土和坚硬黏土之间的土，则要按具体情况选用适当的容重。

② 如果自重应力是由多层土引起的，则应注意分层计算。

对于天然重度为 γ 的均质土，有

$$\sigma_{cz} = \gamma z$$

对于存在地下水的成层土（见图 6-2），有

$$\sigma_{cz} = \gamma_1 h_1 + \gamma_2 h_2 + \cdots + \gamma_n h_n = \sum_{i=1}^{n} \gamma_i h_i$$

式中：γ_i 为第 i 层土的重度，kN/m^3，地下水位以上的土层一般采用天然重度，地下水位以下的土层采用浮重度，毛细饱和带的土层采用饱和重度；h_i 为地下水位，地下水位的升降会引起土中自重应力的变化，例如，大量抽取地下水造成地下水位大幅度下降，会使原水位以下土体中的有效应力增加，造成地表大面积下沉。

a. 在地下水位以下，若埋藏有不透水层（如基岩层、连续分布的硬黏性土层），不透水层中不存在水的浮力，层面及层面以下的自重应力按上覆土层的水土总重计算。

b. 新近沉积的土层或新近堆填的土层在自重应力作用下的变形尚未完成，还应考虑它们在自重应力作用下的变形。

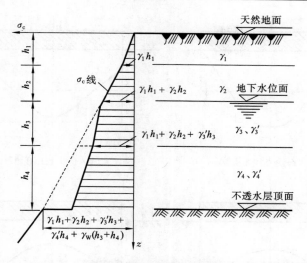

图 6-2　成层土中竖向自重应力沿深度的分布

2）水平向自重应力

根据弹性力学广义虎克定律和土体的侧限条件，推导得

$$\sigma_{cz}=\sigma_{cy}=K_0\sigma_{cz}$$

式中：K_0 为土的静止侧压力系数（也称静止土压力系数）。

模块 2　基底压力

1. 基本概念

基底压力是指建筑物上部结构荷载和基础自重通过基础传递给地基，作用于基础底面传至地基的单位面积压力，又称接触压力。

基底反力是指基底压力的反作用力，即地基土层反向施加于基础底面上的压力。

影响基底压力的分布和大小的因素包括基础（大小、刚度）、荷载（大小、分布）、地基土性质、基础的埋深。

（1）对于刚性很小的基础和柔性基础，其基底压力大小和分布状况与作用在基础上的荷载大小和分布状况相同（因为刚度很小，在垂直荷载作用下几乎无抗弯能力，而随地基一起变形）。

（2）对于刚性基础，其基底压力分布将随上部荷载的大小、基础的埋置深度和土的性质不同而异，如图 6-3 所示。

例如，砂土地基表面上的条形刚性基础受到中心荷载作用时，其基底压力分布呈抛物线，随着荷载增加，基底压力分布的抛物线的曲率增大。这主要是散状砂土颗粒的侧向移动导致边缘的压力向中部转移而形成的。又如，黏性土表面上的条形基础，其基底压力分布呈中间小、边缘大的马鞍形，随荷载增加，基底压力分布呈中间大、边缘小的形状。

2. 基底压力的简化计算

1）中心荷载作用下的基底压力

在基础宽度不太大，而荷载较小的情况下，基底压力分布近似按直线变化，故可根据材料力学公式进行简化计算，即

$$p=\frac{F+G}{A}$$

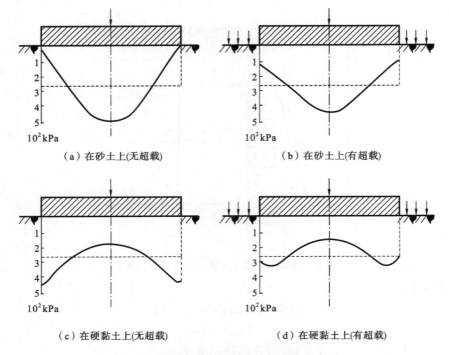

（a）在砂土上(无超载)   （b）在砂土上(有超载)

（c）在硬黏土上(无超载)   （d）在硬黏土上(有超载)

图 6-3　圆形刚性基础模型底面反力分布图

式中:G 为基础自重及其上回填土重的总重,$G=\gamma_G Ad$,γ_G 为平均重度,一般取 20 kN/m³,d 为基础埋深。

对于荷载沿长度方向均匀分布的条形基础,则沿长度方向截取 1 m 的基底面积来计算,单位为 kN/m。

2）偏心荷载作用下的基底压力

（1）单向偏心荷载。

单位偏心荷载作用下的矩形基底压力分布如图 6-4 所示。

设计时,通常基底长边方向取与偏心方向一致,两短边边缘应力分别为

$$p_{max}=\frac{F+G}{bl}+\frac{M}{W}, \quad p_{min}=\frac{F+G}{bl}-\frac{M}{W}$$

式中:W 为基础底面的抵抗矩,$W=\frac{bl^2}{6}$;l 为矩形基底的长度;b 为矩形基底的宽度。

又因为 $e=\frac{M}{F+G}$,得

$$p_{max}=\frac{F+G}{bl}\left(1+\frac{6e}{l}\right), \quad p_{min}=\frac{F+G}{bl}\left(1-\frac{6e}{l}\right)$$

则当 $e<\frac{l}{6}$ 时,基底压力呈梯形分布;当 $e=\frac{l}{6}$ 时,基底压力呈三角形分布;当 $e>\frac{l}{6}$ 时,基底压力 $p_{min}<0$,表明基底出现拉应力,此时,基底与地基间局部脱离,而使基底压力重新分布。

注意:一般而言,工程上不允许基底出现拉力,因此,在设计基础尺寸时,应使合力偏心矩满足 $e<\frac{l}{6}$ 的条件,以策安全。为了减少因地基应力不均匀而引起过大的不均匀沉降,通常要

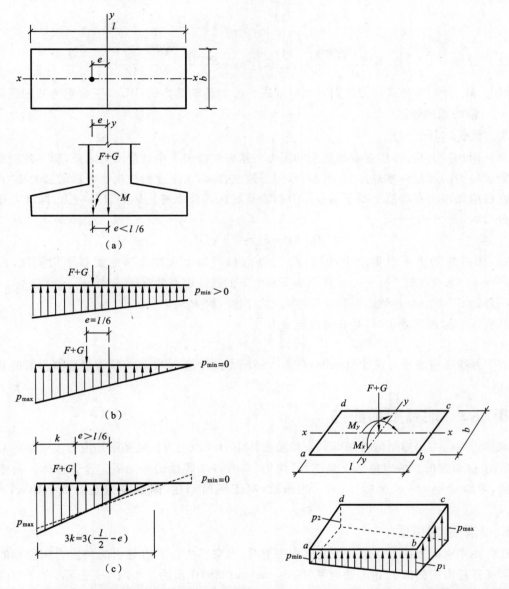

图 6-4　单向偏心荷载下的矩形基底压力分布图　　图 6-5　双向偏心荷载下的矩形基底压力分布图

求：$\dfrac{p_{\max}}{p_{\min}}$ 为 1.5～3.0；对于压缩性大的黏性土，应采取小值；对于压缩性小的无黏性土，可用大值。当计算得到 $p_{\min}<0$ 时，一般应调整结构设计和基础尺寸设计，以避免基底与地基间出现局部脱离的情况。

　　对于作用于建筑物上的水平荷载，计算基底压力时，通常按均匀分布于整个基础底面计算。

　　（2）双向偏心荷载。

　　双向偏心荷载作用下的矩形基底压力分布如图 6-5 所示。

　　当矩形基础上作用着竖直偏心荷载 p 时，则任意点的基底压力，可按材料力学偏心受压的公式进行计算，即

$$p_{max}=\frac{F+G}{A}+\frac{M_x}{W_x}+\frac{M_y}{W_y}, \qquad p_{min}=\frac{F+G}{A}-\frac{M_x}{W_x}-\frac{M_y}{W_y}$$

$$p_1=\frac{F+G}{A}+\frac{M_x}{W_x}+\frac{M_y}{W_y}, \qquad p_2=\frac{F+G}{A}-\frac{M_x}{W_x}-\frac{M_y}{W_y}$$

式中：M_x、M_y 分别为荷载合力分别对矩形基底 x、y 对称轴的力矩；W_x、W_y 分别为基础底面分别对 x、y 轴的抵抗矩。

3. 基底附加压力

基底附加压力是，作用在基础底面的压力与基底处建前土中自重应力之差，即导致地基中产生附加应力的那部分基底压力，例如，作用于地基表面，由于建造建筑物而新增加的压力。

基底附加压力在数值上等于基底压力扣除基底标高处原有土体的自重应力，即基底压力均匀分布时，有

$$P_0=P-\sigma_{ch}=P-\gamma_m d$$

式中：σ_{ch} 为基底处土中自重应力，kPa；γ_m 为基底标高以上天然土层的加权平均重度，$\gamma_m=(\gamma_1 h_1+\gamma_2 h_2+\cdots)/(h_1+h_2+\cdots)$，其中地下水位下的重度取有效重度，kN/m³。

一般，为了考虑坑底的回弹和再压缩而增加沉降，取 $P_0=P-(0\sim1)\sigma_{ch}$。

基底压力呈梯形分布时，基底附加压力为

$$P_{0max}=P_{max}-\gamma_m d, \qquad P_{0min}=P_{min}-\gamma_m d$$

式中：P_0 为基底附加压力设计值，kPa；P 为基底压力设计值，kPa；d 为从天然地面起算的基础埋深，m。

模块 3　地基附加应力

地基附加应力是指新增外加荷载在地基土体中引起的应力。地基附加应力主要是针对竖向正应力 σ_z 而言的。假定地基土是连续、均匀、具有各项同性的半无限完全弹性体。对于空间问题，附加应力是三维坐标 x、y、z 的函数；对于平面问题，附加应力是二维坐标 x、z 的函数。

1. 布辛奈斯克解

在弹性半空间表面上作用一个竖向集中力时，半空间内任意点处引起的应力和位移的弹性力学解答是由法国的 J. 布辛奈斯克（Boussinesq，1885）作出的。如图 6-6 所示，在半空间内任意一点 $M(x,y,z)$ 处的六个应力分量和三个位移分量的解分别为

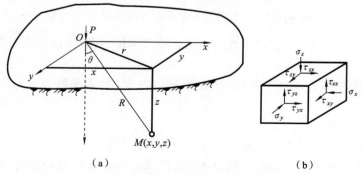

（a）　　　　　　　　　　　　　（b）

图 6-6　弹性半无限体在竖向集中力作用下的附加应力

$$\sigma_x = \frac{3P}{2\pi}\left[\frac{x^2 z}{R^5} + \frac{1-2\mu}{3}\left(\frac{R^2-Rz-z^2}{R^3(R+z)} - \frac{x^2(R+z)}{R^3(R+z)^2}\right)\right] \tag{6-1}$$

$$\sigma_y = \frac{3P}{2\pi}\left[\frac{y^2 z}{R^5} + \frac{1-2\mu}{3}\left(\frac{R^2-Rz-z^2}{R^3(R+z)} - \frac{y^2(2R+z)}{R^3(R+z)^2}\right)\right] \tag{6-2}$$

$$\sigma_z = \frac{3P}{2\pi}\frac{z^3}{R^5} = \frac{3P}{2\pi R^2}\cos^3\theta \tag{6-3}$$

$$\tau_{xy} = \tau_{yx} = \frac{3P}{2\pi}\left[\frac{xyz}{R^5} - \frac{1-2\mu}{3}\frac{xy(2R+z)}{R^3(R+z)^2}\right] \tag{6-4}$$

$$\tau_{yz} = \tau_{zy} = \frac{3P}{2\pi}\frac{yz^2}{R^5} = \frac{3Py}{2\pi R^3}\cos^2\theta \tag{6-5}$$

$$\tau_{zx} = \tau_{xz} = \frac{3P}{2\pi}\frac{xz^2}{R^5} = \frac{3Px}{2\pi R^3}\cos^2\theta \tag{6-6}$$

$$u = \frac{P(1+\mu)}{2\pi E}\left[\frac{xz}{R^3} - (1-2\mu)\frac{x}{R(R+z)}\right] \tag{6-7}$$

$$v = \frac{P(1+\mu)}{2\pi E}\left[\frac{yz}{R^3} - (1-2\mu)\frac{y}{R(R+z)}\right] \tag{6-8}$$

$$w = \frac{P(1+\mu)}{2\pi E}\left[\frac{z^2}{R^3} + 2(1-\mu)\frac{1}{R}\right] \tag{6-9}$$

式中：σ_x、σ_y、σ_z 分别为平行于 x、y、z 坐标轴的正应力；τ_{xy}、τ_{yz}、τ_{zx} 为剪应力，其中前一个脚标表示与它作用的微面的法线方向平行的坐标轴，后一个脚标表示与它作用方向平行的坐标轴；u、v、w 为 M 点分别沿坐标轴 x、y、z 方向的位移；P 为作用于坐标原点 O 的竖向集中力；R 为 M 点至坐标原点 O 的距离，$R=\sqrt{x^2+y^2+z^2}=\sqrt{r^2+z^2}=z/\cos\theta$；$\theta$ 为 R 线与 z 坐标轴的夹角；r 为 M 点与集中力作用点的水平距离；E 为弹性模量（或土力学中专用的地基变形模量，以 E_0 代之）；μ 为泊松比。

　　在上述各式中，若 $R=0$，则各式所得结果均为无限大，因此，所选择的计算点不应过于接近集中力的作用点。

　　以上这些计算应力和位移的公式中，竖向正应力 σ_z 和竖向位移 w 最为常用，以后有关地基附加应力的计算主要是针对 σ_z 而言的。

　　为了计算方便起见，将 $R=\sqrt{r^2+z^2}$ 代入式(6-3)，得

$$\sigma_z = \frac{3P}{2\pi}\frac{z^3}{(r^2+y^2)^{5/2}} = \frac{3}{2\pi}\frac{1}{[(r/z)^2+1]^{5/2}}\frac{P}{z^2} \tag{6-10}$$

令 $K=\dfrac{3}{2\pi}\dfrac{1}{[(r/z)^2+1]^{5/2}}$，则式(6-10)改写为

$$\sigma_z = K\frac{P}{z^2} \tag{6-11}$$

式中：K 为集中荷载作用下的地基竖向附加应力系数，由 r/z 值查表 6-1 选择。

　　当有若干个竖向荷载 $P_i(i=1,2,\cdots,n)$ 作用在地基表面时，按叠加原理，地面下 z 深度处某点 M 的附加应力 σ_z 为

$$\sigma_z = \sum_{i=1}^{n}K_i\frac{P_i}{z^2} = \frac{1}{z^2}\sum_{i=1}^{n}K_iP_i \tag{6-12}$$

式中：K_i 为第 i 个集中荷载下的竖向附加应力系数，按 r_i/z 由表 6-1 查得，其中 r_i 是第 i 个集

中荷载作用点到 M 点的水平距离。

2. 等代荷载法

建筑物的荷载是通过基础作用于地基之上的,而基础总具有一定的面积,因此,理论上的

表 6-1　集中荷载作用下的地基竖向附加应力系数 K

r/z	K	r/z	K	r/z	K	r/z	K	r/z	K
0	0.4775	0.50	0.2733	1.00	0.0844	1.50	0.0251	2.00	0.0085
0.05	0.4745	0.55	0.2466	1.05	0.0744	1.55	0.0224	2.20	0.0058
0.10	0.4657	0.60	0.2214	1.10	0.0658	1.60	0.0200	2.40	0.0040
0.15	0.4516	0.65	0.1978	1.15	0.0581	1.65	0.0179	2.60	0.0029
0.20	0.4329	0.70	0.1762	1.20	0.0513	1.70	0.0160	2.80	0.0021
0.25	0.4103	0.75	0.1565	1.25	0.0454	1.75	0.0144	3.00	0.0015
0.30	0.3849	0.80	0.1386	1.30	0.0402	1.80	0.0129	3.50	0.0007
0.35	0.3577	0.85	0.1226	1.35	0.0357	1.85	0.0116	4.00	0.0004
0.40	0.3294	0.90	0.1083	1.40	0.0317	1.90	0.0105	4.50	0.0002
0.45	0.3011	0.95	0.0956	1.45	0.0282	1.95	0.0095	5.00	0.0001

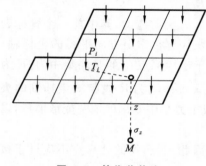

图 6-7　等代荷载法

集中荷载实际上是没有的。等代荷载法是将荷载面(或基础底面)划分成若干个形状规则 (如矩形)的面积单元 (A_i),每个单元上的分布荷载($p_i A_i$)近似地以作用在该单元面积形心上的集中力($P_i = p_i A_i$)来代替(见图6-7),这样就可以利用式(6-12)来计算地基中某一点 M 处的附加应力。由于集中力作用点附近的 σ_z 为无穷大,故这种方法不适用于过于靠近荷载面的计算点,其计算精度的高低取决于单元面积的大小,单元划分越细,计算精度越高。

【例 6-1】　在地基表面作用一集中荷载 $P = 200$ kN,试求:

(1)在地基中 $z = 2$ m 的水平面上,水平距离 r 为 0 m、1 m、2 m、3 m、4 m 处各点的附加应力 σ_z 值,并绘分布图;

(2)在地基中 $r = 0$ 的竖直线上距地基表面 0 m、1 m、2 m、3 m、4 m 处各点的附加应力 σ_z 值,并绘分布图。

解　(1)在地基中 $z = 2$ m 的水平面上指定点的 σ_z 的计算过程列于表 6-2 中,σ_z 分布绘于图 6-8 中。

表 6-2　例 6-1 表 1

z/m	r/m	r/z	K	$\sigma_z = K\dfrac{P}{z^2}/\text{kPa}$
2	0	0	0.4775	23.9
2	1	0.5	0.2733	13.7
2	2	1.0	0.0844	4.2
2	3	1.5	0.0251	1.3
2	4	2.0	0.0085	0.4

（2）在地基中 $r=0$ 的竖直线上指定点的 σ_z 的计算过程列于表 6-3 中，σ_z 分布绘于图 6-9 中。

表 6-3　例 6-1 表 2

z/m	r/m	r/z	K	$\sigma_z=K\dfrac{P}{z^2}/\text{kPa}$
0	0	0	0.4775	∞
1	0	0	0.4775	95.5
2	0	0	0.4775	23.9
3	0	0	0.4775	10.6
4	0	0	0.4775	6.0

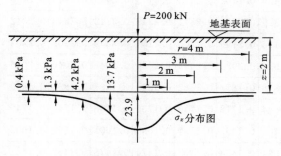

图 6-8　例 6-1 图 1

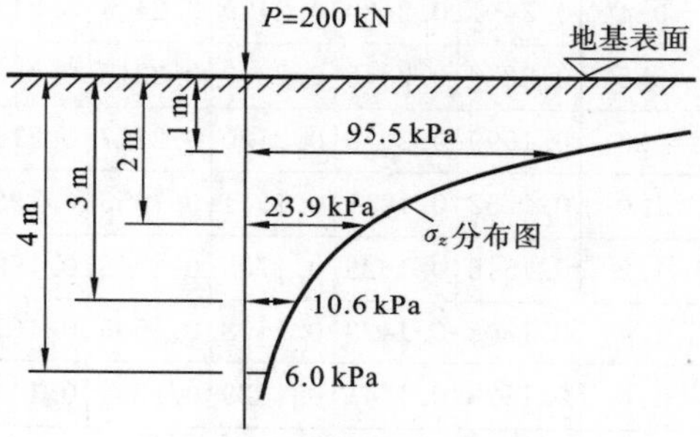

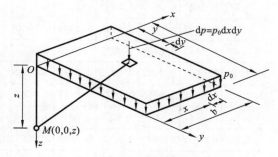

图 6-9　例 6-1 图 2

1）矩形荷载和圆形荷载下的地基附加应力

（1）均布的矩形荷载。

轴心受压柱基础的基底附加压力即属于均布矩形荷载这一情况。这类问题的求解方法一般是先以积分法求得矩形荷载角点下的地基附加应力，然后运用角点法求得矩形荷载下任意一点的地基附加应力。如图 6-10 所示，矩形荷载面的长度和宽度分别为 l 和 b，竖向均布荷载为 p_0。从荷载面内取一微面积 $\mathrm{d}x\mathrm{d}y$，并将其上的

图 6-10　均布矩形荷载角点下的附加应力 σ_z

分布荷载以集中力 $p_0\mathrm{d}x\mathrm{d}y$ 来代替，则由此集中力所产生的角点 O 下任意深度 z 处 M 点的竖向附加应力 $\mathrm{d}\sigma_z$ 为

$$\mathrm{d}\sigma_z=\frac{3}{2\pi}\frac{p_0z^3}{(x^2+y^2+z^2)^{5/2}}\mathrm{d}x\mathrm{d}y \tag{6-13}$$

将式（6-13）对整个矩形面积积分，得

$$\sigma_z=\iint\limits_{A}\mathrm{d}\sigma_z=\frac{3p_0z^3}{2\pi}\int_0^l\int_0^b\frac{1}{(x^2+y^2+z^2)^{5/2}}\mathrm{d}x\mathrm{d}y$$

$$=\frac{p_0}{2\pi}\left[\frac{lbz(l^2+b^2+2z^2)}{(l^2+z^2)(b^2+z^2)\sqrt{l^2+b^2+z^2}}+\arctan\frac{lb}{z\sqrt{l^2+b^2+z^2}}\right] \tag{6-14}$$

令

$$K_c=\frac{1}{2\pi}\left[\frac{lbz(l^2+b^2+2z^2)}{(l^2+z^2)(b^2+z^2)\sqrt{l^2+b^2+z^2}}+\arctan\frac{lb}{z\sqrt{l^2+b^2+z^2}}\right]$$

得 $$\sigma_z = K_c p_0 \tag{6-15}$$

若令 $m = l/b, n = z/b$，则

$$K_c = \frac{1}{2\pi}\left[\frac{mn(m^2 + 2n^2 + 1)}{(m^2 + n^2)(1 + n^2)\sqrt{m^2 + n^2 + 1}} + \arctan\frac{m}{n\sqrt{m^2 + n^2 + 1}}\right]$$

式中：K_c 为均布矩形荷载角点下的竖向附加应力系数，按 m 及 n 值由表 6-4 查得。

表 6-4　均布矩形荷载角点下的竖向附加应力系数 K_c

z/b ＼ l/b	1.0	1.2	1.4	1.6	1.8	2.0	3.0	4.0	5.0	6.0	10.0	条形荷载
0	0.2500	0.2500	0.2500	0.2500	0.2500	0.2500	0.2500	0.2500	0.2500	0.2500	0.2500	0.2500
0.2	0.2485	0.2489	0.2490	0.2491	0.2491	0.2492	0.2492	0.2492	0.2492	0.2492	0.2492	0.2492
0.4	0.2401	0.2420	0.2429	0.2434	0.2437	0.2439	0.2442	0.2443	0.2443	0.2443	0.2443	0.2443
0.6	0.2229	0.2275	0.2300	0.2315	0.2324	0.2329	0.2339	0.2341	0.2342	0.2342	0.2342	0.2342
0.8	0.1999	0.2075	0.2120	0.2147	0.2165	0.2176	0.2196	0.2200	0.2202	0.2202	0.2202	0.2203
1.0	0.1752	0.1851	0.1911	0.1955	0.1981	0.1999	0.2034	0.2042	0.2044	0.2045	0.2046	0.2046
1.2	0.1516	0.1626	0.1705	0.1758	0.1793	0.1818	0.1870	0.1882	0.1885	0.1887	0.1888	0.1889
1.4	0.1308	0.1423	0.1508	0.1569	0.1613	0.1644	0.1712	0.1730	0.1735	0.1738	0.1740	0.1740
1.6	0.1123	0.1241	0.1329	0.1396	0.1445	0.1482	0.1567	0.1590	0.1598	0.1601	0.1604	0.1605
1.8	0.0969	0.1083	0.1172	0.1241	0.1294	0.1334	0.1434	0.1463	0.1474	0.1478	0.1482	0.1483
2.0	0.0840	0.0947	0.1034	0.1103	0.1158	0.1202	0.1314	0.1350	0.1363	0.1368	0.1374	0.1375
2.2	0.0732	0.0823	0.0917	0.0984	0.1039	0.1084	0.1205	0.1248	0.1264	0.1271	0.1277	0.1279
2.4	0.0642	0.0734	0.0813	0.0879	0.0934	0.0979	0.1108	0.1156	0.1175	0.1184	0.1192	0.1194
2.6	0.0566	0.0651	0.0725	0.0788	0.0842	0.0887	0.1020	0.1073	0.1095	0.1106	0.1116	0.1118
2.8	0.0502	0.0580	0.0649	0.0709	0.0761	0.0805	0.0942	0.0999	0.1024	0.1036	0.1048	0.1050
3.0	0.0447	0.0519	0.058	0.0640	0.0690	0.0732	0.0870	0.0931	0.0959	0.0973	0.0987	0.0990
3.2	0.0401	0.0467	0.0526	0.0580	0.0627	0.0668	0.0806	0.0870	0.0900	0.0916	0.0933	0.0935
3.4	0.0361	0.0421	0.0477	0.0527	0.0571	0.0811	0.0747	0.0814	0.0847	0.0864	0.0882	0.0886
3.6	0.0326	0.0382	0.0433	0.0480	0.0523	0.0561	0.0694	0.0763	0.0799	0.0816	0.0830	0.0842
3.8	0.0296	0.0348	0.0395	0.0439	0.0479	0.0516	0.0646	0.0717	0.0753	0.0773	0.0796	0.0802
4.0	0.0270	0.0318	0.0362	0.0430	0.0441	0.0474	0.0603	0.0674	0.0712	0.0733	0.0758	0.0765
4.2	0.0247	0.0291	0.0333	0.0371	0.0407	0.0439	0.0563	0.0634	0.0674	0.0696	0.0724	0.0731
4.4	0.0227	0.0268	0.0306	0.0343	0.0376	0.0407	0.0527	0.0597	0.0639	0.662	0.0692	0.0700
4.6	0.0209	0.0247	0.0283	0.0317	0.0348	0.0378	0.0493	0.0564	0.0606	0.0630	0.0663	0.0671
4.8	0.0193	0.0229	0.0262	0.0294	0.0324	0.0352	0.0463	0.0533	0.0576	0.0601	0.0635	0.0645
5.0	0.0179	0.0212	0.0243	0.0274	0.0302	0.0328	0.0435	0.0504	0.0547	0.0573	0.0610	0.0620
6.0	0.0127	0.0151	0.0174	0.0196	0.0218	0.0238	0.0325	0.0388	0.0431	0.0460	0.0506	0.0521
7.0	0.0094	0.0112	0.0130	0.0147	0.0164	0.0180	0.0251	0.0306	0.0346	0.0376	0.0428	0.0449

续表

z/b \ l/b	1.0	1.2	1.4	1.6	1.8	2.0	3.0	4.0	5.0	6.0	10.0	条形荷载
8.0	0.0073	0.0087	0.0101	0.0114	0.0127	0.0140	0.0198	0.0246	0.0283	0.0311	0.0367	0.0394
9.0	0.0058	0.0069	0.0080	0.0091	0.0102	0.0112	0.0161	0.0202	0.0235	0.0262	0.0319	0.0351
10.0	0.0047	0.0056	0.0065	0.0074	0.0083	0.0092	0.0132	0.0168	0.0198	0.0222	0.0280	0.0316
12.0	0.0033	0.0039	0.0046	0.0052	0.0058	0.0064	0.0094	0.0121	0.0145	0.0165	0.0219	0.0264
14.0	0.0024	0.0029	0.0034	0.0038	0.0043	0.0048	0.0070	0.0091	0.0110	0.0127	0.0175	0.0227
16.0	0.0019	0.0022	0.0026	0.0029	0.0033	0.0037	0.0054	0.0071	0.0086	0.0100	0.0143	0.0198
18.0	0.0015	0.0018	0.0020	0.0023	0.0026	0.0029	0.0043	0.0056	0.0069	0.0081	0.0118	0.0176
20.0	0.0012	0.0014	0.0017	0.0019	0.0021	0.0024	0.0035	0.0046	0.0057	0.0067	0.0099	0.0159

实际计算中,常会遇到计算点不位于矩形荷载面角点下的情况。这时可以通过作辅助线把荷载面分成若干个矩形面积,而计算点正好位于这些矩形面积的角点下,这样就可以应用式(6-15)及力的叠加原理来求解。这种方法称为角点法。

下面分四种情况(见图 6-11,计算点在图中 O 点以下任意深度处)说明角点法的具体应用。

  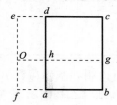 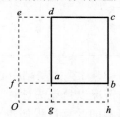

　(a) O 点在荷载面边缘　　(b) O 点在荷载面内　　(c) O 点在荷载面边缘外侧　　(d) O 点在荷载面角点外侧

图 6-11　以角点法计算均布矩形荷载面 O 点下的地基附加应力

① O 点在荷载面边缘。

过 O 点作辅助线 Oe,将荷载面分成 I、II 两块,由叠加原理,有

$$\sigma_z = (K_{c1} + K_{c2}) p_0$$

式中: K_{c1} 和 K_{c2} 分别为按两块小矩形面积 I 和 II 查得的角点附加应力系数。

② O 点在荷载面内。

作两条辅助线将荷载面分成 I、II、III 和 IV 共四块面积。于是有

$$\sigma_z = (K_{c1} + K_{c2} + K_{c3} + K_{c4}) p_0$$

如果 O 点位于荷载面中心,则 $K_{c1} = K_{c2} = K_{c3} = K_{c4}$,可得 $\sigma_z = 4K_{c1} p_0$,此即为利用角点法求基底中心点的 σ_z 的公式,亦可直接查中点附加应力系数(略)。

③ O 点在荷载面边缘外侧。

将荷载面 $abcd$ 看成 I($Ofbg$)－II($Ofah$)＋III($Oecg$)－IV($Oedh$),则有

$$\sigma_z = (K_{c1} - K_{c2} + K_{c3} - K_{c4}) p_0$$

④ O 点在荷载面角点外侧。

将荷载面看成 I($Ohce$)－II($Ohbf$)－III($Ogde$)＋IV($Ogaf$),则

$$\sigma_z = (K_{c1} - K_{c2} - K_{c3} + K_{c4}) p_0$$

【例 6-2】　试以角点法分别计算图 6-12 所示的甲乙两个基础基底中心点下不同深度处的地基附加应力 σ_z 值,绘 σ_z 分布图,并考虑相邻基础的影响。基础埋深范围内天然土层的重度 $\gamma_0 = 18 \ kN/m^3$。

解　(1)两基础基底的附加压力。

甲基础:$p_0 = p - \sigma_{cd} = \dfrac{F}{A} + 20d - \sigma_{cd} = \left(\dfrac{392}{2 \times 2} + 20 \times 1 - 18 \times 1 \right) \ kPa = 100 \ kPa$

乙基础:　　　　　$p_0 = \left(\dfrac{98}{1 \times 1} + 20 \times 1 - 18 \times 1 \right) \ kPa = 100 \ kPa$

(2)计算两基础中心点下由本基础荷载引起的 σ_z 时,过基底中心点将基底分成相等的四块,以角点法计算之,计算过程如表 6-5 所示。

表 6-5　例 6-2 表 1

z/m	甲 基 础				乙 基 础			
	l/b	z/b	K_{c1}	$\sigma_z = 4K_{c1}p_0$ /kPa	l/b	z/b	K_{c1}	$\sigma_z = 4K_{c1}p_0$ /kPa
0	1	0	0.2500	100	1	0	0.2500	100
1	1	1	0.1752	70	1	2	0.0840	34
2	1	2	0.0840	34	1	4	0.0270	11
3	1	3	0.0447	18	1	6	0.0127	5
4	1	4	0.0270	11	1	8	0.0073	3

(3)计算本基础中心点下由相邻基础荷载引起的 σ_z 时,可按前述计算点在荷载面边缘外侧的情况以角点法计算。甲基础对乙基础 σ_z 影响的计算过程如表 6-6 所示,乙基础对甲基础 σ_z 影响的计算过程如表 6-7 所示。

表 6-6　例 6-2 表 2

z/m	l/b		z/b	K_c		$\sigma_z = 2(K_{c1} - K_{c2})p_0$ /kPa
	Ⅰ (abfO')	Ⅱ (dcfO')		K_{c1}	K_{c2}	
0	3	1	0	0.2500	0.2500	0
1	3	1	1	0.2034	0.1752	5.6
2	3	1	2	0.1314	0.0840	9.5
3	3	1	3	0.0870	0.0447	8.5
4	3	1	4	0.0603	0.0270	6.7

表 6-7　例 6-2 表 3

z/m	l/b		z/b	K_c		$\sigma_z = 2(K_{c1} - K_{c2})p_0$ /kPa
	Ⅰ (gheO)	Ⅱ (ijeO)		K_{c1}	K_{c2}	
0	5	3	0	0.2500	0.2500	0
1	5	3	2	0.1363	0.1314	1.0
2	5	3	4	0.0712	0.0603	2.2
3	5	3	6	0.0431	0.0325	2.1
4	5	3	8	0.0283	0.0198	1.7

（4）σ_z 的分布图如图 6-12 所示。

比较图 6-12 所示两基础下的 σ_z 分布图可见，基础底面尺寸大的基础下的附加应力比基础底面小的收敛得慢，影响深度大，同时，对相邻基础的影响也较大。可以预见，在基础附加压力相等的条件下，基底尺寸越大的基础沉降也越大。这是在基础设计时应当注意的问题。

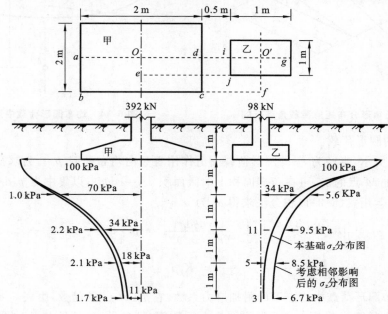

图 6-12　例 6-2 图

（2）三角形分布的矩形荷载。

设竖向荷载沿矩形面积一边 b 方向上呈三角形分布（沿另一边 l 的荷载分布不变），荷载的最大值为 p_0，取荷载零值边的角点 1 为坐标原点（见图 6-13），将荷载面内某点 (x,y) 处所取微面积 $\mathrm{d}x\mathrm{d}y$ 上的分布荷载以集中力 $\dfrac{x}{b}p_0\mathrm{d}x\mathrm{d}y$ 代替。运用式（6-3）以积分法可求角点 1 下任意深度 z 处 M 点的竖向附加应力 σ_z 为

$$\sigma_z = \iint_A \mathrm{d}\sigma_z = \iint_A \frac{3}{2\pi}\frac{p_0 x z^3}{b(x^2+y^2+z^2)^{5/2}}\mathrm{d}x\mathrm{d}y$$

积分后得
$$\sigma_z = K_{t1}p_0 \tag{6-16}$$

式中：
$$K_{t1} = \frac{mn}{2\pi}\left[\frac{1}{\sqrt{m^2+n^2}} - \frac{n^2}{(1+n^2)\sqrt{m^2+n^2+1}}\right]$$

同理，还可求得荷载最大值边的角点 2 下任意深度 z 处的竖向附加应力 σ_z 为

$$\sigma_z = K_{t2}p_0 \tag{6-17}$$

K_{t1} 和 K_{t2} 均为 $m=l/b$ 和 $n=z/b$ 的函数，其值可参见《建筑地基基础设计规范》（GB 50007—2001）。注意 b 是沿三角形分布方向的边长。

应用上述均布和三角形分布的矩形荷载在角点下的附加应力系数 K_c、K_{t1}、K_{t2}，即可用角点法求算梯形分布或三角形分布时地基中任意点的竖向附加应力 σ_z 值，亦可求算条形荷载面（取 $m \geqslant 10$）的地基附加应力。若计算正好位于荷载面 b 边方向的中点（l 边方向可任意）之下，则不论是梯形分布还是三角形分布的荷载，均可以中点处的荷载值按均布荷载情况计算。

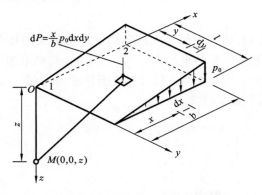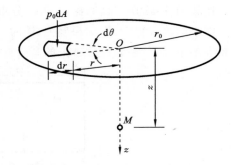

图 6-13　三角形分布矩形荷载角点下的 σ_z　　　　图 6-14　均布圆形荷载中点下的 σ_z

（3）均布的圆形荷载。

如图 6-14 所示，半径为 r_0 的圆形荷载面上作用着竖向均布荷载 p_0。为求荷载面中心点下任意深度 z 处 M 点的 σ_z，可在荷载面积上取微面积 $\mathrm{d}A = r\mathrm{d}\theta\mathrm{d}r$，以集中力 $p_0\mathrm{d}A$ 代替微面积上的分布荷载，运用式（6-3）以积分法求得 σ_z 为

$$\sigma_z = \iint_A \mathrm{d}\sigma_z = \frac{3p_0 z^3}{2\pi}\int_0^{2\pi}\int_0^{r_0}\frac{r\mathrm{d}\theta\mathrm{d}r}{(r^2+z^2)^{5/2}} = p_0\left[1 - \frac{z^3}{(r_0^2+z^2)^{3/2}}\right]$$

$$= p_0\left[1 - \frac{1}{(r_0^2/z^2+1)^{3/2}}\right] = K_r p_0 \tag{6-18}$$

式中：K_r 为均布圆形荷载中心点下的附加应力系数，它是 (z/r_0) 的函数，由表 6-8 查得。

三角形分布的圆形荷载边点下的附加应力系数值，可参见《建筑地基基础设计规范》（GB 50007—2001）。

表 6-8　均布圆形荷载中心点下的附加应力系数 K_r

z/r_0	K_r	z/r_0	K_r	z/r_0	K_r	z/r_0	K_r	z/r_0	K_r	z/r_0	K_r
0.0	1.000	0.8	0.756	1.6	0.390	2.4	0.213	3.2	0.130	4.0	0.087
0.1	0.999	0.9	0.701	1.7	0.360	2.5	0.200	3.3	0.124	4.2	0.079
0.2	0.992	1.0	0.646	1.8	0.332	2.6	0.187	3.4	0.117	4.4	0.073
0.3	0.976	1.1	0.595	1.9	0.307	2.7	0.175	3.5	0.111	4.6	0.067
0.4	0.949	1.2	0.547	2.0	0.285	2.8	0.165	3.6	0.106	4.8	0.062
0.5	0.911	1.3	0.502	2.1	0.264	2.9	0.155	3.7	0.101	5.0	0.057
0.6	0.864	1.4	0.461	2.2	0.246	3.0	0.146	3.8	0.096	6.0	0.040
0.7	0.811	1.5	0.424	2.3	0.229	3.1	0.138	3.9	0.091	10.0	0.015

2）线荷载和条形荷载下的地基附加应力

在建筑工程中，无限长的荷载是没有的，但在使用表 6-4 的过程中可以发现，当矩形荷载面积的长宽比 $l/b \geqslant 10$ 时，矩形面积角点下的地基附加应力计算值与按 $l/b = \infty$ 时的解相比误差很小。因此，诸如柱下或墙下条形基础、挡土墙基础、路基、坝基等，常常可视为条形荷载，按平面问题求解。为了求得条形荷载下的地基附加应力，下面先介绍线荷载作用下的解答。

（1）线荷载。

如图 6-15（a）所示，线荷载是作用在地基表面上一条无限长直线上的均布荷载。

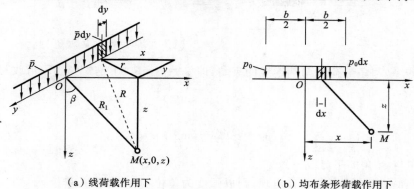

（a）线荷载作用下　　　　　　　　　　　　（b）均布条形荷载作用下

图 6-15　地基附加应力的平面问题

设竖向线荷载 $\overline{p}$（kN/m）作用在 y 坐标轴上，沿 y 轴截取一微分段 $\mathrm{d}y$，将其上作用的线荷载以集中力 $\mathrm{d}P = \overline{p}\,\mathrm{d}y$ 代替，从而利用式（6-3）可求得地基中任意点 M 处由 $\mathrm{d}A$ 引起的附加应力 $\mathrm{d}\sigma_z$，再通过积分，即可求得 M 点的 σ_z

$$\sigma_z = \frac{2\overline{p}z^3}{\pi R_1^4} = \frac{2\overline{p}}{\pi R_1}\cos^3\beta \tag{6-19}$$

同理可得

$$\sigma_x = \frac{2\overline{p}x^2 z}{\pi R_1^4} = \frac{2\overline{p}}{\pi R_1}\cos\beta\sin^2\beta \tag{6-20}$$

$$\tau_{xz} = \tau_{zx} = \frac{2\overline{p}xz^2}{\pi R_1^4} = \frac{2\overline{p}}{\pi R_1}\cos^2\beta\sin\beta \tag{6-21}$$

由于线荷载沿 y 轴均匀分布而且无限延伸，因此，与 y 轴垂直的任何平面上的应力状态都完全相同，且有

$$\tau_{xy} = \tau_{yx} = \tau_{yz} = \tau_{zy} = 0 \tag{6-22}$$

$$\sigma_y = \nu(\sigma_x + \sigma_z) \tag{6-23}$$

（2）均布的条形荷载。

均布的条形荷载是沿宽度方向（图 6-15（b）中 x 轴方向）和长度方向均匀分布，而长度方向为无限长的荷载。沿 x 轴取一宽度为 $\mathrm{d}x$、无限长的微分段，作用于其上的荷载以线荷载 $\overline{p} = p_0\,\mathrm{d}x$ 代替，运用式（6-19）并作积分，可求得地基中任意点 M 处的竖向附加应力（用极坐标表示）为

$$\sigma_z = \frac{p_0}{\pi}\left[\sin\beta_2\cos\beta_2 - \sin\beta_1\cos\beta_1 + (\beta_2 - \beta_1)\right] \tag{6-24}$$

同理可得
$$\sigma_x = \frac{p_0}{\pi}\left[-\sin(\beta_2 - \beta_1)\cos(\beta_2 + \beta_1) + (\beta_2 - \beta_1)\right] \tag{6-25}$$

$$\tau_{xz} = \tau_{zx} = \frac{p_0}{\pi}(\sin^2\beta_2 - \sin^2\beta_1) \tag{6-26}$$

上述各式中当点 M 位于荷载分布宽度两端点竖直线之间时，β 取负值。

将式（6-24）、式（6-25）和式（6-26）代入下列材料力学公式，可以求得 M 点的大主应力 σ_1

与小主应力 σ_3：

$$\left.\begin{aligned}\sigma_1 &= \frac{\sigma_z+\sigma_x}{2}+\sqrt{\left(\frac{\sigma_z-\sigma_x}{2}\right)^2+\tau_{xz}^2}=\frac{p_0}{\pi}\left[(\beta_2-\beta_1)+\sin(\beta_2-\beta_1)\right]\\ \sigma_3 &= \frac{\sigma_z+\sigma_x}{2}-\sqrt{\left(\frac{\sigma_z-\sigma_x}{2}\right)^2+\tau_{xz}^2}=\frac{p_0}{\pi}\left[(\beta_2-\beta_1)-\sin(\beta_2-\beta_1)\right]\end{aligned}\right\}\qquad(6\text{-}27)$$

设 β_0 为点 M 与条形荷载两端连线的夹角，即 $\beta_0=\beta_2-\beta_1$，于是式(6-27)可改写为

$$\left.\begin{aligned}\sigma_1 &= \frac{p_0}{\pi}(\beta_0+\sin\beta_0)\\ \sigma_2 &= \frac{p_0}{\pi}(\beta_0-\sin\beta_0)\end{aligned}\right\}\qquad(6\text{-}28)$$

σ_1 的作用方向与 β_0 角的平分线一致。

β_0、β_1、β_2 在上述各式中若单独出现，则以弧度为单位，其余以度为单位。

为了计算方便，现改用直角坐标表示。取条形荷载的中点为坐标原点，则有

$$\sigma_z=\frac{p_0}{\pi}\left[\arctan\frac{1-2n}{2m}+\arctan\frac{1+2n}{2m}-\frac{4m(4n^2-4m^2-1)}{(4n^2+4m^2-1)^2+16m^2}\right]=K_{sz}p_0\qquad(6\text{-}29)$$

$$\sigma_x=\frac{p_0}{\pi}\left[\arctan\frac{1-2n}{2m}+\arctan\frac{1+2n}{2m}+\frac{4m(4n^2-4m^2-1)}{(4n^2+4m^2-1)^2+16m^2}\right]=K_{sx}p_0\qquad(6\text{-}30)$$

$$\tau_{xz}=\tau_{zx}=\frac{p_0}{\pi}\frac{32m^2n}{(4n^2+4m^2-1)^2+16m^2}=K_{sxz}p_0\qquad(6\text{-}31)$$

式中：K_{sz}、K_{sx} 和 K_{sxz} 分别为均布条形荷载下相应的三个附加应力系数，都是 $m=z/b$ 和 $n=x/b$ 的函数，可由表 6-9 查得。

表 6-9 均布条形荷载下的附加应力系数

z/b	x/b																	
	0.00			0.25			0.50			1.00			1.50			2.00		
	K_{sz}	K_{sx}	K_{sxz}	K_{sz}	K_{sx}	K_{sxz}	K_{sz}	K_{sx}	K_{sxz}	K_{sz}	K_{sx}	K_{sxz}	K_{sz}	K_{sx}	K_{sxz}	K_{sz}	K_{sx}	K_{sxz}
0.00	1.00	1.00	0	1.00	1.00	0	0.50	0.50	0.32	0	0	0	0	0	0	0	0	0
0.25	0.96	0.45	0	0.90	0.39	0.13	0.50	0.35	0.30	0.02	0.17	0.05	0.00	0.07	0.01	0	0.01	0
0.50	0.82	0.18	0	0.74	0.19	0.16	0.18	023	0.26	0.08	0.21	0.13	0.02	0.12	0.04	0	0.07	0.02
0.75	0.67	0.08	0	0.61	0.10	0.13	0.45	0.14	0.21	0.15	0.22	0.16	0.04	0.14	0.07	0.02	0.10	0.05
1.00	0.55	0.04	0	0.51	0.05	0.10	0.41	0.09	0.16	0.19	0.15	0.16	0.07	0.14	0.10	0.03	0.13	0.05
1.25	0.46	0.02	0	0.44	0.03	0.07	0.37	0.06	0.12	0.20	0.11	0.14	0.10	0.12	0.10	0.04	0.11	0.07
1.50	0.40	0.01	0	0.38	0.02	0.06	0.33	0.04	0.10	0.21	0.08	0.13	0.11	0.10	0.10	0.06	0.10	0.07
1.75	0.35	—	0	0.34	0.01	0.04	0.30	0.03	0.08	0.21	0.06	0.11	0.13	0.09	0.10	0.07	0.09	0.06
2.00	0.31	—	0	0.31	—	0.03	0.28	0.02	0.06	0.20	0.05	0.10	0.14	0.07	0.10	0.08	0.08	0.08
3.00	0.21	—	0	0.21	—	0.01	0.20	—	0.03	0.17	—	0.06	0.13	0.03	0.07	0.10	0.04	0.07
4.00	0.16	—	0	0.16	—	0.01	0.15	—	0.02	0.14	0.01	0.03	0.12	0.02	0.05	0.10	0.03	0.05
5.00	0.13	—	0	0.13	—	—	0.12	—	—	0.12	—	—	0.11	—	—	0.09	—	—
6.00	0.11	—	0	0.10	—	—	0.10	—	—	0.10	—	—	0.10	—	—			

图 6-16 所示的为地基中的附加应力等值线图。所谓等值线就是地基中具有相同附加应力数值的点的连线。由图 6-16(a)及图 6-16(b)可见，地基中的竖向附加应力 σ_z 具有如下的分

布规律。

（1）σ_z 的分布范围相当大，它不仅分布在荷载面积之内，而且还分布到荷载面积以外，这就是所谓的附加应力扩散现象。

（2）在离基础底面（地基表面）不同深度 z 处各个水平面上，以基底中心点下轴线处的 σ_z 为最大，离开中心轴线越远，σ_z 越小。

（3）在荷载分布范围内任意点竖直线上的 σ_z 值，随着深度增大逐渐减小。

（4）方形荷载所引起的 σ_z，其影响深度要比条形荷载的小得多。例如，方形荷载中心下 $z=2b$ 处，$\sigma_z \approx 0.1 p_0$，而在条形荷载下的 $\sigma_z = 0.1 p_0$，等值线则约在中心下 $z=6b$ 处通过。这一等值线反映了附加应力在地基中的影响范围。在后面某些章节中还会提到地基主要受力层这一概念，它指的是基础底面至 $\sigma_z = 0.2 p_0$ 深度（对条形荷载该深度约为 $3b$，对方形荷载约为 $1.5b$）处的这部分土层。建筑物荷载主要由地基的主要受力层承担，而且地基沉降的绝大部分是由这部分土层的压缩所形成的。

由条形荷载下的 σ_x 和 τ_{xz} 的等值线图（见图 6-16（c）、图 6-16（d））可知，σ_x 的影响范围较浅，所以基础下地基土的侧向变形主要发生于浅层；而 τ_{xz} 的最大值出现于荷载边缘，所以位于基础边缘下的土容易发生剪切破坏。

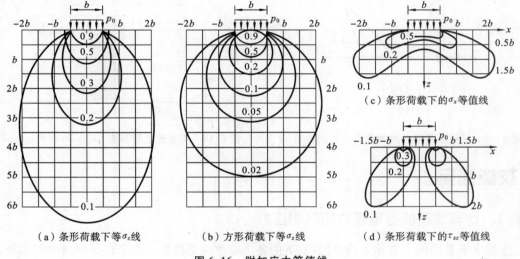

图 6-16　附加应力等值线

3）地基的非均质性对附加应力的影响

以上介绍的地基附加应力计算都是把地基土看成是均质的、具有各向同性的线性变形体而进行的，而实际情况往往并非如此，如有的地基是由不同压缩性土层组成的成层地基，有的地基同一土层中土的变形模量随深度增加而增大。由于地基的非均质性或各向异性，地基中的竖向附加应力 σ_z 的分布会产生应力集中现象或应力扩散现象（见图 6-17，虚线表示均质地基中水平面上的附加应力分布）。

双层地基是工程中常见的一种情况。双层地基指的是在附加应力 σ_z 影响深度（$\sigma_z = 0.1 p_0$）范围内地基由两层变形显著不同的土层所组成。如果上层软弱，下层坚硬，则产生应力集中现象；反之，若上层坚硬，下层软弱，则产生应力扩散现象。

图 6-18 所示的是三种地基条件下均布荷载中心线下附加应力 σ_z 的分布图。图 6-18 中

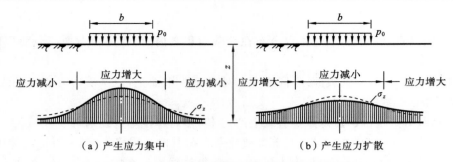

图 6-17　非均质性和各向异性对地基附加应力的影响

曲线 1 所示的为均质地基中的 σ_z 分布,曲线 2 所示的为岩层上可压缩土层中的 σ_z 分布,而曲线 3 则表示上层坚硬、下层软弱的双层地基中的 σ_z 分布。

由于岩层的存在而在可压缩土层中引起的应力集中程度与岩层的埋藏深度有关,岩层埋深越浅,应力集中越显著。当可压缩土层的厚度小于或等于荷载面宽度的一半时,荷载面积下的 σ_z 几乎不扩散,此时可认为荷载面中心点下的 σ_z 不随深度变化而变化(见图 6-19)。

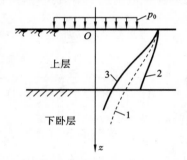

图 6-18　双层地基竖向附加应力分布的比较

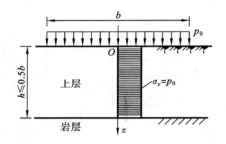

图 6-19　可压缩土层厚度 $h \leqslant 0.5b$ 时的 σ_z 分布

❖技能应用❖

技能 1　计算地基的自重应力和附加应力

直接支承基础的土层称为持力层,其下的各土层称为下卧层。为了保证建筑物的安全,必须根据荷载的大小和性质给基础选择可靠的持力层。上层土的承载力大于下层土时,如有可能,宜取上层土作持力层,以减少基础的埋深。

当上层土的承载力低于下层土时,如果取下层土为持力层,所需的基础底面积较小,但埋深较大,若取上层土为持力层,情况相反。哪一种方案较好,有时要从施工难易、材料用量等方面作方案比较后才能确定。当基础存在软弱下卧层时,基础宜尽量浅埋,以便加大基底至软弱层的距离。在按地基条件选择埋深时,还经常要求从减少不均匀沉降的角度来考虑。例如,当土层的分布明显不均匀或各部位荷载轻重差别很大时,同一建筑物的基础可采用不同的埋深来调整不均匀沉降量。

某工程地基地质剖面图如图 6-20 所示,请绘 A-A 截面以上土层的有效自重压力分布曲线。

分析解答过程如下。

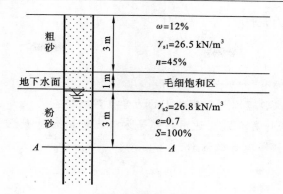

图 6-20　地质剖面图

图 6-20 中粉砂层的 γ 应为 γ_s。两层土,编号取为 1、2。先计算如下需要的参数:

$$e_1=\frac{n}{1-n}=\frac{0.45}{1-0.45}=0.82,\quad \gamma_1=\frac{\gamma_{s1}(1+\omega)}{1+e_1}=\frac{26.5\times(1+0.12)}{1+0.82}\text{ kN/m}^3=16.3\text{ kN/m}^3$$

$$\gamma_{2\text{sat}}=\frac{\gamma_{s2}+e_2\gamma_w}{1+e_2}=\frac{26.8+0.7\times10}{1+0.7}\text{ kN/m}^3=19.9\text{ kN/m}^3$$

对于地面,有
$$\sigma_{z1}=0,\quad u_1=0,\quad q_{z1}=0$$

对于第一层底,有
$$\sigma_{z1\text{下}}=\gamma_1h_1=16.3\times3\text{ kPa}=48.9\text{ kPa},\quad u_{1\text{下}}=0,\quad q_{z1\text{下}}=48.9\text{ kPa}$$

对于第二层顶(毛细水面),有
$$\sigma_{z2\text{上}}=\sigma_{z1\text{下}}=48.9\text{ kPa},\quad u_{2\text{上}}=-\gamma_wh=-10\times1\text{ kPa}=-10\text{ kPa}$$
$$q_{z2\text{上}}=[48.9-(-10)]\text{ kPa}=58.9\text{ kPa}$$

对于自然水面处,有
$$\sigma_{z2\text{中}}=(48.9+19.9\times1)\text{ kPa}=68.8\text{ kPa},\quad u_{2\text{中}}=0,\quad q_{z2\text{中}}=68.8\text{ kPa}$$

对于 A-A 截面处,有
$$\sigma_{z2\text{下}}=(68.8+19.9\times3)\text{ kPa}=128.5\text{ kPa},\quad u_{2\text{下}}=\gamma_wh=10\times3\text{ kPa}=30\text{ kPa}$$
$$q_{z2\text{下}}=(128.5-30)\text{ kPa}=98.5\text{ kPa}$$

据此可以画出分布图形。

注意:

(1) 毛细饱和面的水压力为负值($-\gamma_wh$),自然水面处的水压力为零。

(2) 总应力分布曲线是连续的,而孔隙水压力和自重有效压力的分布曲线则不一定连续。

(3) 只需计算特征点处的应力,中间为线性分布。

任务 2　确定土的压缩性指标

❖任务导入❖

路基的不均匀沉降是导致路面损坏的一个重要原因,而路基不均匀沉降不仅发生在半填半挖或新老路基结合处,而且软土地基的固结沉降与高路堤临近边坡路肩部位压实度的差异、强降雨作用导致的高路堤边坡稳定性的降低及雨水渗入导致路基软化,以及行车荷载的反复循环作用均会导致不均匀沉降。

【任务】

　　(1) 土的压缩性指标有哪些,如何确定?

　　(2) 通过现场载荷试验可以得到哪些土的力学性质指标?

　　(3) 试从基本概念、计算公式及适用条件等方面比较压缩模量、变形模量与弹性模量,它们与材料力学中的杨氏模量有什么区别?

❖知识准备❖

模块 1　基本概念

　　土体在外部压力和周围环境作用下体积减小的特性称为土的压缩性。土体体积减小包括三个方面:① 土颗粒发生相对位移,土中水及气体从孔隙中排出,从而使土体孔隙减小;② 土体颗粒本身的压缩;③ 土中水及封闭在土中的气体被压缩。在一般情况下,土受到的压力为 $100 \sim 600 \ \text{kPa}$,这时土颗粒及水的压缩变形量不到全部土体压缩变形量的 $1 / 400$,可以忽略不计。因此,土的压缩变形主要是由土体孔隙体积减小引起的。

　　土体压缩快慢取决于土中水排出的速率。排出速率既取决于土体孔隙通道的大小,又取决于土中黏粒含量的多少。透水性大的砂土,其压缩过程在加荷后的较短时期内即可完成;对于黏性土,尤其是饱和软黏土,由于黏粒含量多,排水通道狭窄,孔隙水的排出速率很低,其压缩过程所需时间比砂性土的要长得多。土体在外部压力下,压缩时间增长的过程称为土的固结。依赖于孔隙水压力变化而产生的固结,称为主固结。不依赖于孔隙水压力变化,在有效应力不变时,颗粒间位置变动引起的固结称为次固结。

　　在相同压力条件下,不同土的压缩变形量差别很大,可通过室内压缩试验或现场荷载试验测定。

模块 2　土的压缩试验与压缩定律

1. 压缩试验

　　室内压缩试验是取原状土样放入压缩仪内进行的试验,压缩仪的构造如图 6-21 所示。由于土样受到环刀和护环等刚性护壁的约束,在压缩过程中只能发生垂向压缩,不可能发生侧向膨胀,所以称之为侧限压缩试验。

　　试验时,加荷装置和加压板将压力均匀地施加到土样上。荷载逐级加上,每加一级荷载,要等土样压缩相对稳定后,才施加下一级荷载。土样的压缩量可通过位移传感器测量,并根据每一级压力下的稳定变形量,计算出与各级压力相适应的稳定孔隙比。

　　若试验前试样的横截面积为 A,土样的原始高度为 h_0,原始孔隙比为 e_0,在加压 p_1 后,土样的压缩量为 Δh_1,土样高度由 h_0 减至 $h_1 = h_0 - \Delta h_1$,相应的孔隙比由 e_0 减至 e_1,如图 6-22所示。由于土样压缩时不可能发生侧向膨胀,故压缩前后土样的横截面积不变。压缩过程中土粒体积是不变的,因此加压前土粒体积 $\dfrac{Ah_0}{1+e_0}$ 等于加压后土粒体积 $\dfrac{Ah_1}{1+e_1}$,即

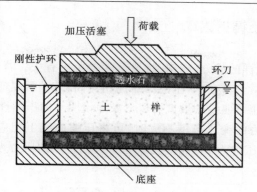

图 6-21　压缩仪示意图

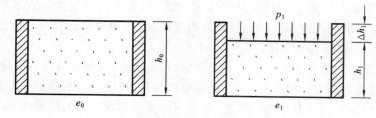

图 6-22　有侧限条件下的压缩

$$\frac{Ah_0}{1+e_0}=\frac{A(h_0-\Delta h_1)}{1+e_1}$$

整理得

$$\frac{\Delta h_1}{h_0}=\frac{e_0-e_1}{1+e_0}$$

则

$$e_1=e_0-\frac{\Delta h_1}{h_0}(1+e_0) \tag{6-32}$$

同理，各级压力 p_i 作用下土样压缩稳定后相应的孔隙比 e_i 为

$$e_i=e_0-\frac{\Delta h_i}{h_0}(1+e_0) \tag{6-33}$$

式中：e_0 与 h_0 值已知；Δh 可由位移传感器测得。

　　求得各级压力（一般为 3～5 级荷载）下的孔隙比后，以纵坐标表示孔隙比，以横坐标表示压力，便可根据压缩试验成果绘制孔隙比与压力的关系曲线，称为压缩曲线，如图 6-23 所示。

　　从压缩曲线的形状可以看出，压力较小时曲线较陡，随压力逐渐增加，曲线逐渐变缓，这说明土在压力增量不变的情况下进行压缩时，其压缩变形的增量是递减的。这是因为在侧限条件下进行压缩时，开始加压时接触不稳定的土粒首先发生位移，孔隙体积减小得很快，因而曲线的斜率比较大。随着压力的增加，进一步的压

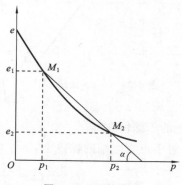

图 6-23　压缩曲线

缩主要是孔隙中水与气体的挤出，当水与气体不再被挤出时，土的压缩逐渐停止，曲线逐渐趋于平缓。

2. 压缩系数 a 和压缩指数 C_c

1) 压缩系数 a

压缩曲线的形状与土样的成分、结构、状态及受力历史有关。若压缩曲线较陡,则说明压力增加时孔隙比减小得多,土易变形,土的压缩性相对高;若曲线是平缓的,则土不易变形,土的压缩性相对低。因此,压缩曲线的坡度可以形象地说明土的压缩性高低。

在压缩曲线上,当压力的变化范围不大时,可将压缩曲线上相应一小段 M_1M_2 近似地用直线来代替。若 M_1 点的压力为 p_1,相应孔隙比为 e_1;M_2 点的压力为 p_2,相应孔隙比为 e_2,则 M_1M_2 段的斜率为

$$a = \tan\alpha = \frac{\Delta e}{\Delta p} = \frac{e_1 - e_2}{p_2 - p_1} \tag{6-34}$$

式(6-34)表示的是土的力学性质的基本定律之一,称为压缩定律。它表明,在压力变化范围不大时,孔隙比的变化值(减小值)与压力的变化值(增加值)成正比。其比例系数称为压缩系数,用符号 a 表示,单位为 MPa^{-1}。

压缩系数是表示土的压缩性大小的主要指标,其值越大,表明在某压力变化范围内孔隙比减少得越多,压缩性就越高。但由图 6-23 可以看出,同一种土的压缩系数并不是常数,而是随所取压力变化范围的不同而改变的。因此,评价不同类型和状态土的压缩性大小时,必须在同一压力变化范围中进行。《建筑地基基础设计规范》(GB 50007—2011)规定,以 $p_1 = 0.1$ MPa,$p_2 = 0.2$ MPa 时相应的压缩系数 a_{1-2} 作为判断土的压缩性的标准。

对于低压缩性土,$a_{1-2} < 0.1$ MPa^{-1}

对于中等压缩性土,0.1 MPa$^{-1} \leqslant a_{1-2} < 0.5$ MPa^{-1}

对于高压缩性土,$a_{1-2} \geqslant 0.5$ MPa^{-1}

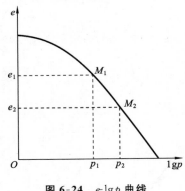

图 6-24　e-$\lg p$ 曲线

2) 压缩指数 C_c

目前还常用压缩指数 C_c 来进行压缩性评价,进行地基变形量计算。它通过压缩试验求得不同压力下的孔隙比 e,将压缩曲线的横坐标用对数坐标表示,纵坐标轴不变(见图 6-24),在一定压力 p 值之下,e-$\lg p$ 曲线是直线,用直线段的斜率作为土的压缩指数 C_c(无量纲量),有

$$C_c = \frac{e_1 - e_2}{\lg p_2 - \lg p_1} \tag{6-35}$$

试验证明,e-$\lg p$ 曲线在很大范围内是一条直线,故压缩指数 C_c 的值是比较稳定的数值,不像压缩系数 a 是随压力变化而变化的,一般黏性土的 C_c 值多为 $0.1\sim1.0$,C_c 值愈大,土的压缩性愈高。

对于正常固结的黏性土,压缩系数和压缩指数之间,存在如下关系:

$$C_c = \frac{a(p_2 - p_1)}{\lg p_2 - \lg p_1} \quad \text{或} \quad a = \frac{C_c}{p_2 - p_1}\lg\frac{p_2}{p_1} \tag{6-36}$$

3. 压缩模量 E_s

压缩试验除了求得压缩系数 a 和压缩指数 C_c 外,还可求得另一个常用的压缩性指标——压缩模量 E_s(单位为 MPa 或 kPa)。压缩模量是指土在侧限条件下受压时压应力 σ_z 与相应的

应变 ε_z 之间的比值,即

$$E_s = \frac{\sigma_z}{\varepsilon_z} \tag{6-37}$$

因为

$$\sigma_z = p_2 - p_1, \quad \varepsilon_z = \frac{\Delta h_1}{h_0} = \frac{e_1 - e_2}{1 + e_1}$$

故压缩模量 E_s 与压缩系数 a 之关系为

$$E_s = \frac{p_2 - p_1}{e_1 - e_2}(1 + e_1) = \frac{1 + e_1}{a} \tag{6-38}$$

式中:a 为压力从 p_1 增加至 p_2 时的压缩系数;e_1 为压力为 p_1 时对应的孔隙比。

4. 土的变形模量 E_0

土的变形模量是指土在无侧限压缩条件下,压应力与相应的压缩应变的比值,单位也是 MPa,它是通过现场载荷试验(详见其他有关教材)求得的压缩性指标,能较真实地反映天然土层的变形特性。但载荷试验设备笨重,历时长和花费多,且目前深层土的载荷试验在技术上极难实现,故土的变形模量常根据室内三轴压缩试验的应力-应变关系曲线来确定,或根据压缩模量的资料来估算。

在土的压密变形阶段,假定土为弹性材料,可根据材料力学理论,推导出变形模量 E_0 与压缩模量 E_s 之间的关系为

$$E_0 = E_s\left(1 - \frac{2\mu^2}{1-\mu}\right) \tag{6-39}$$

令

$$\beta = 1 - \frac{2\mu^2}{1-\mu} \tag{6-40}$$

式中:μ 为土的侧膨胀系数(泊松比)。

则

$$E_0 = \beta E_s$$

土的侧膨胀系数是指土在无侧限条件下受压时,侧向膨胀应变 ε_x 与竖向压缩应变 ε_z 之比,即

$$\mu = \frac{\varepsilon_x}{\varepsilon_z} \tag{6-41}$$

当土在侧限条件下受压时,竖向压力增加,必然引起侧向压力的增加,侧向压力 σ_x 与竖向压力 σ_z 之比值,称为土的侧压力系数 K_0,即

$$K_0 = \frac{\sigma_x}{\sigma_z} \tag{6-42}$$

根据材料力学中广义虎克定律可推导求得 K_0 与 μ 的相互关系:

$$K_0 = \frac{\mu}{1-\mu} \tag{6-43}$$

$$\mu = \frac{K_0}{1+K_0} \tag{6-44}$$

土的侧压力系数可由专门仪器测得,但侧膨胀系数不易直接测定,可根据土的侧压力系数,按式(6-44)计算求得。一般情况下可参照表 6-10 所列数值选用 K_0 和 μ 值。

根据理论分析,当 μ 从 0 变化到 0.5 时,β 从 1 变化到 0,即 $\frac{E_0}{E_s}$ 的比值在 0 到 1 之间变化。因为 E_0 是无侧限条件下的变形模量,其应变比有侧限条件时的大,故一般应是 $E_0 < E_s$。但实

践表明,理论分析与实际情况有很大出入,很多情况都是 $\dfrac{E_0}{E_s}$ 值大于 1。究其原因,一方面,土不是真正的弹性体,用弹性理论建立的关系会带来误差;另一方面,土的结构产生影响,在取样过程中,土的天然结构会受到不同程度的扰动。其他原因还有待进一步研究。因此,在过去的规范中,常用压缩试验求得的 E_s 乘以 β 值来换算 E_0 的做法是不够恰当的。目前常根据统计地区性经验回归方程得到经验公式进行 E_0 与 E_s 的换算。

表 6-10 土的 K_0 和 μ 的参考值

土 的 类 别	土 的 状 态	K_0	μ
卵砾土	—	0.18~0.25	0.15~0.20
砾土	—	0.25~0.33	0.20~0.25
粉土	—	0.25	0.20
粉质黏土	坚硬	0.33	0.25
粉质黏土	可塑	0.43	0.30
粉质黏土	软塑或流塑	0.53	0.35
黏土	坚硬	0.33	0.25
黏土	可塑	0.54	0.35
黏土	软塑或流塑	0.72	0.42

❖ 技能应用 ❖

技能 1 测定土的压缩指标

1. 目的要求

掌握土的压缩试验基本原理和试验方法,了解试验的仪器设备,熟悉试验的操作步骤,掌握压缩试验成果的整理方法,计算压缩系数、压缩模量,并绘制土的压缩曲线。

2. 试验原理

由土力学知识知道,土体在外力作用下的体积减小是由孔隙体积减小引起的,可以用孔隙比的变化来表示。在侧向不变形的条件下,试样在荷载增量 Δp 作用下,孔隙比的变化可用无侧向变形条件下的压缩量公式表示为

$$s = \frac{e_1 - e_2}{1 + e_1} H$$

式中:s 为土样在 Δp 作用下的压缩量,cm;H 为土样在 p_1 作用下压缩稳定后的厚度,cm;e_1、e_2 分别为土样厚为 H 时的孔隙比和在 Δp 作用压缩稳定(压缩沉降量为 s)后的孔隙比。

孔隙比 e_2 对应的压力为 $p_2 = p_1 + \Delta p$,得到 e_2 的表达式为

$$e_2 = e_1 - \frac{s}{H}(1 + e_1)$$

由上述公式可知,只要知道土样在初始条件下 $p_0 = 0$ 时的高度 H_0 和孔隙比 e_0,就可以计算出每级荷载 p_i 作用下的孔隙比 e_i。由 (p_i, e_i) 可以绘出 e-p 曲线。

3. 试验方法

土的最小干密度试验宜采用漏斗法和量筒法,土的最大干密度试验采用振动锤击法。

4. 仪器设备

（1）固结仪：由环刀、护环、透水板、水槽及加压上盖等组成（见图 6-25）。

① 环刀：内径为 61.8 mm 和 79.8 mm，高度为 20 mm，环刀应具有一定的刚度，内壁应保持较低的表面粗糙度，宜涂一薄层硅脂或聚四氟乙烯。

② 透水板：由氧化铝或不受腐蚀的金属材料制成，其渗透系数应大于试样的渗透系数。用固定式容器时，顶部透水板直径应小于环刀内径 0.2～0.5 mm；用浮环式容器时上下端透水板直径相等，均应小于环刀内径。

（2）加压设备：应能垂直地在瞬间施加各级规定的压力，且没有冲击力，压力准确度应符合现行国家标准《土工仪器的基本参数及通用技术条件》（GB/T 15406—1994）的规定。

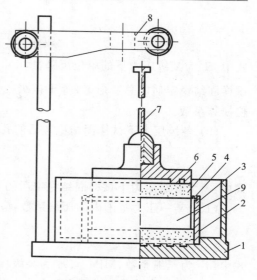

图 6-25　固结仪示意图

1—水槽；2—护环；3—环刀；4—导环；5—透水板；
6—加压上盖；7—位移计导杆；8—位移计架；9—试样

（3）变形量测设备：量程为 10 mm、最小分度值为 0.01 mm 的百分表，或准确度为全量程 0.2% 的位移传感器。

5. 试验步骤

（1）在固结仪内放置护环、透水板和薄型滤纸，将带有试样的环刀装入护环内，放上导环，试样上依次放上薄型滤纸、透水板和加压上盖，并将固结仪置于加压框架正中，使加压上盖与加压框架中心对准，安装百分表或位移传感器（注意：滤纸和透水板的湿度应接近试样的湿度）。

（2）施加 1 kPa 的预压力使试样与仪器上下各部件之间接触，将百分表或传感器调整到零位或测读初读数。

（3）确定需要施加的各级压力，压力等级宜为 12.5 kPa、25 kPa、50 kPa、100 kPa、200 kPa、400 kPa、800 kPa、1600 kPa、3200 kPa。第一级压力的大小应视土的软硬程度而定，宜用 12.5 kPa、25 kPa 或 50 kPa。最后一级压力应大于土的自重压力与附加压力之和。只需测定压缩系数时，最大压力不小于 400 kPa。

（4）需要确定原状土的先期固结压力时，初始段的荷重率应小于 1，可采用 0.5 或 0.25。施加的压力应使测得的 e-$\lg p$ 关系曲线下段出现直线段。对超固结土，应进行卸压、再加压来评价其再压缩特性。

（5）对于饱和试样，施加第一级压力后应立即向水槽中注水浸没试样。对于非饱和试样，进行压缩试验时，需用湿棉纱围住加压板周围。

（6）需要进行回弹试验时，可在某级压力下固结稳定后退压，直至退到要求的压力为止，每次退压 24 h 后测定试样的回弹量。

（7）试样的初始孔隙比，应按下式计算：

$$e_0 = \frac{(1+\omega)G_s\rho_w}{\rho_0} - 1$$

式中：e_0 为试样的初始孔隙比。

（8）各级压力下试样固结稳定后的单位沉降量，应按下式计算：

$$S_i = \frac{\sum \Delta h_i}{h_0} \times 10^3$$

式中：S_i 为某级压力下的单位沉降量，mm/m；h_0 为试样初始高度，mm；$\sum \Delta h_i$ 为某级压力下试样固结稳定后的总变形量（等于该级压力下固结稳定读数减去仪器变形量），mm；10^3 为单位换算系数。

（9）各级压力下试样固结稳定后的孔隙比，应按下式计算：

$$e_i = e_0 - \frac{1+e_0}{h_0} \Delta h_i$$

式中：e_i 为各级压力下试样固结稳定后的孔隙比。

（10）某一压力范围内的压缩系数，应按下式计算：

$$a_V = \frac{e_i - e_{i+1}}{p_{i+1} - p_i}$$

式中：a_V 为压缩系数，MPa^{-1}；p_i 为某级压力值，MPa。

（11）某一压力范围内的压缩模量，应按下式计算：

$$E_s = (1+e_0)/a_V$$

式中：E_s 为某压力范围内的压缩模量，MPa。

（12）某一压力范围内的体积压缩系数，应按下式计算：

$$m_V = \frac{1}{E_s} = \frac{a_V}{1+e_0}$$

式中：m_V 为某压力范围内的体积压缩系数，MPa。

（13）若采用快速加压法，在每小时观察测微表读数后即加下一级荷载，但最后一级荷重应观察到压缩稳定为止。

任务3　地基变形计算

✦任务导入✦

建筑物和土工建筑物修建前，地基早已存在着土体的自重应力。建筑物和土工建筑物荷载通过基础或路堤的底面传递给地基，使天然土层原有的应力状态发生变化，在附加的三向应力分量作用下，地基产生竖向、侧向和剪切变形，导致各点的竖向和侧向位移。地基表面的竖向变形称为地基沉降或基础沉降。建筑物荷载差异和地基不均匀等原因，使基础或路堤各部分的沉降或多或少总是不均匀的，这使得上部结构或路面结构之中相应地产生额外的应力和变形。地基不均匀沉降超过了一定的限度，将导致建筑物的开裂、歪斜甚至破坏，例如，砖墙出现裂缝、吊车轮子出现卡轨或滑轨、高耸构筑物倾斜、机器转轴偏斜、与建筑物连接的管道断裂、桥梁偏离墩台、梁面或路面开裂等。因此，研究地基变形，对于保证建筑物的正常使用、经济和牢固，都具有很大的意义。

【任务】

（1）地基最终沉降量如何进行计算？

（2）应力历史对地基沉降的影响，以及地基沉降与时间的关系是什么？

❖ 知识准备 ❖

计算地基的最终沉降量，目前最常用的就是分层总和法。该方法的表达形式有多种，但原理基本相同。它主要是将地层按其性质和应力状态进行分层，然后用测定的变形计算参数来计算地基的沉降量。最终沉降量是按照古典弹性理论计算的，将土看做是一种完全弹性的、均质的、具有各向同性的连续体，以计算地基内的应力分布，并将非线性应力-应变关系作为线性增量处理。对变形计算参数的选择，国内规范大多数选用压缩模量 E_s，个别规范也推荐可考虑应力历史的压缩指数 C_c，有的规范直接用各土层 e-P 曲线上孔隙比 e 的减小推算沉降量，也有规范采用现场载荷试验测定的变形模量 E 来计算，还有的规范将地基变形分为瞬时、主固结和次固结变形进行计算。

模块 1　单向分层总和法计算地基最终沉降量

1. 基本原理

该方法只考虑地基的垂向变形，没有考虑侧向变形，地基的变形同室内侧限压缩试验中的情况基本一致，属一维压缩问题。地基的最终沉降量可用室内压缩试验确定的参数（e_i、E_s、a）进行计算，则

$$e_2 = e_1 - (1+e_1)\frac{S}{H}$$

变换后得

$$S = \frac{e_1 - e_2}{1+e_1}H \tag{6-45}$$

或

$$S = \frac{a}{1+e_1}\sigma_z H = \frac{\sigma_z}{E_s}H \tag{6-46}$$

式中：S 为地基最终沉降量，mm；e_1 为地基受荷前（自重应力作用下）的孔隙比；e_2 为地基受荷（自重与附加应力作用下）沉降稳定后的孔隙比；H 为土层的厚度。

计算沉降量时，在地基可能受荷变形的压缩层范围内，根据土的特性、应力状态及地下水位对土进行分层。然后按式（6-45）或式（6-46）计算各分层的沉降量 S_i。最后将各分层的沉降量总和起来即为地基的最终沉降量，即

$$S = \sum_{i=1}^{n} S_i \tag{6-47}$$

2. 计算步骤

首先应根据基础底面尺寸，确定地基应力计算是属于平面问题还是空间问题，然后参照地基的土质条件、基础条件及荷载分布情况等，在基底范围内选定必要数量的沉降计算断面和计算点，每个点的沉降量均可按下列步骤进行计算。

（1）在地质剖面图上绘制基础中心下地基中的自重应力分布曲线和附加应力分布曲线，如图 6-26 所示。自重应力分布曲线由天然地面算起，基底压力 p 由作用于基础上的荷载计算。当基础底面位于地面以下深度为 D 处时，基础底面处的附加应力（增加应力）等于基底压力减去基础底面上土的自重应力 σ_{sD}，即

$$p_0 = p - \sigma_{sD} = p - \gamma D \tag{6-48}$$

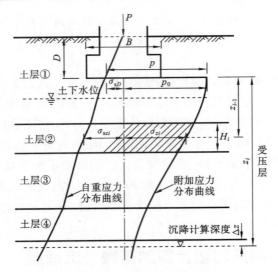

图 6-26　单向分层总和法计算地基沉降量

也就是说,如果地基开挖减压后不膨胀,则只有超过 γD 的那一部分基底压力才会引起地基变形。地基中的附加应力分布曲线应根据 p_0 计算。基础底面以下某深度 z 处的附加应力 σ_{zi} 为

$$\sigma_{zi} = K_i(p - \gamma D) \tag{6-49}$$

式中:K_i 为计算点的附加应力系数;其余符号含义同前。

（2）计算各分层土的沉降量。

分层原则既要考虑土层的性质,又要考虑土中应力的变化,还要考虑地下水位。因为在分层计算地基变形量时,每一分层的自重应力与附加应力用的是平均值,因此为了使自重应力与附加应力在分层内变化不大,分层厚度不宜过大。一般要求分层厚度与基础宽度之比不大于 0.4 或分层厚度不大于基础宽度 4 m。另外,不同性质的土层,其重度、压缩系数与孔隙比都不一样,故土层的分界面应为分层面。在同一土层内,平均地下水位应为分层面,因为地下水面以上和以下的土重度值不同。按照这些条件分层后,每一分层的平均应力可取该层中点的应力,或取该层顶底面应力的平均值。

施加荷载之前,每一分层的平均自重应力 p_1 为

$$p_1 = \sigma_{si} = \sum_{i=1}^{n} \gamma_i z_i + \gamma D \tag{6-50}$$

施加荷载后,每一分层的平均实受应力 p_2 等于自重应力与附加应力之和,即

$$p_2 = \sigma_{si} + \sigma_{zi} = \sum_{i=1}^{n} \gamma_i z_i + \gamma D + K_i(p - \gamma D) \tag{6-51}$$

求得 p_1 与 p_2 之后,分别在压缩曲线（见图 6-27）上查得相应的孔隙比 e_{1i} 与 e_{2i},那么第 i 层的变形量为

$$S_i = \frac{e_{1i} - e_{2i}}{1 + e_{1i}} H_i \tag{6-52}$$

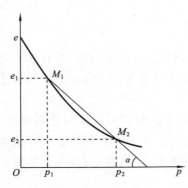

图 6-27　压缩曲线

或者在确定每一分层的平均附加应力 σ_{zi} 与平均压缩模量之

后,用下式计算每一分层的变形量:

$$S_i = \frac{\sigma_{zi}}{E_{si}} H_i \tag{6-53}$$

(3)确定受压层下限和计算最终沉降量。

基础最终沉降量等于各分层变形量之和,即

$$S = \sum_{i=1}^{n} S_i = \sum_{i=1}^{n} \frac{e_{1i} - e_{2i}}{1 + e_{1i}} H_i = \sum_{i=1}^{n} \frac{\sigma_{zi}}{E_{si}} H_i \tag{6-54}$$

最终沉降量为第 1 层到第 n 层的变形总和,第 n 层的底面就是受压层的下限。附加应力随深度递减,自重应力随深度增加而增加,到了一定深度之后,附加应力相对于该处原有的自重应力已经很小,引起的压缩变形可以忽略不计,因此沉降算到此深度便可。一般取附加应力与自重应力的比值为 0.2(一般土)或 0.1(软土)的深度(即压缩层厚度)处作为沉降计算深度的界限。在受压层范围内,如某一深度以下都是压缩性很小的岩土层,如密实的碎石土或粗砂、砾砂、基岩等,则受压层只计算到这些地层的顶面即可。

模块 2　《建筑地基基础设计规范》推荐的沉降计算法

新中国成立以来,全国各地都采用上述单向分层总和法来计算建筑物的沉降。通过对大量建筑物沉降的观测,并与理论计算相对比,结果发现,两者的数值往往不同,有的相差很大。凡是坚实地基,用单向分层总和法计算的沉降值比实测值显著偏大;遇软弱地基,则计算值比实测值偏小。

分析沉降计算值与实测值不符的原因,一方面是,单向分层总和法在理论上的假定条件与实际情况不完全符合;另一方面是,取土的代表性不够、取原状土的技术及室内压缩试验的准确度等存在问题。此外,在沉降计算中,没有考虑地基基础与上部结构的共同作用。这些因素导致计算值与实测值之间的差异。为了使计算值与实测沉降值相符合,并简化单向分层总和法的计算工作,在总结大量实践经验的基础上,经统计引入沉降计算经验系数 ψ_s,对计算结果进行修正。因此,便产生了我国《建筑地基基础设计规范》(GB 50007—2011)(简称《规范》)所推荐的沉降计算方法,简称《规范》推荐法。《规范》推荐法公式推导参考图 6-28。

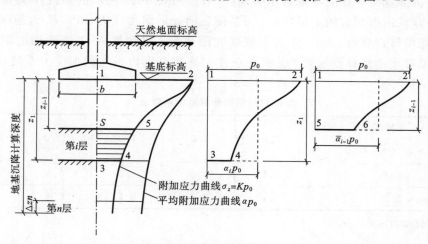

图 6-28　《规范》推荐法公式的推导

1. 计算原理

由式(6-53),采用单向分层总和法计算第 i 层土的变形量为

$$S_i' = \frac{\bar{\sigma}_{zi} H_i}{E_{si}}$$

式中:$\bar{\sigma}_{zi} H_i$ 等于第 i 层的附加应力面积,故

$$S_i' = \frac{\bar{\sigma}_i z_i - \bar{\sigma}_{i-1} z_{i-1}}{E_{si}}$$

式中:$\bar{\sigma}_i$ 为深度 z_i 范围的平均附加应力;$\bar{\sigma}_{i-1}$ 为深度 z_{i-1} 范围的平均附加应力。

将平均附加应力除以基础底面处附加应力 p_0,便可得平均附加应力系数,即

$$\bar{\alpha}_i = \frac{\bar{\sigma}_i}{p_0}$$

也即

$$\bar{\sigma}_i = p_0 \bar{\alpha}_i$$

$$\bar{\alpha}_{i-1} = \frac{\bar{\sigma}_{i-1}}{p_0}$$

也即

$$\bar{\sigma}_{i-1} = p_0 \bar{\alpha}_{i-1}$$

那么第 i 层土的变形量为

$$S_i' = \frac{1}{E_{si}}(p_0 \bar{\alpha}_i z_i - p_0 \bar{\alpha}_{i-1} z_{i-1}) = \frac{p_0}{E_{si}}(z_i \bar{\alpha}_i - z_{i-1} \bar{\alpha}_{i-1})$$

地基总沉降量为

$$S' = \sum_{i=1}^{n} S_i' = \sum_{i=1}^{n} \frac{p_0}{E_{si}}(z_i \bar{\alpha}_i - z_{i-1} \bar{\alpha}_{i-1}) \tag{6-55}$$

2.《规范》推荐公式

由式(6-55)乘以沉降计算经验系数 ψ_s,可得《规范》推荐的沉降计算公式,即

$$S = \psi_s S' = \psi_s \sum_{i=1}^{n} \frac{p_0}{E_{si}}(z_i \bar{\alpha}_i - z_{i-1} \bar{\alpha}_{i-1}) \tag{6-56}$$

式中:S 为地基最终沉降量,mm;ψ_s 为沉降计算经验系数,应根据同类地区已有房屋和构筑物实测最终沉降量与计算沉降量对比确定,一般采用表 6-11 所示的数值;n 为地基压缩层(即受压层)范围内所划分的土层数;p_0 为基础底面处的附加压力,kPa;E_{si} 为基础底面下第 i 层土的压缩模量,MPa;z_i、z_{i-1} 分别为基础底面至第 i 层和第 $i-1$ 层底面的距离,m;$\bar{\alpha}_i$、$\bar{\alpha}_{i-1}$ 分别为基础底面计算点至第 i 层和第 $i-1$ 层底面范围内平均附加应力系数,可查表 6-12 确定。

表 6-11　沉降计算经验系数 ψ_s

压缩模量 E_s/MPa　　基底附加压力 p_0/kPa	2.5	4.0	7.0	15.0	20.0
$p_0 = f_k$	1.4	1.3	1.0	0.4	0.2
$p_0 < 0.75 f_k$	1.1	1.0	0.7	0.4	0.2

注:① 表列数值可内插;

② 当变形计算深度范围内有多层土时,E_s 可按附加应力面积 A 的加权平均值采用,即 $E_s = \dfrac{\sum A_i}{\sum \dfrac{A_i}{E_{si}}}$。

表 6-12 矩形及圆形基础上均布荷载作用下,通过中心点竖线上的平均附加应力系数 $\bar{\alpha}$

z/b \ l/b	矩　　　形												>10	圆　形	
	1.0	1.2	1.4	1.6	1.8	2.0	2.4	2.8	3.2	3.6	4.0	5.0	(条形)	z/r	$\bar{\alpha}$
0.0	1.000	1.000	1.000	1.000	1.000	1.000	1.000	1.000	1.000	1.000	1.000	1.000	1.000	0.0	1.000
0.1	0.997	0.998	0.998	0.998	0.998	0.998	0.998	0.998	0.993	0.998	0.998	0.998	0.998	0.1	1.000
0.2	0.987	0.990	0.991	0.992	0.992	0.992	0.993	0.993	0.993	0.993	0.993	0.993	0.982	0.2	0.998
0.3	0.967	0.973	0.976	0.978	0.979	0.965	0.980	0.980	0.981	0.981	0.981	0.981	0.963	0.3	0.993
0.4	0.936	0.947	0.953	0.956	0.958	0.935	0.961	0.962	0.962	0.963	0.963	0.963	0.940	0.4	0.986
0.5	0.900	0.915	0.924	0.929	0.933	0.935	0.937	0.939	0.939	0.940	0.940	0.940	0.940	0.5	0.974
0.6	0.858	0.878	0.890	0.898	0.903	0.906	0.910	0.912	0.913	0.914	0.914	0.915	0.915	0.6	0.960
0.7	0.816	0.840	0.855	0.865	0.871	0.876	0.881	0.884	0.885	0.886	0.887	0.887	0.888	0.7	0.942
0.8	0.775	0.801	0.819	0.831	0.839	0.844	0.851	0.855	0.857	0.858	0.859	0.860	0.860	0.8	0.923
0.9	0.735	0.764	0.784	0.797	0.806	0.813	0.821	0.826	0.829	0.830	0.831	0.832	0.833	0.9	0.901
1.0	0.698	0.723	0.749	0.764	0.775	0.783	0.792	0.798	0.801	0.803	0.804	0.806	0.807	1.0	0.878
1.1	0.663	0.694	0.717	0.733	0.744	0.753	0.764	0.771	0.775	0.777	0.779	0.780	0.782	1.1	0.855
1.2	0.631	0.663	0.686	0.703	0.715	0.725	0.737	0.744	0.749	0.752	0.754	0.756	0.758	1.2	0.831
1.3	0.601	0.633	0.657	0.674	0.688	0.698	0.711	0.719	0.725	0.728	0.730	0.733	0.735	1.3	0.808
1.4	0.573	0.605	0.629	0.648	0.661	0.672	0.687	0.696	0.701	0.705	0.708	0.711	0.714	1.4	0.784
1.5	0.548	0.580	0.604	0.622	0.637	0.643	0.664	0.676	0.679	0.683	0.686	0.690	0.693	1.5	0.762
1.6	0.524	0.556	0.580	0.599	0.613	0.625	0.641	0.651	0.658	0.663	0.666	0.670	0.675	1.6	0.739
1.7	0.502	0.533	0.558	0.577	0.591	0.603	0.620	0.631	0.638	0.643	0.646	0.651	0.656	1.7	0.718
1.8	0.482	0.513	0.527	0.556	0.571	0.583	0.600	0.611	0.619	0.624	0.629	0.633	0.638	1.8	0.697
1.9	0.463	0.493	0.517	0.536	0.551	0.563	0.581	0.593	0.601	0.606	0.610	0.616	0.622	1.9	0.677
2.0	0.446	0.475	0.499	0.518	0.533	0.545	0.563	0.575	0.584	0.590	0.594	0.600	0.606	2.0	0.658
2.1	0.429	0.459	0.482	0.500	0.515	0.528	0.546	0.559	0.567	0.574	0.578	0.585	0.591	2.1	0.640
2.2	0.414	0.443	0.466	0.484	0.499	0.511	0.530	0.543	0.552	0.558	0.563	0.570	0.577	2.2	0.623
2.3	0.400	0.428	0.451	0.469	0.484	0.496	0.515	0.528	0.537	0.544	0.548	0.556	0.564	2.3	0.606
2.4	0.387	0.414	0.436	0.454	0.469	0.481	0.500	0.513	0.523	0.530	0.535	0.543	0.551	2.4	0.590
2.5	0.374	0.401	0.423	0.441	0.455	0.468	0.486	0.500	0.509	0.516	0.522	0.530	0.539	2.5	0.574
2.6	0.362	0.389	0.410	0.428	0.442	0.455	0.473	0.487	0.496	0.504	0.509	0.518	0.528	2.6	0.560
2.7	0.351	0.377	0.398	0.416	0.430	0.442	0.461	0.474	0.484	0.492	0.497	0.506	0.517	2.7	0.546
2.8	0.341	0.366	0.387	0.404	0.418	0.430	0.449	0.463	0.472	0.480	0.486	0.495	0.506	2.8	0.532
2.9	0.331	0.356	0.377	0.393	0.407	0.419	0.438	0.451	0.461	0.469	0.475	0.485	0.496	2.9	0.519
3.0	0.322	0.346	0.366	0.383	0.397	0.409	0.427	0.441	0.451	0.459	0.465	0.474	0.487	3.0	0.507
3.1	0.313	0.337	0.357	0.373	0.387	0.398	0.417	0.430	0.440	0.448	0.454	0.464	0.477	3.1	0.495
3.2	0.305	0.328	0.348	0.364	0.377	0.389	0.407	0.420	0.431	0.439	0.445	0.455	0.468	3.2	0.484
3.3	0.297	0.320	0.339	0.355	0.368	0.379	0.397	0.411	0.421	0.429	0.436	0.446	0.460	3.3	0.473
3.4	0.289	0.312	0.331	0.346	0.359	0.371	0.388	0.402	0.412	0.420	0.427	0.437	0.452	3.4	0.463
3.5	0.282	0.304	0.323	0.338	0.351	0.362	0.380	0.393	0.403	0.412	0.418	0.429	0.444	3.5	0.453
3.6	0.276	0.297	0.315	0.330	0.343	0.354	0.372	0.385	0.395	0.403	0.410	0.421	0.436	3.6	0.443
3.7	0.269	0.290	0.308	0.323	0.335	0.346	0.364	0.377	0.387	0.395	0.402	0.413	0.429	3.7	0.434
3.8	0.263	0.284	0.301	0.316	0.328	0.339	0.356	0.369	0.379	0.388	0.394	0.405	0.422	3.8	0.425
3.9	0.257	0.277	0.294	0.309	0.321	0.332	0.349	0.362	0.372	0.380	0.387	0.398	0.415	3.9	0.417
4.0	0.251	0.271	0.288	0.302	0.314	0.325	0.342	0.355	0.365	0.373	0.379	0.391	0.408	4.0	0.409
4.1	0.246	0.265	0.282	0.296	0.308	0.318	0.335	0.348	0.368	0.366	0.372	0.384	0.402	4.1	0.401
4.2	0.241	0.260	0.276	0.290	0.302	0.312	0.328	0.341	0.345	0.359	0.366	0.377	0.396	4.2	0.393
4.3	0.236	0.255	0.270	0.284	0.296	0.306	0.322	0.335	0.339	0.347	0.353	0.365	0.384	4.3	0.386
4.4	0.231	0.250	0.265	0.278	0.290	0.300	0.316	0.323	0.333	0.341	0.347	0.359	0.378	4.4	0.379
4.5	0.226	0.245	0.260	0.273	0.279	0.289	0.305	0.317	0.327	0.335	0.341	0.353	0.373	4.5	0.372
4.6	0.222	0.240	0.255	0.268	0.274	0.284	0.299	0.312	0.321	0.329	0.336	0.347	0.367	4.6	0.365
4.7	0.218	0.235	0.250	0.263	0.269	0.279	0.294	0.306	0.316	0.324	0.330	0.342	0.362	4.7	0.359
4.8	0.214	0.231	0.245	0.258	0.269	0.279	0.294	0.306	0.316	0.324	0.330	0.342	0.362	4.8	0.353
4.9	0.210	0.227	0.241	0.253	0.265	0.274	0.289	0.301	0.311	0.319	0.325	0.337	0.357	4.9	0.347
5.0	0.206	0.223	0.237	0.249	0.260	0.269	0.284	0.296	0.306	0.313	0.320	0.332	0.352	5.0	0.341

式(6-56)的经验系数 ψ_s 综合考虑了沉降计算公式中所不能反映的一些因素,例如,土的工程地质类型不同、选用的压缩模量与实际的出入、土层的非均质性对应力分布的影响、荷载性质的不同与上部结构对荷载分布的调整作用等因素。

还应注意,平均附加应力系数 $\bar{\alpha}_i$ 是指基础底面计算点至第 i 层全部土层的附加应力系数平均值,而非地基中某一点的附加应力系数。

地基受压层计算深度 z_n 可按下述方法确定。

存在相邻荷载影响的情况下,应满足

$$\Delta S'_n \leqslant 0.025 \sum_{i=1}^{n} \Delta S'_i \tag{6-57}$$

式中:$\Delta S'_n$ 为在深度 z_n 处,向上取计算厚度为 Δz 的计算变形值,Δz 查表 6-13 确定;$\Delta S'_i$ 为在深度 z_n 范围内,第 i 层土的计算变形量。

表 6-13　Δz 取值

b/m	$b \leqslant 2$	$2 < b \leqslant 4$	$4 < b \leqslant 8$	$8 < b \leqslant 15$	$15 < b \leqslant 30$	$b > 30$
$\Delta z/\text{m}$	0.3	0.6	0.8	1.0	1.2	1.5

对无相邻荷载的独立基础,可按下列简化的经验公式确定沉降计算深度 z_n:

$$z_n = b(2.5 \sim 0.4\ln b) \tag{6-58}$$

采用单向分层总和法计算地基最终沉降量,物理意义比较明确。《规范》推荐法应用附加应力面积系数的原理,考虑了单向分层总和法的理论简化所造成的计算值与实测沉降之间的差别,并进行了校正,因此,这种方法的计算结果更符合实际。在多层土地基沉降计算时,《规范》推荐法可以节省计算工作量和时间。

模块 3　考虑应力历史的地基沉降量计算

对于一般黏性土、粉土、软土和饱和黄土,可根据应力固结历史,用单向分层总和法公式计算地基变形量。变形参数为 C_c 和 C_e。

首先利用室内高压固结试验绘制 $e\text{-}\lg\sigma$ 曲线,按超固结比确定土的固结状态,然后绘制现场压缩曲线,以确定压缩指数 C_c 与再压缩指数 C_e。

1. 超固结土沉降计算

(1) 当 $\sigma_{si} + \sigma_{zi} \leqslant \sigma'_{pi}$ 时,用再压缩指数计算,若地基压缩层内有 m 层土属此类情况,则按下式计算:

$$S_m = \sum_{i=1}^{m} \frac{H_i}{1+e_{0i}} \Big[C_{ei} \lg\Big(\frac{\sigma_{si}+\sigma_{zi}}{\sigma_{si}}\Big) \Big] \tag{6-59}$$

式中:S_m 为 m 层范围内的沉降量,m;H_i 为第 i 层分层厚度,mm;e_{0i} 为第 i 层初始孔隙比;C_{ei} 为第 i 层的再压缩指数;σ_{si} 为第 i 层土自重应力平均值,kPa;σ_{zi} 为第 i 层附加应力平均值,kPa;σ'_{pi} 为第 i 层土前期固结压力,kPa。

(2) 当 $\sigma_{si} + \sigma_{zi} > \sigma'_{pi}$ 时,分两段考虑,σ'_p 值以前用 C_e,σ'_p 值以后用 C_c。若地基压缩层深度内有 n 层土属此情况,则可按下式计算:

$$S_n = \sum_{i=1}^{n} \frac{H_i}{1 + e_{0i}} \left[C_{ei} \lg \frac{\sigma'_{pi}}{\sigma_{si}} + C_{ci} \lg \left(\frac{\sigma_{si} + \sigma_{zi}}{\sigma'_{pi}} \right) \right] \tag{6-60}$$

式中：S_n 为 n 层范围内沉降量，mm；C_{ci} 为第 i 层土的压缩指数。

（3）地基压缩层范围内有上述两种情况的土层，则其总沉降量为上述两部分之和，即

$$S = S_m + S_n \tag{6-61}$$

2. 正常固结土沉降计算

用 C_c 计算沉降，即

$$S = \sum_{i=1}^{n} \frac{H_i}{1 + e_{0i}} \left[C_{ci} \lg \left(\frac{\sigma_{si} + \sigma_{zi}}{\sigma'_{pi}} \right) \right] \tag{6-62}$$

3. 欠固结土沉降计算

欠固结土的沉降不仅仅是由于地基中附加应力所引起的，而且还有原自重应力作用下未完成的自重固结而产生的沉降，因此，欠固结土的沉降应等于土自重应力作用下继续产生的变形和附加应力引起的变形之和。欠固结土的现场压缩曲线可近似按正常固结土的方法求得。

$$S = \sum_{i=1}^{n} \frac{H_i}{1 + e_{0i}} \left[C_{ci} \lg \left(\frac{\sigma_{si} + \sigma_{zi}}{\sigma'_{pi}} \right) \right] \tag{6-63}$$

模块 4 用变形模量计算地基沉降

对于大型刚性基础下的一般黏性土、软土、饱和黄土和不能准确取得压缩模量值的地基土，如碎石土、砂土、粉土和花岗岩残积土等，可利用变形模量按下式计算沉降：

$$S = pb\eta \sum_{i=1}^{n} \frac{\delta_i - \delta_{i-1}}{E_{0i}} \tag{6-64}$$

式中：S 为沉降量，mm；p 为相应于荷载标准值时基础底面处的平均压力，kPa；b 为基础底面宽度，m；δ_i 为与 l/b 有关的无量纲系数，可查表 6-14 确定；E_{0i} 为基础底面下第 i 层土按载荷试验求得的变形模量，MPa；η 为修正系数，可查表 6-15 确定；z_n 为地基压缩层深度，m。

按式（6-64）计算沉降时，地基压缩层深 z_n 按下式计算确定：

$$z_n = (z_m + \zeta b)\beta \tag{6-65}$$

式中：z_m 为与基础长宽比有关的经验值，m，按表 6-16 确定；ζ 为系数，按表 6-16 确定；β 为调整系数，按表 6-17 确定。

对于一般黏性土、软土和黄土，当未进行载荷试验时，可用反算综合变形模量 $\bar{E}_0$，按下式计算沉降量：

$$S = \frac{pb\eta}{\bar{E}_0} \sum_{i=1}^{n} (\delta_i - \delta_{i-1}) \tag{6-66}$$

式中：$\bar{E}_0$ 为根据实测沉降反算的综合变形模量，MPa。

$$\bar{E}_0 = \alpha \bar{E}_s \tag{6-67}$$

式中：α 为反算综合变形模量 $\bar{E}_0$ 与综合压缩模量 $\bar{E}_s$ 的比值，可按表 6-18 选用。

表 6-14　δ_i 系数值

$m=\dfrac{2z}{b}$	圆形基础 $b=r$	矩形基础 $n=l/b$						条形基础 $n\geqslant 10$
		1.0	1.4	1.8	2.4	3.2	5.0	
0.0	0.000	0.000	0.000	0.00	0.000	0.000	0.000	0.000
0.4	0.090	0.100	0.100	0.100	0.100	0.100	0.100	0.104
0.8	0.179	0.200	0.200	0.200	0.200	0.200	0.200	0.208
1.2	0.266	0.299	0.300	0.300	0.300	0.300	0.300	0.311
1.6	0.348	0.380	0.394	0.397	0.397	0.397	0.397	0.412
2.0	0.411	0.446	0.472	0.482	0.486	0.486	0.486	0.511
2.4	0.461	0.499	0.538	0.556	0.565	0.567	0.567	0.605
2.8	0.501	0.542	0.592	0.618	0.635	0.640	0.640	0.687
3.2	0.532	0.577	0.637	0.671	0.696	0.707	0.709	0.763
3.6	0.558	0.606	0.607	0.717	0.750	0.768	0.772	0.831
4.0	0.579	0.630	0.708	0.756	0.796	0.820	0.830	0.892
4.4	0.596	0.650	0.735	0.789	0.837	0.867	0.883	0.949
4.8	0.611	0.668	0.759	0.819	0.873	0.908	0.932	1.001
5.2	0.624	0.683	0.780	0.884	0.905	0.948	0.977	1.050
5.6	0.635	0.697	0.798	0.867	0.933	0.981	1.018	1.095
6.0	0.645	0.708	0.814	0.887	0.958	1.011	1.056	1.138
6.4	0.653	0.719	0.828	0.904	0.980	1.031	1.090	1.178
6.8	0.661	0.728	0.841	0.920	1.000	1.065	1.122	1.215
7.2	0.668	0.736	0.852	0.935	1.019	1.038	1.152	1.251
7.6	0.674	0.744	0.863	0.948	1.036	1.109	1.180	1.285
8.0	0.679	0.751	0.872	0.960	1.051	1.128	1.205	1.316
8.4	0.684	0.757	0.881	0.970	1.065	1.146	1.229	1.347
8.8	0.689	0.762	0.888	0.980	1.078	1.162	1.251	1.376
9.2	0.693	0.768	0.896	0.989	1.089	1.178	1.272	1.404
9.6	0.697	0.772	0.902	0.998	1.100	1.192	1.291	1.431
10.0	0.700	0.777	0.908	1.005	1.110	1.205	1.309	1.456
11.0	0.705	0.786	0.992	1.022	1.132	1.238	1.349	1.506
12.0	0.710	0.794	0.933	1.037	1.151	1.275	1.384	1.550

注：① l 与 b 分别为矩形基础的长度与宽度。

　　② z 为基础底面至该层土底面的距离。

　　③ r 为圆形基础的半径。

表 6-15　η 系数表

$m=\dfrac{2z_n}{b}$	$0<m\leqslant0.5$	$0.5<m\leqslant1$	$1<m\leqslant2$	$2<m\leqslant3$	$3<m\leqslant5$	$m>5$
η	1.00	0.95	0.90	0.80	0.75	0.70

表 6-16　z_m 值和 ζ 系数表

l/b	1	2	3	4	5
z_m	11.6	12.4	12.5	12.7	13.2
ζ	0.42	0.49	0.53	0.60	0.63

表 6-17 β系数表

土类	碎石土	砂土	粉土	黏性土	软土
β	0.30	0.50	0.60	0.75	1.00

表 6-18 比值 α 表

$\overline{E}_s/\mathrm{MPa}$	3.0	5.0	7.5	10.0	12.5	15.0	20.0
$\alpha=\dfrac{\overline{E}_0}{\overline{E}_s}$	1.0	1.6	2.6	3.6	4.6	5.6	7.6

模块5 按黏性土的沉降机理计算沉降

单向分层总和法和《规范》推荐法是当前生产中最广泛采用的沉降计算方法。对于一般黏性土地基,通过做室内压缩试验或现场载荷试验求得土的压缩性指标后,可以用上述方法计算地基的沉降。

然而,根据对黏性土地基在局部(基础)荷载作用下的实际变形特征的观察和分析,黏性土地基的沉降 S 可以认为由机理不同的三部分沉降组成(见图 6-29),即

$$S=S_d+S_c+S_s \qquad (6-68)$$

式中:S_d 为瞬时沉降(亦称初始沉降);S_c 为固结沉降(亦称主固结沉降);S_s 为次固结沉降(亦称蠕变沉降)。

瞬时沉降是指加载后地基瞬时发生的沉降。由于基础加载面积为有限尺寸,加载后地基中会有剪应变产生,特别是在靠近基础边缘应力集中部位。对于饱和或接近饱和的

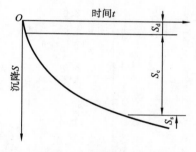

图 6-29 沉降的组成

黏性土,加载瞬间土中水来不及排出,在不排水的恒体积状况下,剪应变会引起侧向变形而造成瞬时沉降。固结沉降是指饱和与接近饱和的黏性土在基础荷载作用下,随着超静孔隙水压力的消散,土骨架产生变形所造成的沉降(固结压密)。固结沉降速率取决于孔隙水的排出速率。次固结沉降是指主固结过程(超静孔隙水压力消散过程)结束后,在有效应力不变的情况下,土的骨架仍随时间的延长继续发生的变形。这种变形的速率已与孔隙水排出的速率无关,而是取决于土骨架本身的蠕变性质。次固结沉降包括剪应变,也包括体积变化。

上述三部分沉降实际上并非在不同时间截然分开地发生,如次固结沉降实际上在固结过程一开始就产生,只不过数量相对很小而已,而主要是主固结沉降。但超静孔隙水压力消散得差不多后,主固结沉降很小了,而次固结沉降愈来愈显著,逐渐上升成为主要的。根据对上海市 33 幢建筑物沉降的观测统计,建成 10 年后的沉降速率为 0.007~0.008 mm/d,可见固结过程可能持续很长时间,很难将主固结和次固结过程分清。但为讨论和计算的方便,通常将它们分别对待。

以上三部分沉降的相对大小随土的种类、基础尺寸和荷载水平而异。下面分别介绍这三部分沉降的计算方法。

1. 瞬时沉降计算

瞬时沉降没有体积变形,可认为是弹性变形,因此一般按弹性理论计算。可以应用地基应

力计算中用弹性理论求解半无限空间直线变形体中各点的垂直位移公式,求得基础的垂直位移值,就是所要计算的瞬时沉降。实际中,一般根据荷载试验中承压板沉降量 S 和土体变形模量 E 之间的关系来计算瞬时沉降。但应注意这时是在不排水条件下没有体积变形所产生的变形量,所以应取泊松比 $\mu=0.5$,并采用不排水变形模量 E_u 和基底附加应力 p_0,故

$$S_d = \omega \frac{p_0 b}{E_u}(1-\mu^2) \tag{6-69}$$

式中: ω 为沉降系数,可从表 6-19 中查用。

表 6-19　沉降系数 ω

受荷面形状	l/b	中　　点	矩形角点,圆形周边	平　均　值	刚性基础
图形	—	1.00	0.64	0.85	0.79
正方形	1.00	1.12	0.56	0.95	0.88
矩形	1.5	1.36	0.68	1.15	1.08
	2.0	1.52	0.76	1.30	1.22
	3.0	1.78	0.89	1.52	1.44
	4.0	1.96	0.98	1.70	1.61
	6.0	2.23	1.12	1.96	—
	8.0	2.42	1.21	2.12	—
	10.0	2.53	1.27	2.25	2.12
	30.0	3.23	1.62	2.88	—
	50.0	3.54	1.77	3.22	—
	100.0	4.00	2.00	3.70	

注:平均值是指柔性基础面积范围内各点瞬时沉降系数的平均值。

土的不排水变形模量 E_u 需通过室内或现场试验测定。一般先将原状土样在天然应力状态下固结,然后按基础荷载引起的附加应力做三轴不排水试验,得不排水条件下土的应力-应变关系。经验表明,土样扰动对 E_u 值的影响相当大,而且试验前的固结形式(等向固结或非等向固结)、试验时采用的应变速率等均对其有影响,不易控制。因此,一些人主张做现场试验来测定 E_u 值。目前用得较多的是旁压试验,由于测试的是原状土,而且体积大,故测得的 E_u 值比较可靠。如果有现场十字板试验测得的不排水抗剪强度 C_u 值的资料,也可以根据 C_u 和 E_u 的经验关系式求得 E_u 值,即

$$E_u = (300 \sim 1250)C_u$$

式中:低值适用于较软的、高塑性有机土;高值适用于一般较硬的黏性土。

由于换算系数的取值范围太大,具体选用时要有一定的经验。

由临时荷载或活荷载引起的瞬时沉降量可能占总沉降量的相当大一部分,应予以估算。

2. 固结沉降计算

固结沉降是黏性土地基沉降的最主要的组成部分。

固结沉降可以用上述单向分层总和法计算。但在上述单向分层总和法中采用的是一维课题(有侧限)的假设,这与一般基础荷载(有限分布面积)作用下的地基实际性状不尽相符。也就是说,地基中由于基础荷载所引起的附加应力 $\sigma_x = \sigma_y \neq K_0\sigma_z$ 或 $\sigma_x \neq \sigma_y \neq K_0\sigma_z$,侧向应变 $\varepsilon_x =$

$\varepsilon_y \neq 0$ 或 $\varepsilon_x \neq \varepsilon_y \neq 0$。实际上是无侧限的二维或三维课题。但严格按二维或三维课题考虑，会使计算与压缩性指标的确定复杂得多。为了不使计算过于复杂而又能较好地反映实际情况，司开普敦和贝伦建议根据有侧向变形条件下产生的超静孔隙水压力计算固结沉降 S_c。

以轴对称课题为例，当饱和黏性土中某点处于 $\Delta\sigma_1$ 与 $\Delta\sigma_3$ 三向应力状态时，其初始孔隙水压力增量 Δu 为

$$\Delta u = \Delta\sigma_3 + A(\Delta\sigma_1 - \Delta\sigma_3)$$

式中：A 为孔隙水压力系数。

此时大主应力方向的有效应力为

$$\Delta\sigma'_{1(t=0)} = \Delta\sigma_1 - \Delta u$$

固结终了时，超静孔隙水压力全部转化为有效应力，即 $\Delta u = 0$，则

$$\Delta\sigma'_{1(t\to\infty)} = \Delta\sigma_1$$

或

$$\Delta\sigma'_1 = \Delta\sigma'_{1(t\to\infty)} - \Delta\sigma'_{1(t=0)} = \Delta\sigma_1 - (\Delta\sigma_1 - \Delta u) = \Delta u$$

均布荷载面积作用下地基垂直方向的应力 σ_z 就是大主应力（$\Delta\sigma_z = \Delta\sigma_1$），因而固结过程中 $\Delta\sigma_z$ 的有效应力增量为

$$\Delta\sigma'_z = \Delta u = \Delta\sigma_3 + A(\Delta\sigma_1 - \Delta\sigma_3) \tag{6-70}$$

经变换得

$$\Delta\sigma'_z = \Delta\sigma_1 \left(\frac{\Delta\sigma_3}{\Delta\sigma_1} + A - A\frac{\Delta\sigma_3}{\Delta\sigma_1} \right) = \Delta\sigma_1 \left[A + \frac{\Delta\sigma_3}{\Delta\sigma_1}(1-A) \right]$$

将 $\Delta\sigma'_z$ 代入单向分层总和法计算公式得

$$S_c = \sum_{i=1}^{n} \frac{\Delta\sigma_{zi}}{E_{si}} H_i = \sum_{i=1}^{n} \frac{\Delta\sigma_1}{E_{si}} \left[A + \frac{\Delta\sigma_3}{\Delta\sigma_1}(1-A) \right] H_i \tag{6-71}$$

单向分层总和法计算的沉降量为 S，S_c 与 S 之间的比例系数假定为 α_u，则

$$S_c = \alpha_u S$$

即

$$\alpha_u = \frac{S_c}{S} = \frac{\displaystyle\sum_{i=1}^{n} \frac{\Delta\sigma_1}{E_{si}} \left[A + \frac{\Delta\sigma_3}{\Delta\sigma_1}(1-A) \right] H_i}{\displaystyle\sum_{i=1}^{n} \frac{\Delta\sigma_1}{E_{si}} H_i} \tag{6-72}$$

假设 E_s 与 A 是常数，则

$$\alpha_u = A + (1-A) \frac{\displaystyle\sum_{i=1}^{n} \Delta\sigma_3 H_i}{\displaystyle\sum_{i=1}^{n} \Delta\sigma_1 H_i} \tag{6-73}$$

孔隙水压力系数 A 与土的性质有关，则 α_u 也与土的性质密切相关。另外，α_u 还与基础形状及土层厚度 H 与基础宽度 b 之比有关。α_u 值可根据式(6-73)计算求得。由 A 值算出的 α_u 值一般为 $0.2 \sim 1.2$，这与《规范》推荐法的沉降修正系数 ψ_s 值($0.2 \sim 1.4$)接近。由此可见，α_u 与 ψ_s 有必然的联系，它们的物理含义是一致的。

3. 次固结沉降的计算

前面讲过，有些土在超静孔隙水压力全部消散、主固结过程已经结束之后，还会由于土骨架本身的蠕变特性，在基础荷载作用下长时间继续缓慢沉降。这部分沉降称为次固结沉降 S_s。对一般黏性土来说，该数值不大，但如果是塑性指数较大的、正常固结的软黏土，尤其是有

机土,S_s 值有可能较大,不能不予考虑。

次固结沉降可以采用流变学理论或其他力学模型进行计算,但比较复杂,而且有关参数不易测定。因此,目前在生产中主要使用下述半经验方法估算土层的次固结沉降。

图 6-30 所示的为室内压缩试验得出的变形 S 与时间对数 $\lg t$ 的关系曲线,取曲线反弯点前后两段曲线的切线的交点 m 作为主固结段与次固结段的分界点;设相当于分界点的时间为 t_1,次固结段(基本上是一条直线)的斜率反映土的次固结变形速率,一般用 C_s 表示,称为土的次固结指数。知道了 C_s,也就可以按下式计算土层的次固结沉降 S_s:

$$S_s = \frac{H}{1+e_1} C_s \lg \frac{t_2}{t_1} \tag{6-74}$$

式中:H 和 e_1 分别为土层的厚度和初始孔隙比;t_1 为对应于主固结完成的时间;t_2 为欲求次固结沉降量的那个时间;其余符号含义同前。

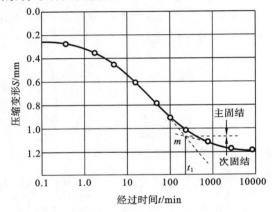

图 6-30　土的 S-$\lg t$ 曲线

从式(6-74)可以看出,地基土层的次固结沉降量 S_s 主要取决于土的次固结指数 C_s。研究表明,土的 C_s 与下列因素有关:① 土的种类,塑性指数愈大,C_s 愈大,尤其是对有机土而言;② 含水量 ω 愈大,C_s 愈大;③ 温度愈高,C_s 愈大。C_s 值的一般范围如表 6-20 所示。

表 6-20　次固结指数 C_s

土　　类	C_s
高塑性黏土、有机土	$\geqslant 0.03$
正常固结黏土	$0.005 \sim 0.020$
超固结黏土	< 0.001

❖技能应用❖

技能 1　计算地基土的压缩沉降量

【技能 6-1】　由于建筑物荷载差异和地基不均匀等因素,基础或路堤各部分的沉降或多或少是不均匀的,这使得上部结构或路面结构之中相应地产生额外的应力和变形。地基不均匀沉降超过了一定的限度,将导致建筑物的开裂、歪斜甚至破坏,例如,砖墙出现裂缝、吊车轮子出现卡轨或滑轨、高耸构筑物倾斜、机器转轴偏斜、与建筑物连接管道断裂,以及桥梁偏离墩台、梁面或路面开裂等。某建筑物有一矩形基础,尺寸为 4 m×8 m,埋深为 2 m ,受 4000 kN 中心荷载(包括基础自重)的作用。地基为细砂层,其 $\gamma=19$ kN/m³,压缩资料示于表 6-21 中。试用单向分层总和法计算基础的总沉降。

表 6-21 细砂的 e-p 曲线资料

p/kPa	50	100	150	200
e	0.680	0.654	0.635	0.620

分析解答过程如下。

(1) 分层。

$b=4$ m,$0.4b=1.6$ m,地基为单一土层,所以地基分层和编号如图 6-31 所示。

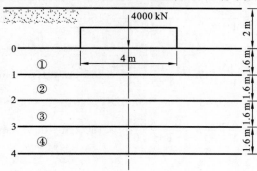

图 6-31 地基分层和编号

(2) 自重应力。

$$\sigma_{z0}=19\times2 \text{ kPa}=38 \text{ kPa}, \quad \sigma_{z1}=(38+19\times1.6) \text{ kPa}=68.4 \text{ kPa}$$

$$\sigma_{z2}=(68.4+19\times1.6) \text{ kPa}=98.8 \text{ kPa}, \quad \sigma_{z3}=(98.8+19\times1.6) \text{ kPa}=129.2 \text{ kPa}$$

$$\sigma_{z4}=(129.2+19\times1.6) \text{ kPa}=159.6 \text{ kPa}$$

(3) 附加应力。

$$p=\frac{P}{A}=\frac{4000}{4\times8} \text{ kPa}=125 \text{ kPa}, \quad p_0=p-\gamma H=(125-19\times2) \text{ kPa}=87 \text{ kPa}$$

所以
$$\sigma_0=87 \text{ kPa}$$

为计算方便,将荷载图形分为 4 块,则有

$$a=4 \text{ m}, \quad b=2 \text{ m}, \quad a/b=2$$

分层面 1: $\quad z_1=1.6$ m, $\quad z_1/b=0.8$, $\quad k_1=0.218$

$$\sigma_{z1}=4k_1p_0=4\times0.218\times87 \text{ kPa}=75.86 \text{ kPa}$$

分层面 2: $\quad z_2=3.2$ m, $\quad z_2/b=1.6$, $\quad k_2=0.148$

$$\sigma_{z2}=4k_2p_0=4\times0.148\times87 \text{ kPa}=51.50 \text{ kPa}$$

分层面 3: $\quad z_3=4.8$ m, $\quad z_3/b=2.4$, $\quad k_3=0.098$

$$\sigma_{z3}=4k_3p_0=4\times0.098\times87 \text{ kPa}=34.10 \text{ kPa}$$

分层面 4: $\quad z_4=6.4$ m, $\quad z_4/b=3.2$, $\quad k_3=0.067$

$$\sigma_{z4}=4k_4p_0=4\times0.067\times87 \text{ kPa}=23.32 \text{ kPa}$$

因为 $q_{z4}>5\sigma_{z4}$,所以压缩层底选在第④层底。

（4）计算各层的平均应力。

第①层：　$\bar{q}_{z1}=53.2\ \text{kPa}$，　$\bar{\sigma}_{z1}=81.43\ \text{kPa}$，　$\bar{q}_{z1}+\bar{\sigma}_{z1}=134.63\ \text{kPa}$

第②层：　$\bar{q}_{z2}=83.6\ \text{kPa}$，　$\bar{\sigma}_{z2}=63.68\ \text{kPa}$，　$\bar{q}_{z2}+\bar{\sigma}_{z2}=147.28\ \text{kPa}$

第③层：　$\bar{q}_{z3}=114.0\ \text{kPa}$，　$\bar{\sigma}_{z3}=42.8\ \text{kPa}$，　$\bar{q}_{z3}+\bar{\sigma}_{z3}=156.8\ \text{kPa}$

第④层：　$\bar{q}_{z4}=144.4\ \text{kPa}$，　$\bar{\sigma}_{z4}=28.71\ \text{kPa}$，　$\bar{q}_{z4}+\bar{\sigma}_{z4}=173.11\ \text{kPa}$

（5）计算 S_i。

第①层：　　　　　　　$e_{01}=0.678$，　$e_{11}=0.641$，　$\Delta e_1=0.037$

$$S_1=\frac{\Delta e_1}{1+e_{01}}h_1=\frac{0.037}{1+0.678}\times160\ \text{cm}=3.53\ \text{cm}$$

第②层：　　　　　　　$e_{02}=0.662$，　$e_{12}=0.636$，　$\Delta e_2=0.026$

$$S_2=\frac{\Delta e_2}{1+e_{02}}h_2=\frac{0.026}{1+0.662}\times160\ \text{cm}=2.50\ \text{cm}$$

第③层：　　　　　　　$e_{03}=0.649$，　$e_{13}=0.633$，　$\Delta e_3=0.016$

$$S_3=\frac{\Delta e_3}{1+e_{03}}h_3=\frac{0.016}{1+0.649}\times160\ \text{cm}=1.55\ \text{cm}$$

第④层：　　　　　　　$e_{04}=0.637$，　$e_{14}=0.628$，　$\Delta e_4=0.0089$

$$S_4=\frac{\Delta e_4}{1+e_{04}}h_4=\frac{0.0089}{1+0.637}\times160\ \text{cm}=0.87\ \text{cm}$$

（6）计算 S：

$$S=\sum S_i=(3.53+2.50+1.55+0.87)\ \text{cm}=8.45\ \text{cm}$$

【技能 6-2】　已知柱下单独方形基础，基础底面尺寸为 $2.5\ \text{m}\times2.5\ \text{m}$，埋深 2 m，作用于基础上（设计地面标高处）的轴向荷载 $N=1250\ \text{kN}$，有关地基勘察资料与基础剖面如图 6-32 所示。试用单向分层总和法和《规范》推荐法分别计算基础中点最终沉降量。

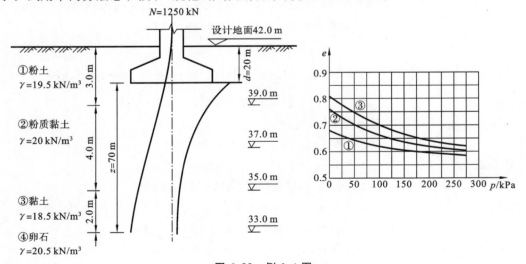

图 6-32　例 6-4 图

分析解答过程如下。

（1）按单向分层总和法计算。

① 计算地基土的自重应力，z 自基底标高起算。

$$z=0, \quad \sigma_{sD}=19.5\times2=39\ \text{kPa}$$
$$z=1\ \text{m}, \quad \sigma_{sz1}=(39+19.5\times1)\ \text{kPa}=58.5\ \text{kPa}$$
$$z=2\ \text{m}, \quad \sigma_{sz2}=(58.5+20\times1)\ \text{kPa}=78.5\ \text{kPa}$$
$$z=3\ \text{m}, \quad \sigma_{sz3}=(78.5+20\times1)\ \text{kPa}=98.5\ \text{kPa}$$
$$z=4\ \text{m}, \quad \sigma_{sz4}=[98.5+(20-10)\times1]\ \text{kPa}=108.5\ \text{kPa}$$
$$z=5\ \text{m}, \quad \sigma_{sz5}=[108.5+(20-10)\times1]\ \text{kPa}=118.5\ \text{kPa}$$
$$z=6\ \text{m}, \quad \sigma_{sz6}=(118.5+18.5\times1)\ \text{kPa}=137\ \text{kPa}$$
$$z=7\ \text{m}, \quad \sigma_{sz7}=(137+18.5\times1)\ \text{kPa}=155.5\ \text{kPa}$$

② 基底压力计算。

基础底面以上，基础与填土的混合容重取 $\gamma_0=20\ \text{kN/m}^3$，则
$$p=\frac{N+G}{F}=\frac{1250+2.5\times2.5\times2\times20}{2.5\times2.5}\ \text{kPa}=240\ \text{kPa}$$

③ 基底附加压力计算。
$$p_0=p-\gamma D=(240-19.5\times2.0)\ \text{kPa}=201\ \text{kPa}$$

④ 基础中点下地基中竖向附加应力计算。

用角点法计算，$\frac{l}{b}=1$，$\sigma_{zi}=4\alpha_s p_0$，查附加应力系数表得 α_s，如表 6-22 所示。

表 6-22　例 6-4 的计算及查表结果

z/m	$\dfrac{z}{b/2}$	α_s	σ_z/kPa	σ_{sz}/kPa	$\dfrac{\sigma_z}{\sigma_{sz}}/(\%)$	z_n/m
0	0	0.2500	201	39		
1	0.8	0.1999	160.7	58.5		
2	1.6	0.1123	90.29	78.5		
3	2.4	0.0642	51.62	98.8		
4	3.2	0.0401	32.24	108.5	29.71	
5	4.0	0.0270	21.71	118.5	18.32	
6	4.8	0.0193	15.52	137	11.33	
7	5.6	0.0148	11.90	155.5	7.6	按 7 m 计

⑤ 确定沉降计算深度 z_n。

考虑第③层土压缩性比第②层土的大，经计算后确定 $z_n=7\ \text{m}$。

⑥ 计算基础中点最终沉降量。

利用勘察资料中的 $e\text{-}p$ 关系曲线，求 $a_i=\dfrac{e_{1i}-e_{2i}}{p_{2i}-p_{1i}}$ 及 $E_{si}=\dfrac{1+e_{1i}}{\alpha_i}$。

按单向分层总和法公式：
$$S=\sum_{i=1}^{n}\frac{\bar{\sigma}_{zi}}{E_{si}}H_i$$

计算结果如表 6-23 所示。

（2）按《规范》推荐法计算，计算结果如表 6-24 所示。

受压层下限按式(6-58)确定，$z_n=2.5(2.5-0.4\ln2.5)\ \text{m}=5.3\ \text{m}$。

表 6-23　例 6-4 单向分层总和法计算结果

z /m	σ_{sz} /kPa	σ_z /kPa	H /cm	自重应力平均值 $\bar{\sigma}_{sz}$ /kPa	附加应力平均值 $\bar{\sigma}_z$ /kPa	$\bar{\sigma}_{sz}+\bar{\sigma}_z$ /kPa	e_1	e_2	$a=\dfrac{e_1-e_2}{\bar{\sigma}_z}$ /kPa^{-1}	$E_s=\dfrac{1+e_1}{a}$ /kPa	$S_i=\dfrac{\bar{\sigma}_{zi}}{E_{si}}H_i$ /cm	$S=\sum S_i$ /cm
0	39	201										
			100	48.75	180.85	229.6	0.71	0.64	0.000387	4418	4.09	
1	58.5	160.7										
			100	68.50	125.50	194	0.64	0.61	0.000239	6861	1.83	5.92
2	78.5	90.29										
			100	88.50	70.96	159.46	0.635	0.62	0.000211	7749	0.92	6.84
3	98.5	51.62										
			100	103.5	41.93	145.43	0.63	0.62	0.000238	6848	0.61	7.45
4	108.5	32.24										
			100	113.5	26.98	140.48	0.63	0.62	0.000371	4393	0.61	8.06
5	118.5	21.71										
			100	127.5	18.62	146.12	0.69	0.68	0.000537	3147	0.59	8.65
6	137	15.52										
			100	146.25	13.71	159.96	0.68	0.67	0.000729	2304	0.59	9.24
7	155.5	11.90										

表 6-24　例 6-4《规范》推荐法计算结果

z /m	l/b	z/b	$\bar{\alpha}_i$	$\bar{\alpha}_i z_i$	$\bar{\alpha}_i z_i-\bar{\alpha}_{i-1}z_{i-1}$	E_{si} /kPa	$\Delta S'=\dfrac{4p_0}{E_{si}}(\bar{\alpha}_i z_i-\bar{\alpha}_{i-1}z_{i-1})$ /cm	$S'=\sum\Delta S'$ /cm
0	$\dfrac{2.5}{2.5}=1$	0	0.2500	0				
1.0		0.8	0.2346	0.2346	0.2346	4418	4.27	4.27
2.0		1.6	0.1939	0.3878	0.1532	6861	1.80	6.07
3.0		2.4	0.1578	0.4734	0.0856	7749	0.89	6.96
4.0		3.2	0.1310	0.5240	0.0506	6848	0.59	7.55
5.0		4.0	0.1114	0.5570	0.033	4393	0.60	8.15
6.0		4.8	0.0967	0.5802	0.0232	3147	0.59	8.74
7.0		5.6	0.0852	0.5964	0.0162	2304	0.57	9..31
7.6		6.08	0.0804	0.6110	0.0146	35000	0.03	9.34

　　由于下面土层仍软弱，那么可根据式(6-57)确定受压层下限。在第③层黏土底面以下取 Δz 厚度计算，取 $\Delta z=0.6$ m，则 $z_n=7.6$ m,计算得厚度 Δz 的沉降量为 0.03 cm,满足式(6-57)的要求。

　　按式(6-55)计算的沉降量 $S'=9.34$ cm。

　　考虑沉降计算经验系数 ψ_s,由 $\bar{E}_s=\dfrac{\sum A_i}{\sum\dfrac{A_i}{E_{si}}}=5258$ kPa,并假设 $f_k=p_0$,则查表得 $\psi_s=1.17$。那么,最终沉降量为

$$S=\psi_s S'=1.17\times9.34 \text{ cm}=10.93 \text{ cm}$$

思 考 题

1. 已知两矩形基础：其中一个宽为 2 m，长为 4 m；另一个宽为 4 m，长为 8 m。若两基础的基底附加压力相等，则两基础角点下附加应力之间的关系是（　　　）。

A. 两基础基底下 z 深度处竖向应力分布相同

B. 小尺寸基础角点下 z 深度处应力与大尺寸基础角点下 $2z$ 深度处应力相等

C. 大尺寸基础角点下 z 深度处应力与小尺寸基础角点下 $2z$ 深度处应力相等

2. 按图 6-33 中给出的资料，计算地基中各土层分界处的自重应力。如地下水位因某种原因骤然下降至 35.0 m 高程，细砂层的重度为 $\gamma=18.2$ kN/m³，问此时地基中的自重应力有何改变？

3. 某场地自上而下的土层分布为：杂填土，厚 1 m，$\gamma=16$ kN/m³；粉质黏土，厚度 5 m，$\gamma=19$ kN/m³，$\gamma'=10$ kN/m³，$K_0=0.32$；砂土。地下水位在地表以下 2 m 深处。试求地表下 4 m深处土的竖向和侧向有效自重应力、竖向和侧向总应力。

4. 某地基中一饱和黏土层厚度为 4 m，顶、底面均为粗砂层，黏土层的平均竖向固结系数 $C_V=9.64\times10^3$ cm²/s，压缩模量 $E_s=4.82$ MPa。若在地面上作用大面积均布荷载 $p_0=200$ kPa，试求：

（1）黏土层的最终沉降量；

（2）达到最终沉降量之半所需的时间；

（3）若该黏土层下卧不透水层，则达到最终沉降量之半所需的时间又是多少？

5. 一地基剖面图如图 6-34 所示，A 为原地面，在近代的人工建筑活动中已被挖去 2 m，即现在的地面为 B。设在开挖以后地面以下的土体允许发生充分回弹的情况下，再在现地面上大面积堆载，其强度为 150 kPa。试问黏土层将产生多少压缩量（黏土层的初始孔隙比为 1.00，$C_C=0.36$，$C_S=0.06$）？

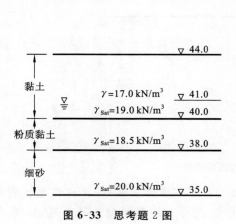

图 6-33　思考题 2 图

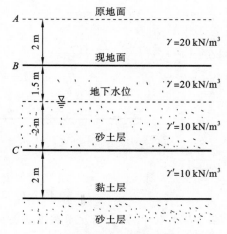

图 6-34　思考题 5 图

项目7　地基强度计算

　　土是固相、液相和气相组成的散体材料。一般而言,在外部荷载作用下,土体中的应力将发生变化。当外荷载达到一定程度时,土体将沿着其中某一滑裂面产生滑动,而使土体丧失整体稳定性。所以,土体的破坏通常都是剪切破坏(剪坏)。

　　在岩土工程中,土的抗剪强度是一个很重要的问题,是土力学中十分重要的内容。它不仅是地基设计计算的重要理论基础,而且是边坡稳定、挡土墙侧压力分析等许多岩土工程设计的理论基础。为了保证土木工程建设中建(构)筑物的安全和稳定,必须详细研究土的抗剪强度和土的极限平衡等问题。在工程建设实践中,道路的边坡、路基、土石坝、建筑物的地基等丧失稳定性的例子是很多的,如图7-1所示。所有这些事故均是由于土中某一点或某一部分的应力超过土的抗剪强度造成的。

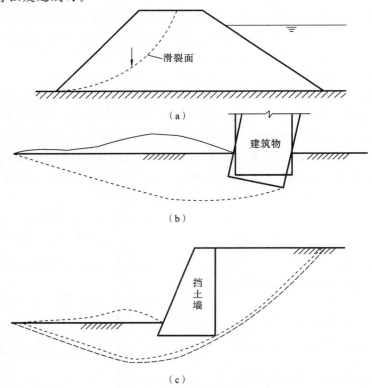

图 7-1　工程中的土的强度问题

　　在实际工程中,与土的抗剪强度有关的问题主要有以下三方面。第一,土坡稳定性问题,包括土坝、路堤等人工填方土坡,山坡、河岸等天然土坡,挖方边坡等的稳定性问题,如图7-1(a)所示;第二,土压力问题,包括挡土墙、地下结构物等周围的土体对其产生的侧向压力可能导致这些构造物发生滑动或倾覆,如图7-1(b)所示;第三,地基的承载力问题,若外荷载很大,基础下地基中的塑性变形区扩展成一个连续的滑动面,使得建筑物整体丧失了稳定性,如图

7-1(c)所示。

任何材料都有其极限承载能力,通常称为材料的强度。土体作为一种天然的材料也有其强度,大量的工程实践和实验表明,土的抗剪性能在很大程度上可以决定土体的承载能力,所以在土力学中土的强度特指抗剪强度,土体的破坏为剪切破坏。与其他连续介质材料的破坏不同,土是由颗粒组成的,但一般很少考虑颗粒本身的破坏。土体破坏主要是研究土颗粒之间的连接破坏,或土颗粒之间产生过大的相对移动。

土的抗剪强度是指土体抵抗剪切破坏的能力。在外部荷载作用下,土体中便产生应力分布。由材料力学的知识可以知道,土体的任意斜面一般会同时出现正应力和剪应力。土体沿该斜面是否被剪应力破坏,不但取决于这个斜面上的剪应力,还和斜面上所受到的正应力有关。这是因为剪应力作用的结果迫使土颗粒相互错动产生破坏;而正应力的作用则对土颗粒有压实、增加土抗剪的能力,有利于土体的稳定性和强度的提高。由此可见,土的抗剪能力是和某一斜面上的正应力和剪应力两个因素有关的。土在什么情况下发生破坏,确切地说,正应力和剪应力在什么组合情况下才会产生破坏。研究表明,土的抗剪强度不仅与土颗粒大小、形状、级配、密实度、矿物成分和含水量等因素有关,而且还与土受剪时的排水条件、剪切速率等外界环境条件有关。这就是土的抗剪强度的试验手段和指标选用较为复杂的原因。

任务 1   确定土的抗剪强度指标

❖任务导入❖

土的抗剪强度是指土体抵抗剪切破坏的能力。在荷载作用下,土体中产生法向正应力和剪应力。若某点的剪应力达到其抵抗剪切破坏能力的极限值时,该点产生剪切破坏,地基土中产生剪切破坏的区域随着荷载的增加而扩展,最终形成连续的滑动面,则地基土体因发生整体剪切破坏而丧失稳定性。

实际工程中的地基承载力、挡土墙的压力及土坡稳定都受抗剪强度所控制。因此,研究土的抗剪强度指标、抗剪强度及其变化规律对于工程设计、施工、管理等都具有非常重要的意义。

【任务】

(1)理解库仑定律;

(2)了解土的抗剪强度指标及其影响因素;

(3)了解土的抗剪强度指标的测定方法。

❖知识准备❖

模块 1   土的抗剪强度定律——库仑定律

1)总应力表示法

1776 年库仑提出了土体抗剪强度表达式

黏性土 $\qquad\qquad\qquad\qquad \tau_f = \sigma\tan\varphi + c$ $\qquad\qquad\qquad$ (7-1)

无黏性土 $\qquad\qquad\qquad\qquad \tau_f = \sigma\tan\varphi$ $\qquad\qquad\qquad\qquad$ (7-2)

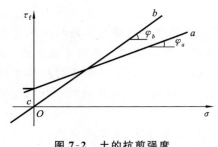

图 7-2　土的抗剪强度

a—黏性土；　*b*—无黏性土

式中：τ_f 为土的抗剪强度，kPa；σ 为剪切面上的法向应力，kPa；c 为土的黏聚力，kPa；φ 为土的内摩擦角。

从式（7-1）、式（7-2）可以看出，土的抗剪强度随剪切面的法向应力呈直线变化，如图 7-2 所示。

2）有效应力表示法

依据有效应力原理，土的变形与强度的变化仅仅取决于有效应力的变化。也就是说，土的抗剪强度取决于土中有效应力的大小，即土体内的剪应力仅能由土的骨架承担，其规律可表示为

黏性土　　　　　　　$$\tau_f = \sigma' \tan\varphi' + c' = (\sigma - u)\tan\varphi' + c' \qquad (7\text{-}3)$$

无黏性土　　　　　　$$\tau_f = \sigma' \tan\varphi' = (\sigma - u)\tan\varphi' \qquad (7\text{-}4)$$

式中：σ 为剪切面上的法向应力，kPa；σ' 为剪切面上的有效应力，kPa；u 为孔隙水压力，kPa；c' 为有效黏聚力，kPa；φ' 为有效内摩擦角。

从库仑定律可以看出，与一般的固体材料不同，土的抗剪强度不是常数，而是与剪切面上的法向应力成正比变化的。

模块 2　土的抗剪强度指标

c、φ 称为土的抗剪强度指标，在一定试验条件下得出的土的黏聚力 c 和内摩擦角 φ 一般能反映土的抗剪强度的大小。

鉴于目前的理论水平和技术设备条件，要在工程中全面了解或测定地基土中各点的孔隙水压力还很困难，也就无法计算各点的有效应力，所以有效应力表示法在工程中的应用受到一定约束，更多使用的是总应力表示法。为此，在测定土的抗剪强度指标 c、φ 时，应尽可能使试验条件与地基实际工作情况相符合。

土的抗剪强度指标中，内摩擦角 φ 反映土的摩擦特性，$\tan\varphi$ 表示土的内摩擦系数，$\sigma\tan\varphi$ 则表示土的内摩擦力。一般认为土的内摩擦力包含土颗粒表面的摩擦力和颗粒间的嵌入和联锁作用产生的咬合力这两部分。

黏聚力 c 包括了结合水联结作用、胶结作用、毛细水及冰的联结作用等三种作用。无黏性土一般无联结，抗剪强度主要是由颗粒间的摩擦力组成，无黏性土黏聚力 $c = 0$。

按照库仑定律，对于某一种土，c、φ 是作为常数来使用的。实际上，它们均随试验方法和土样的试验条件等的不同而发生变化，即使是同一种土，c、φ 也不是常数。

模块 3　土的抗剪强度指标的确定

土的抗剪强度试验是确定土的抗剪强度指标 c、φ 的试验。测定土的抗剪强度的设备与方法很多，常用的室内试验有直接剪切试验、三轴剪切试验、无侧限抗压强度试验，野外常用的有十字板剪切试验等。各种试验的仪器、试验原理和方法都不一样，取决于土的性质和工程的规模。

1. 直接剪切试验

直接剪切试验是最早测定土的抗剪强度的试验方法，也是最简单的方法，所以在世界各国广泛应用。直接剪切试验的主要仪器为直剪仪，按照加荷载的方式，分为应力控制式直剪仪与

应变控制式直剪仪两种。两者的区别在于施加水平剪切荷载的方式不同:应力控制式直剪仪采用砝码与杠杆分级加荷;应变控制式直剪仪采用手轮连续加荷。后者优于前者。我国目前普遍采用的是应变控制式直剪仪。

1)试验装置

应变控制式直剪仪,如图 7-3 所示。

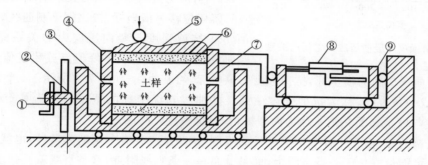

图 7-3　应变控制式直剪仪示意图

2)试验方法

试验时首先通过加载架对试样施加竖向压应力 p,然后以规定的速率对下盒施加水平剪力,并逐渐加大,直至试件沿上、下盒的交界面被剪坏为止。在剪应力施加过程中,记录下盒的位移及所加水平剪力的大小,绘制该竖向应力 p 作用下的剪应力与剪变形关系曲线,如图 7-4 所示。并以曲线的峰值应力作为试样在该竖向应力 p 作用下的抗剪强度。

为了确定土的抗剪强度指标。取 4 组相同的试样,对各个试样施加不同的竖向应力 p_1、p_2、p_3 和 p_4,然后进行剪切,得到相应的抗剪强度 τ_{f1}、τ_{f2}、τ_{f3} 和 τ_{f4}。把试验结果绘在以竖向应力 p 为横坐标、以抗剪强度 τ_f 为纵坐标的平面图上。通过各试验点绘一直线,即抗剪强度线。抗剪强度线与水平线的夹角为试样的内摩擦角 φ。在纵轴的截距为试样土的黏聚力 c。直接剪切试验按加载速率的不同,分为快剪、固结快剪和慢剪三种,具体做法如下。

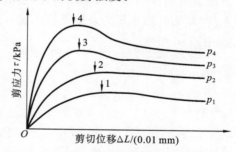

图 7-4　剪应力与剪切位移之间的关系

(1)快剪。竖向压应力施加后,立即进行剪切,剪切速率要快。《土工试验规程》(SL 237—1999)规定:要使试样在 3～5 min 内剪坏。

(2)固结快剪。竖向压应力施加后,让试件充分固结,固结完成后,再进行快速剪切,其剪切的速率与快剪的相同。

(3)慢剪。竖向应力施加后,允许试样排水固结。待固结完成后,施加水平剪应力,剪切速率放慢,使试件在剪切过程中有充分的时间产生体积变形和排水(在剪胀性上则为吸水)。

对无黏性土,因其渗透性好,即使快剪也能使其排水固结,因此《土工试验规程》规定:对无黏性土,一律采用一种加荷速率进行。

对正常固结的黏性土(通常为软土),在竖向应力和剪应力作用下,土样都被压缩,所以通

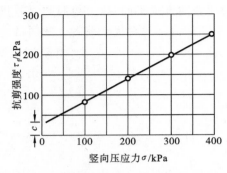

图 7-5　抗剪强度与竖向压应力之间的关系

常在一定应力范围内,快剪的抗剪强度 τ_q 最小,固结快剪的抗剪强度 τ_{cq} 有所增大,而慢剪抗剪强度 τ_s 最大。

3）试验成果

（1）按实验设备提供的方法计算剪切位移和对应的剪应力。

（2）剪应力与剪切位移的关系曲线以剪应力为纵坐标、剪切位移为横坐标,按比例绘制曲线。

（3）抗剪强度与竖向压应力的关系曲线。在图 7-4 所示的关系曲线上,取峰值点或稳定值,作为抗剪强度。以竖向压应力为横坐标,抗剪强度为纵坐标,绘制曲线,如图 7-5 所示。4 个试样得到 4 个数据,连成一条直线,称为抗剪强度曲线。此曲线与纵坐标的截距 c 即为黏聚力,单位为 kPa;此曲线与横坐标的夹角 φ 称为内摩擦角,单位为度（°）。

需要强调的是,由于土样和试验条件的限制,试验结果会有一定的离散性,也就是说,各土样的结果不可能恰好位于一条直线上,而是分布在一条直线附近,这条直线就是强度准则。可用线性回归的方法确定该直线。由图 7-5,可得库仑定律公式。

砂土 $\qquad\qquad\qquad\qquad\qquad \tau_f = \sigma\tan\varphi \qquad\qquad\qquad\qquad\qquad (7-5)$

黏性土 $\qquad\qquad\qquad\qquad \tau_f = \sigma\tan\varphi + c \qquad\qquad\qquad\qquad\quad (7-6)$

2. 三轴剪切试验

三轴剪切试验是针对直剪仪的缺点而发展起来的,是测定土的抗剪强度的较为完善的一种方法。所用仪器称为三轴压缩仪,它由加载系统（对试样施加周围压力及竖向应力增量）、量测系统（量测孔隙水压力及试样排水量）、压力室（底座和有机玻璃罩等组成的密封容器）等组成,如图 7-6 所示。

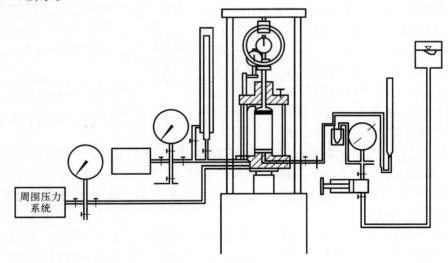

图 7-6　三轴压缩仪

试验用的土样为圆柱体的,套在橡胶膜内,上下扎紧置于密封的压力室内。开启阀门向压力室压入液体,使试样在三轴方向承受相同的周围压应力,即 σ_3,此时,土样不受剪应力。然后通过活塞杆对试样施加垂直压应力 $\Delta\sigma$，$\Delta\sigma$ 逐渐增大直至土样剪裂，则剪切时的大主应力为 $\sigma_1 = \Delta\sigma + \sigma_3$，如图 7-7(a)所示。

据剪切时的大主应力、小主应力可画出一个应力圆，重复做 3～5 个试样，施加不同的周围压应力 σ_3，可以得到不同的剪切破坏时的大主应力 σ_1，由此得出同一种土的不同的极限应力圆。作出这组极限应力圆的公切线即莫尔破裂包线，就是所求土的抗剪强度曲线，从而获得土的抗剪强度指标 c、φ，如图 7-7(b)所示。

三轴压缩仪是一种较完善的抗剪强度测量仪器，其最突出的优点是，试样中的应力状态明确，破裂面就是最薄弱的面；能较严格地控制排水条件，并能准确量测剪切过程中试样的孔隙水压力变化，定量得到土样中有效应力的变化情况，结果比较可靠。试验的难点是仪器设备与试验操作较复杂等。

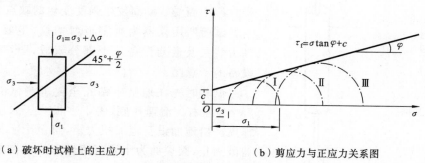

（a）破坏时试样上的主应力　　　　（b）剪应力与正应力关系图

图 7-7　三轴剪切试验原理

3. 无侧限抗压强度试验

无侧限抗压强度试验是指试验时土样侧向不受限制，可以任意变形的试验。它实际上是三轴剪切试验的一个特例，只对土样施加垂直压应力，不施加周围压应力，即 $\sigma_3 = 0$。

该试验所用设备为无侧限压缩仪，如图 7-8(a)所示。试样放在仪器底座上，摇动手轮，使底座缓慢上升，顶压上部量力环，从而产生轴向压应力至土样剪切破坏。试验时的轴向压应力用 q_u 表示，q_u 称为无侧限抗压强度。

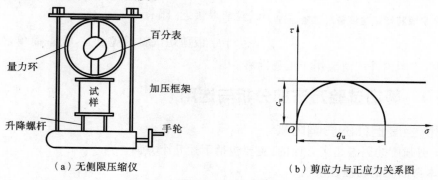

（a）无侧限压缩仪　　　　（b）剪应力与正应力关系图

图 7-8　无侧限抗压强度试验

三轴剪切试验是通过施加不同的周围压应力 σ_3，得出同一种土的不同的极限应力圆后，作出的公切线即为强度包线。无侧限抗压强度试验据试验结果只能作一个极限应力圆（$\sigma_3 = 0$，$\tau_f = \dfrac{q_u}{2}$），因此对一般黏性土，难以作出强度包线。但饱和黏性土的三轴不固结不排水试验结果的强度包线是一条水平线,如图 7-8(b)所示。因此,如仅测定饱和黏性土的不固结不排水强度,则可用无侧限抗压强度试验代替三轴剪切试验,据无侧限抗压强度试验的试验结果推算饱和黏性土的不排水抗剪强度 c。也就是说,无侧限抗压强度试验的适用土质是饱和黏性土。

$$\tau_f = c = \frac{q_u}{2} \tag{7-7}$$

式中:c 为土的不排水抗剪强度,kPa;q_u 为无侧限抗压强度,kPa。

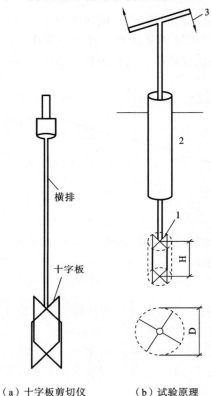

（a）十字板剪切仪　　（b）试验原理

图 7-9　十字板剪切试验设备及试验原理

4. 十字板剪切试验

十字板剪切试验是一种在工地现场直接测试地基土强度的试验方法,适用于地基为取原状土困难的软弱黏性土,也避免了软弱黏性土取土、运送、制备土样过程中因受扰动而发生强度变化的缺点。

试验所用仪器为十字板剪切仪,主要由十字板、加力装置及量测设备三个部分组成,图7-9所示的为设备的示意图。

试验时先在地基中钻孔至要求测试的深度以上 75 cm 左右。清理孔底,将十字板头压入土中至测试深度。由地面设备施加扭力矩,直至十字板旋转土体剪破为止,破裂面为十字板旋转形成的圆柱面。测得土的抗剪强度 τ_f,即

$$\tau_f = \frac{2M}{\pi D^2 \left(H + \dfrac{D}{3}\right)} \tag{7-8}$$

式中:M 为剪切破坏时的扭力矩,kN·m;H 为十字板的高度,m;D 为十字板的直径,m。

由十字板在现场测定的土的抗剪强度,属于不排水剪切的试验条件,因此其结果应与无侧限抗压强度试验结果接近,即 $\tau_f = \dfrac{q_u}{2}$。

十字板剪切试验的优点是,设备简单,操作方便,土样扰动少,故国内外广泛应用于工程勘察。

模块 4　剪切试验方法的分析与选用

1. 抗剪强度指标的影响因素

影响抗剪强度的因素是多方面的,主要包括下述几个方面。

1）土本身固有的物理性质

（1）土粒的形状、成分、级配。

土的固体颗粒形状越不规则,表面越粗糙,级配越好,内摩擦角越大,内摩擦力越大,抗剪强度也越高。黏土矿物成分不同,其黏聚力也不同。

（2）土的初始密度。

土的初始密度越大,土粒间接触越紧,土粒表面摩擦力和咬合力也越大。黏性土的紧密程

度越大,黏聚力也越大。

（3）土中含水量。

土中含水量的多少对土抗剪强度的影响十分明显。无黏性土含水量大,会降低土粒表面上的摩擦力,使土的内摩擦角 φ 值减小;黏性土含水量增高时,结合水膜加厚,因而也就降低了黏聚力。

2）土的应力状态和历史

（1）黏性土的扰动。

黏性土的天然结构如果被破坏,则其抗剪强度就会明显下降,其原状土的抗剪强度高于同密度和同含水量的重塑土。

（2）孔隙水压力的影响。

孔隙水压力的影响不可忽视,孔隙水压力由于作用在土中自由水上,不会产生土粒之间的内摩擦力,只有作用在土的颗粒骨架上的有效应力,才能产生土的内摩擦强度。

2. 剪切试验方法的选用

在上述影响抗剪强度的各因素中,孔隙水压力会随着所加荷载和时间的变化而变化,作为一个变化的影响因素,在各剪切试验中必须予以考虑。事实上,试样内的有效应力（或孔隙水压力）将随试样剪切前的固结程度和剪切中的排水条件变化而异。也就是说,同一种土,如试验条件不同,则即使剪切面上的总应力相同,也会因土中孔隙水是否排出与排出的程度,亦即有效应力的数值不同,而使试验结果的抗剪强度不同。因而在土工工程设计中所需要的强度指标试验方法必须与现场的施工加荷实际相符合。

目前,为了近似地模拟土体在现场能受到的受剪条件,而把剪切试验按固结和排水条件的不同分为不固结不排水剪、固结不排水剪和固结排水剪三种基本试验类型。但是直接剪切仪的构造却无法做到任意控制土样是否排水。在试验中,一般采用不同的加荷速率来达到排水控制的要求,即形成快剪、固结快剪和慢剪三种试验方法。

三种试验方法在工程实践中的正确选用非常复杂,应根据土层性质、排水情况、加荷速度、荷载大小综合确定。

（1）不固体不排水剪（快剪）。这是在整个试验过程中不让孔隙水排出,使土样中始终存在孔隙水压力的试验方法。在直接剪切试验中,竖向压力施加后立即施加水平剪力进行剪切,使土样在 3～5 min 内剪坏。由于剪切速度快,可认为土样在这样短暂时间内没有排水固结或者说模拟了"不固体不排水"剪切情况,得到的强度指标用 c_q、φ_q 表示。实际工程中,若地基土为黏性土,透水性小,排水条件差,施工速度快,则应用此试验方法。

（2）固结不排水剪（固结快剪）。这是在整个试验过程中使孔隙水压力全部消散固结后使土样剪破的试验方法。在直接剪切试验中,竖向压力施加后,给予充分时间使土样排水固结。固结终了后施加水平剪力,快速地（在 3～5 min 内）把土样剪坏,即剪切时模拟不排水条件,得到的指标用 c_{cq}、φ_{cq} 表示。实际工程中,在地基土土层较薄,透水性较大,排水条件好,施工速度不快的情况下应用此试验方法。一般认为,击实填土地基,船闸、挡土墙等的地基,以及验算水库水位骤降时土坝边坡的稳定安全系数的情况,采用固结不排水剪。

（3）固结排水剪（慢剪）。这是在整个试验过程中使孔隙水压力全部消散固结,之后的土样剪破的试验过程中仍充分排水的试验方法。在直接剪切试验中,竖向压力施加后,让土样充分排水固结,固结后以慢速施加水平剪力,使土样在受剪过程中一直有充分时间排水固结,直到土被剪破,得到的指标用 c_s、φ_s 表示。实际工程中,在地基土土层透水性好、排水条件好、施工速度慢的情况下用此试验方法。

由上述三种试验方法可知,即使在同一垂直压力作用下,由于试验时的排水条件不同,故作用在受剪面积上的有效应力也不同,所以测得的抗剪强度指标也不同。在一般情况下,$\varphi_s > \varphi_{cq} > \varphi_q$。

上述三种试验方法对黏性土是有意义的,但效果要视土的渗透性大小而定。对于无黏性土,由于土的渗透性很大,即使快剪也会产生排水固结。

❖技能应用❖

技能 1　测定土的抗剪强度指标

1. 试验目的

(1) 测定土的抗剪强度指标 c 和 φ,为计算地基承载力、挡墙土压力、验算地基及土坡稳定性提供基本参数。

(2) 了解应变控制式直接剪切试验测定土的抗剪强度指标的方法,分为快剪、固结快剪、慢剪三种试验方法。

(3) 明了直接剪切试验的特点。

2. 实验方法

(1) 快剪:在试样上施加垂直压力后立即快速施加水平剪应力。

(2) 固结快剪:在试样上施加垂直压力,待试样排水固结稳定后,快速施加水平剪应力。

(3) 慢剪:在试样上施加垂直压力及水平剪应力的过程中,均使试样排水固结。

本次实验内容只进行快剪试验。

3. 实验设备

(1) 应变控制式直剪仪:主要包括剪切盒(水槽、上盒、下盒)、垂直加压框架、测力环、推动机构、台板、杠杆式加压设备。

(2) 位移计或百分表:量程为 5～10 mm,分度值为 0.01 mm。

(3) 环刀:与直剪仪配套的至少 3 个;内径为 618 mm,高度 20 mm。

(4) 其他:削土刀、秒表、玻璃板、推土器、蜡纸或塑料膜。

4. 实验步骤

(1) 制备土样:制备给定干密度和含水量范围的扰动土样,土样为直径约 200 mm,高约 100 mm 的土柱(实际工程中,切取原状土样)。

(2) 切取土样:用与直剪仪配套的环刀切取土样。环刀刃口向下对准圆柱土样中心,慢慢垂直下压,边压边削切土样使土样成锥台形。直至土样伸出环刀顶面为止,将环刀两边余土削去修平,擦净环刀外壁。

(3) 安装土样:对准上、下盒,插入固定插销。在下盒内放不透水板,然后用推土器将试样徐徐推入剪切盒内,移去环刀。再顺次放入另一张同直径的蜡纸或塑料膜、上透水石、加压盖板与钢珠。

(4) 调试仪器:安装加压框架,转动手轮,使上剪切盒前端钢珠刚好与测力环接触。调整测力环百分表读数为零。对需要测记垂直变形量的,安装垂直位移计或百分表。

（5）施加垂直压力：转动手轮，使上盒前端钢珠刚好与测力计接触，调整测力计中的量表读数为零。顺次加上盖板、钢珠压力框架。每组 4 个试样，分别在四种不同的垂直压应力下进行剪切。在教学上，可取四个垂直压应力分别为 100 kPa、200 kPa、300 kPa、400 kPa。

（6）进行剪切：施加垂直压应力后，立即拔出固定销钉，开动秒表，以每分钟 4～6 转的均匀速率旋转手轮（在教学中可采用每分钟 6 转），使试样在 3～5 min 内被剪破。如测力计中的量表指针不再前进，或有显著后退，表示试样已经被剪破。但一般宜剪至剪切变形达 4 mm。若量表指针再继续增加，则剪切变形应达 6 mm 为止。手轮每转一圈，同时测记测力计量表读数，直到试样剪破为止（注意，手轮每转一圈推进下盒 0.2 mm）。

（7）拆卸试样：剪切结束后，吸去剪切盒中的积水，倒转手轮，尽快移去垂直压应力、框架、上盖板，取出试样。

① 先安装试样，再装量表。安装试样时要用透水石把土样从环刀推进剪切盒里，试验前量表中的大指针调至零。

② 加荷时，不要摇晃砝码；剪切时要拔出销钉。

（8）计算数据。

① 按下式计算各级竖向压应力下所测的抗剪强度：

$$\tau_f = CR$$

式中：τ_f 为土的抗剪强度，kPa；C 为测力计率定系数，kPa/0.01 mm；R 为测力计量表最大读数，或位移 4 mm 时的读数（0.01 mm），0.01 mm。

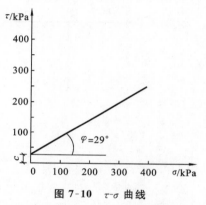

图 7-10 τ-σ 曲线

② 绘制 τ-σ 曲线，如图 7-10 所示。以抗剪强度 τ 为纵坐标，垂直压力 σ 为横坐标，绘制抗剪强度 τ 与垂直压力 σ 的关系曲线。根据图上各点，绘制一条视测的直线，则直线的倾角为土的内摩擦角 φ，直线在纵坐标轴上的截距为土的黏聚力 c。

任务 2   判断土体的极限平衡状态

❖任务导入❖

如果说，抗剪强度定律从内因反映土的抗剪强度变化情况，土在所受荷载作用下的应力状态则是土体破坏的外部因素。

当土体中任意一点在某一平面上的剪应力等于土的抗剪强度时的临界状态称为极限平衡

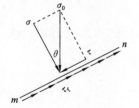

**图 7-11   剪切面上的剪应力和
抗剪强度示意图**

状态，当土体中任意一点在某一平面上的剪应力大于土的抗剪强度时的状态称为剪切破坏状态。极限平衡状态下土的应力状态和土的抗剪强度之间的关系，则称为土的极限平衡条件。

作用在土中点任一平面的剪应力 τ 与抗剪强度 τ_f 如图 7-11 所示，如果将两者比较，就可能有 3 种情况：

（1）当 $\tau < \tau_f$ 时，土体处于稳定平衡状态；

（2）当 $\tau = \tau_f$ 时，土体处于极限平衡状态；

（3）当 $\tau > \tau_f$ 时，土体处于剪切破坏状态。

【任务】

（1）如何判断土体处于稳定状态？

❖知识准备❖

模块 1　土中某点的应力状态

根据材料力学关于应力状态的理论，土中任一点的应力可以用该点主应力平面上的最大主应力与最小主应力表示，如图 7-12 所示。

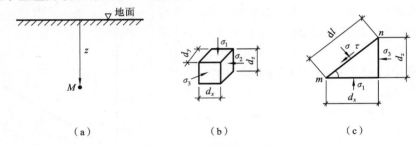

图 7-12　土体中任一点的应力

$$\left.\begin{array}{l}\sigma=\dfrac{1}{2}(\sigma_1+\sigma_3)+\dfrac{1}{2}(\sigma_1-\sigma_3)\cos 2\alpha\\[2mm]\tau=\dfrac{1}{2}(\sigma_1-\sigma_3)\sin 2\alpha\end{array}\right\} \tag{7-9}$$

式中：σ 为任一截面 mn 上的法向应力，kPa；τ 为任一截面 mn 上的剪应力，kPa；σ_1 为最大主应力，kPa；σ_3 为最小主应力，kPa；α 为截面 mn 与最小主应力作用方向的夹角。

上述应力间的关系也可用应力圆（莫尔应力圆）表示。

将式（7-9）变为

$$\left.\begin{array}{l}\sigma-\dfrac{1}{2}(\sigma_1+\sigma_3)=\dfrac{1}{2}(\sigma_1-\sigma_3)\cos 2\alpha\\[2mm]\tau=\dfrac{1}{2}(\sigma_1-\sigma_3)\sin 2\alpha\end{array}\right\} \tag{7-10}$$

取平方和，即得应力圆的公式

$$\left(\sigma-\dfrac{\sigma_1-\sigma_3}{2}\right)^2+\tau=\left(\dfrac{\sigma_1-\sigma_3}{2}\right)^2 \tag{7-11}$$

式（7-11）表示 σ 与 τ 的关系，这种关系在图上显示为一个圆，称为莫尔应力圆。纵、横坐标分别表示为 τ 及 σ，圆心为 $\left(\dfrac{\sigma_1+\sigma_3}{2},0\right)$，圆半径等于 $\dfrac{\sigma_1-\sigma_3}{2}$。

模块 2　土的极限平衡条件

土体中某点达到极限平衡状态时的条件式表示土中某点上所作用的最大主应力 σ_1 与最小主应力 σ_3，以及土的抗剪强度指标 φ、c 值之间的关系。可由莫尔应力圆与库仑强度线相切的几何关系推出。

通过土中一点,在 σ_1、σ_3 作用下可出现一对剪切破裂面。

从莫尔应力圆(见图7-13)的几何条件可知

$$\sin\varphi = \frac{\frac{1}{2}(\sigma_1-\sigma_3)}{c \cdot c\tan\varphi + \frac{1}{2}(\sigma_1-\sigma_3)} = \frac{\sigma_1-\sigma_3}{\sigma_1+\sigma_3+2c \cdot c\tan\varphi} \qquad (7\text{-}12)$$

进一步整理可得

$$\sigma_1 = \sigma_3\tan^2\left(45° + \frac{\varphi}{2}\right) + 2c\tan\left(45° + \frac{\varphi}{2}\right) \qquad (7\text{-}13)$$

$$\sigma_3 = \sigma_1\tan^2\left(45° - \frac{\varphi}{2}\right) - 2c\tan\left(45° - \frac{\varphi}{2}\right) \qquad (7\text{-}14)$$

式(7-13)、式(7-14)表示黏性土的极限平衡条件。对于无黏性土,$c=0$,主应力可表示为

$$\sigma_1 = \sigma_3\tan^2\left(45° + \frac{\varphi}{2}\right) \qquad (7\text{-}15)$$

$$\sigma_3 = \sigma_1\tan^2\left(45° - \frac{\varphi}{2}\right) \qquad (7\text{-}16)$$

由最小主应力 σ_3 及公式 $\sigma_1 = \sigma_3\tan^2\left(45° + \frac{\varphi}{2}\right) + 2c\tan\left(45° + \frac{\varphi}{2}\right)$ 可推求土体处于极限状态时,所能承受的最大主应力 $\sigma_{1极限}$(若实际最大主应力为 σ_1)。

同理,由最大主应力 σ_1 及公式 $\sigma_3 = \sigma_1\tan^2\left(45° - \frac{\varphi}{2}\right) - 2c\tan\left(45° - \frac{\varphi}{2}\right)$ 可推求土体处于极限平衡状态时,所能承受的最小主应力 $\sigma_{3极限}$(若实际最小主应力为 σ_3)。

判断时,如图7-13所示,圆Ⅱ为满足 $\sigma_1 = \sigma_{1极限}$(或 $\sigma_{3极限} = \sigma_3$)条件的极限应力圆,与抗剪强度线相切,表明切点 A 所代表的平面上的剪应力正好等于土的抗剪强度,该点处于极限平衡状态。

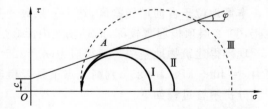

图7-13　莫尔应力圆与抗剪强度关系示意图

若 $\sigma_1 < \sigma_{1极限}$(或 $\sigma_{3极限} > \sigma_3$),圆Ⅰ与抗剪强度线相离,表明该点在任何平面上的剪应力都小于土所能发挥的抗剪强度,因此未被剪破而处于稳定状态。

若 $\sigma_1 > \sigma_{1极限}$(或 $\sigma_{3极限} < \sigma_3$),圆Ⅲ与抗剪强度线相割,表明该单元体许多平面上的剪应力已超过所能发挥的抗剪强度,已经剪切破坏,处于失稳状态。实际上这种应力状态并不存在,因为在此之前,土体某单元早已沿某平面剪破,它无法承受更大的应力,增加的荷载将由邻近的土体承受,直至地基出现连续的滑动面为止。

另外,土体中某点处于极限平衡状态时,其破裂面与最大主应力面的夹角为 α_f,从图7-14所示几何关系可得

$$\alpha_f = \pm\left(45° + \frac{\varphi}{2}\right) \qquad (7\text{-}17)$$

式中:±表示取角的方向。

可见,土体的剪切破坏面不发生在剪应力最大的斜面上,而是发生在与大主应力面成夹角

α_f 的斜面上。

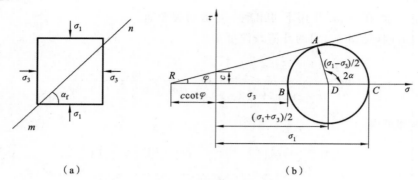

（a）　　　　　　　　　　　　　　（b）

图 7-14　极限平衡状态

❖技能应用❖

技能 1　判断土体的稳定性

某工程拟建场地位于长江三角洲入海口，地貌类型为滨海平原类型。拟建场地西侧为×××路，东、北侧主要为已建住宅楼。本场地除南侧尚有部分建筑物未拆除外，大部分场地已平整。各勘探点标高为 3.7～4.5 m，场地一般标高约 4.4 m。

根据该工程的《工程地质勘察报告》可知，拟建场地自地表至 80.25 m 按土层成因类型、结构特征和物理力学性质指标上的差异，可划分为 11 个工程地质层及分属不同层次的若干亚层。本场地位于古河道切割区，缺失⑥层硬土层及⑦-1 层砂质粉土层，分布有厚层的⑤层黏性土，⑦-2 层顶板埋藏较深，而且场地内无⑧层黏性土层分布，⑦层土与⑨层土直接接触。

现测得建筑物地基中一点得应力 $\sigma_1 = 325$ kPa、$\sigma_3 = 135$ kPa，该地基土的抗剪强度指标黏聚力 $c = 40.5$ kPa，$\varphi = 25°$，判断该点土是否稳定。

分析解答过程如下。

利用极限平衡条件

$$\sigma_3 = \sigma_1 \tan^2\left(45° - \frac{\varphi}{2}\right) - 2c\tan\left(45° - \frac{\varphi}{2}\right)$$

最大主应力在极限平衡时对应的最小主应力为

$$\sigma_{3f} = \sigma_1 \tan^2\left(45° - \frac{\varphi}{2}\right) - 2c\tan\left(45° - \frac{\varphi}{2}\right) = 126.33 \text{ kPa}$$

因为　　　　　　　　　　　　　　　　$\sigma_{3f} < \sigma_3$

由此可以判断该点处于稳定状态。

该问题还可利用

$$\sigma_1 = \sigma_3 \tan^2\left(45° + \frac{\varphi}{2}\right) + 2c\tan\left(45° + \frac{\varphi}{2}\right)$$

得 $\sigma_{1f} = 452.22$ kPa，因为 $\sigma_{1f} > \sigma_1$，由此同样可判断该点土体稳定。

上述解法的原理可用图 7-15 来解释，由式（7-13）和式（7-14）确定的莫尔应力圆是最大莫尔应力圆，即为极限莫尔应力圆。如果土的实际应力状态对应的莫尔应力圆比极限莫尔应力圆小，那么土体稳定。

实际上,对于利用强度准则判别土体是否发生破坏这类问题,并不一定要遵循上述方法进行计算。只要理解莫尔应力圆和强度准则的含义,可以使用其他方法,但其实质是一样的。例如,本问题可先绘出实际的莫尔应力圆,并计算出圆心坐标,然后利用几何关系算出圆心与强度曲线之

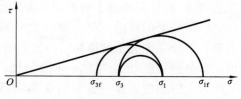

图 7-15 极限莫尔应力圆

间的垂直距离,如果该距离大于莫尔应力圆的半径,那么该点土体稳定。其原理和具体计算可作为练习自行验证。

任务 3 地基土抗剪强度特征

❖任务导入❖

如果说,抗剪强度定律从内因解决了土的抗剪强度变化情况,土在所受荷载作用下的应力状态则是土体破坏的外部因素。

当土体中任意一点在某一平面上的剪应力等于土的抗剪强度时的临界状态称为极限平衡状态,当土体中任意一点在某一平面上的剪应力大于土的抗剪强度时的状态称为剪切破坏状态。极限平衡状态下土的应力状态和土的抗剪强度之间的关系,则称为土的极限平衡条件。

【任务】

(1)了解土中某点的应力状态;

(2)掌握土的极限平衡条件。

❖知识准备❖

模块 1 砂类土抗剪强度机理

砂类土的最明显特征是不存在黏聚力 c,如砂土、砾石、碎石等均属于砂类土,也称为粒状土。砂类土的抗剪强度主要靠土颗粒之间的摩擦力提供。早在 1773 年,库仑就提出砂土的抗剪强度为

$$\tau_f = \sigma \tan\varphi \tag{7-18}$$

实际上无黏性土的 φ 值并不是一常量,它是随无黏性土的密实程度而变化的。砂类土渗透系数大,土体中超孔隙水压力常等于零,有效应力强度指标与总应力强度指标基本是相同的。

松砂的内摩擦角大致与实砂的天然休止角相等。天然休止角是天然堆积的砂土边坡与水平面的最大倾角,取干砂堆成锥体并测坡角大小即可,这种方法比做剪切试验简易得多。密实砂的内摩擦角比天然休止角大 5°~10°。

砂类土的抗剪强度主要由三部分组成。第一部分是颗粒之间的滑动摩擦力,其大小与颗粒矿物成分和表面粗糙度有关。第二部分主要产生于紧密砂土中颗粒之间的相互咬合作用。当砂类土比较密实时,相互咬合的颗粒会阻碍相对移动,在剪应力作用下土颗粒不但会沿剪应

力方向搓动,而且在垂直于剪应力方向发生移动,并伴随有转动,在破坏面附近造成剪胀现象。产生剪胀所需要的功由一部分剪应力来提供,所以提高了抗剪强度,这部分强度又称咬合摩擦。第三部分是砂类土的原始结构发生剪切破坏的过程中,会伴随有颗粒重新排列,这需要消耗掉一部分剪切能,也会增加一部分强度。

砂类土的强度试验一般采用直剪仪,只有对于饱和砂土才采用三轴仪进行不排水试验。不管采用什么样的试验,也不管砂类土的含水量如何,其强度曲线均为直线。

图 7-16 所示的是不同初始孔隙比的同一种砂土在相同周围压力下受剪时的应力-应变-体变关系曲线。

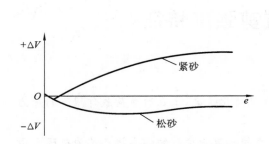

图 7-16　砂土应力-应变-体变关系曲线

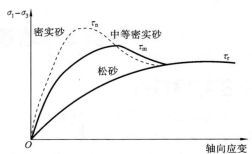

图 7-17　无黏性土应力-应变关系曲线

1. 剪胀性

图 7-17 所示的为由松砂、中等密实砂和密实砂三轴固结排水试验得到的应力-应变关系曲线。从图 7-17 可以看到,密实砂和中等密实砂中剪应力起初随着轴向应变增大而增大,直到峰值 τ_m,然后随着轴向应变增大而减小,并以残余强度 τ_r 为渐近值。松砂中剪应力随着轴向应变增大而增大,其极限值也为 τ_r,对密实砂和中等密实砂可由峰值 τ_m 确定降值强度,由 τ_r 确定残余强度,并确定相应的强度指标内摩擦角 φ 和残余内摩擦角 φ_r 值。松砂的内摩擦角可由极限值确定。

由图 7-17 可见,密实的紧砂初始孔隙比较小,其应变关系有明显的峰值,超过峰值后,随应变的增加,应力逐渐降低,呈应变软化型,其体积开始稍有减小,继而增加。这种现象就是紧砂的剪胀性。这是较密实的砂土颗粒之间排列比较紧密,剪切时砂粒之间产生相对滚动,土颗粒之间的位置重新排列的结果。

无黏性土内摩擦角参考值如表 7-1 所示。

表 7-1　无黏性土内摩擦角参考值

土 的 类 型	残余内摩擦角 φ_r（或松砂峰值强度内摩擦角 φ）	峰值强度内摩擦角 φ	
		中等密实砂	密实砂
粉砂(非塑性)	26°～30°	28°～32°	30°～34°
均匀细砂、中砂	26°～30°	30°～34°	32°～36°
级配良好的砂	30°～34°	34°～40°	38°～46°
砾砂	32°～36°	36°～42°	40°～48°

2. 剪缩性

松砂的强度随轴向应变的增大而增大,应力-应变关系呈应变硬化型,松砂受剪,其体积

减小的性能为松砂的剪缩性。对同一种土,紧砂和松砂的
强度最终趋向同一值。

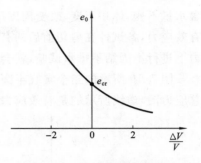

图 7-18　砂土的临界孔隙比

　　由不同初始孔隙比的试样在同一压力下进行剪切试验,可以得出初始孔隙比与体积之间的关系,如图 7-18 所示,相应于体积变化为零的初始孔隙比称为临界孔隙比。在三轴剪切试验中,临界孔隙比是与侧压力有关的,不同的侧压力可以得出不同的临界孔隙比。

　　如果饱和砂土的初始孔隙比大于临界孔隙比,在剪应力作用下由于剪缩,孔隙水压力必然增高,而有效应力必然降低,致使砂土的抗剪强度降低。当饱和松砂受到动荷载作用(例如,地震)时,由于孔隙水来不及排出,孔隙水压力不断增加,就可能使有效应力降低到零,因而使砂土像流体那样完全失去抗剪强度,这种现象称为砂土的液化,因此临界孔隙比对研究砂土的液化也具有很重要的意义。

3. 无黏性土的内摩擦角

　　无黏性土的抗剪强度除了与初始孔隙比有关外,还与土粒的矿物成分、颗粒的形状、表向的粗糙程度及级配情况有关。此外,试验条件也会影响到无黏性土的内摩擦角,例如,对于紧砂,用直剪仪测得的结果要比三轴剪切试验的结果大 4°左右,对于松砂,则大 0.5°左右。其原因在于试验装置的不同影响了试验结果。

　　由库仑公式看出无黏性土的抗剪强度由内摩擦力构成,内摩擦角是无黏性土的重要抗剪强度指标。砂土的内摩擦角变化范围不是很大,中砂、粗砂、砾砂的一般为 32°~40°;粉砂、细砂的一般为 28°~36°。孔隙比越小,内摩擦角越大,但是对于含水饱和的粉砂、细砂很容易失去稳定,因此对其内摩擦角的取值应该谨慎,有时规定取 $\varphi \approx 20°$。砂土有时也有很小的黏聚力,这可能是由于砂土中夹有一些黏性土颗粒,也可能是毛细黏聚力的缘故。

模块 2　黏性土的抗剪强度特征

　　黏性土的抗剪强度不但和土体自身的物理特性及含水率有关,而且还和土体的应力历史有关。在测试黏性土的试验中,也同样会出现试验压力和土样应力历史的关系。在三轴剪切试验中,若加剪应力前土样所受到压力室的固结压力小于土样的前期固结压力,可称为超固结土;若压力室的固结压力大于土样的前期固结压力,则称为正常固结土。

1. 不固结不排水抗剪强度

　　通常地基中的土在承受建筑荷载之前,多少总会受到一定的压力,并有一定的固结。当荷载施加的速度较快时,土中的水还来不及排出或发生很小的渗流,由于没有水的排出,此时可以近似地将土看做处于不固结不排水的状态。简单地说,就是土体在外荷载的作用过程中,土的含水率保持恒定。不固结不排水试验的具体的试验办法是,在施加周围压力和轴向压力直至剪切破坏的整个试验过程中都不允许排水。有一组饱和黏性土试件,先在某一周围压力下固结至稳定,这相当于上覆土自重的压缩作用,试件中的初始孔隙水压力为静水压力,然后分别在不排水条件下施加周围压力和轴向压力至剪切破坏。试验结果表明,无论施加多大的压力 σ_3,最终测到土的抗剪强度都是一个常数。这是由于在不排水条件下,试样在试验过程中

含水量不变,体积不变,改变周围压力增量只能引起孔隙水压力的变化,并不会改变试样中的有效应力,各试件在剪切前后的有效应力相等,因此抗剪强度不变。如果在较高的剪前固结压力下进行不固结不排水试验,就会得出较大的不排水抗剪强度 c_u。

图 7-19 所示的三个实线半圆分别表示 3 个试件在 $\sigma_3 = 0$、$(\sigma_3)_I$、$(\sigma_3)_{II}$ 的作用下破坏时的总应力图,虚线所示的是有效应力图。

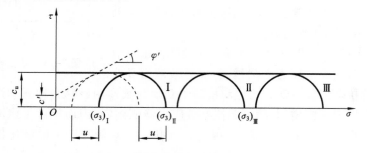

图 7-19　饱和黏性土的不固结不排水试验

试验结果表明,虽然三个试件的周围压力 σ_3 不同,但破坏时的主应力差相等,在图 7-19 上表现出三个总应力圆直径相同,因而破坏包线是一条水平线。即

$$\varphi_u = 0 \tag{7-19}$$

$$\tau_f = c_u = (\sigma_1 + \sigma_3)/2 \tag{7-20}$$

式中:φ_u 为不排水内摩擦角,度;c_u 为不排水抗剪强度,kPa。

由于一组试件试验的结果,有效应力圆是同一个,因而就不能得到有效应力破坏包线和 c'、φ' 的值,所以这种试验一般只用于测定饱和土的不排水强度。

不固结不排水试验的"不固结"是在三轴压力室压力下不再固结,而保持试样原来的有效应力不变,如果饱和黏性土从未固结过,则它是一种泥浆状土,抗剪强度就必然等于零。一般从天然土层中取出的试样,相当于在某一压力下已经固结,总具有一定天然强度。天然土层的有效固结压力是随深度增加而变化的,所以不排水抗剪强度 c_u 也随深度增加而变化,均质的正常固结不排水强度大致随有效固结压力增大而线性增大。饱和的超固结黏土的不固结不排水强度包线也是一条水平线,即 $\varphi_u = 0$。

2. 固结不排水抗剪强度

饱和黏性土的固结不排水抗剪强度受应力历史的影响,因此,在研究黏性土的固结不排水强度时,要区别试样是正常固结还是超固结。如果试样所受到的周围固结压力 σ_3 大于它曾受到的最大固结压力 p_c,该试样属于正常固结试样;如果 $\sigma_3 < p_c$,则属于超固结试样。试验结果证明,这两种不同固结状态的试样,其抗剪强度性状是不同的。

试验时按照前面所讲的固结不排水抗剪方法,饱和黏性土试样先在 σ_3 作用下充分排水固结,$\Delta u = 0$,然后再施加垂直压力,在不排水条件下,土样会在偏应力的作用下发生剪切破坏。对于不同的固结压力,由试验可得到一系列极限莫尔应力圆。正常固结的饱和黏性土的固结不排水剪切试验结果如图 7-20 所示,图 7-20 中实线表示总莫尔应力圆和总应力破坏包线,虚线表示有效莫尔应力圆和有效应力破坏包线,u_1 为剪切破坏时的孔隙水压力。由于孔隙水压力沿各个方向是相等的,有效应力为 $\sigma'_1 = \sigma_1 - u_1$,$\sigma'_3 = \sigma_3 - u_1$,故 $\sigma_1 - \sigma_3 = \sigma'_1 - \sigma'_3$,说明有效莫尔应力圆与总莫尔应力圆直径相等,但位置显然不同。因 u_1 为正,有效莫尔应力圆总在总莫尔应力圆的左方,不同固结压力的有效应力圆左移不同的距离 u_1,总应力破坏包线和有效应力破坏包线都通过原点,说明未受任何固结压力的土不会具有抗剪强度。显然有效应力强度线的 φ 大于总应力强度线的 φ_{cu}。

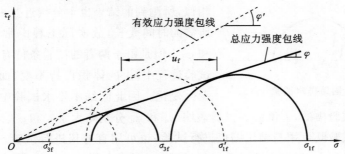

图 7-20　正常固结饱和黏土固结不排水试验

对于超固结黏土试验,其前期的固结压力为 p'_m,剪切力作用前的固结压力小于 p'_m 时,土呈现出超固结特性。超固结土的固结不排水总应力破坏包线,如图 7-21(a)所示,是一条略平缓的曲线,可近似用直线 ab 代替,与正常固结破坏包线 bc 相交,bc 线的延长线仍通过原点,实用上将 abc 折线取为一条直线,如图 7-21(b)所示。

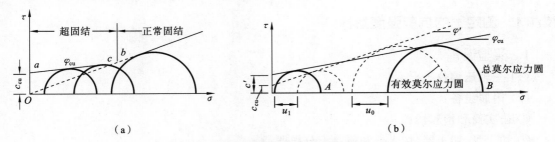

（a）　　　　　　　　　　　　　　　　　　　（b）

图 7-21　超固结土的固结不排水试验

总应力强度指标为 c_{cu}、φ_{cu},于是,固结不排水剪切的总应力破坏包线可表达为

$$\tau_f = c_{cu} + \sigma \tan\varphi_{cu} \tag{7-21}$$

如以有效应力表示,有效莫尔应力圆和有效应力破坏包线如图 7-21 虚线所示,由于超固结土在剪切破坏时,产生负的孔隙水压力,有效莫尔应力圆在总莫尔应力圆的右方(见图 7-21 的圆 A),正常固结试样产生正的孔隙水压力,故有效莫尔应力圆在总莫尔应力圆的左方(见图 7-21 的圆 B),有效应力强度包线可表示为

$$\tau_f = c' + \sigma' \tan\varphi' \tag{7-22}$$

式中:c' 和 φ' 为固结不排水试验得出的有效应力强度参数。通常 $c < c_{cu}$,$\varphi > \varphi_{cu}$。

3. 固结排水抗剪强度

固结排水试验在整个试验过程中,超孔隙水压力始终为零。为了达到这一目的,试验时要求加载速度很慢,以便使孔隙水能够充分的渗出。控制加载速度的方法有两种:一种是应力控制式加载,每加一级垂直压力都要停很长时间;另一种是应变控制式加载,使施加轴力的压杆推进速度十分缓慢。固结排水抗剪总应力最后全部转化为有效应力,所以总莫尔应力圆就是有效莫尔应力圆,总应力路径和有效应力路径一致,总应力破坏包线就是有效应力破坏包线。在剪切过程中,正常固结黏土发生剪缩,而超固结土则是先剪缩,继而主要呈现剪胀的特性。

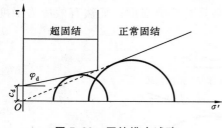

图 7-22　固结排水试验

图 7-22 所示的是固结排水的试验结果,试验表明,固结排水试验和上述固结不排水试验的结果十分相似,所测到的结果也十分接近。由于固结排水试验所需的时间太长,故实际工程中常以 c' 和 φ' 代替 c_d 和 φ_d。但是由于两者的试验条件有一定的差别,前者试验过程中,土的体积保持不变,而后者土的体积会发生变化。因此固结不排水试验中的 c' 和 φ' 并不完全等于固结排水试验中的 c_d 和 φ_d。试验表明,c_d 和 φ_d 分别略大于 c' 和 φ'。

固结不排水试验既可用三轴压缩仪进行试验,也可用直剪仪进行试验。在直接剪切试验中得到的结果常常偏大,根据经验可乘以修正系数 0.9 予以修正。

排水条件对土的抗剪强度影响很大,在工程实际中具体选用那种试验,要结合地基土的实际受力和排水条件。根据大量的工程实践,用得最多的试验方法是不排水剪切试验和固结不排水剪切试验。

❖技能应用❖

技能 1　测定土的抗剪强度指标

1. 实验设备
（1）三轴压缩仪。
（2）附属设备:
① 击实筒和饱和器;
② 切土盘、切土器、切土架和原状土分样器;
③ 承膜筒和砂样制备模筒;
④ 天平、卡尺、乳胶膜等。

2. 试样的制备与饱和

1）试样制备
试样应切成圆柱体形状,试样直径为 ϕ39.1 mm、ϕ61.8 mm、ϕ101 mm,相应的试样高度分别为 80 mm、150 mm、200 mm,试样高度一般为直径的 2～2.5 倍,试样的允许最大粒径与试样直径之间的关系如表 7-2 所示。

表 7-2　试样的允许最大粒径与试样直径之间的关系

试样直径 D/mm	允许最大粒径 d/mm
39.1	$d<D/10$
61.8	$d<D/10$
101.0	$d<D/5$

对于较软的土样,用钢丝锯或切土刀在切土盘上制样;对于较硬的土,用切土刀和切土器在切土架上制样。称取切削好试样的质量,精确至 0.1 g,试样的高度和直径用卡尺量测,并按下式计算平均直径:

$$D = \frac{D_1 + 2D_2 + D_3}{4}$$

式中:D_1、D_2、D_3 分别为试样上、中、下部位的直径。与此同时,取切下的余土,平行测得含水率,取其平均值为试样的含水率。

2)试样饱和

(1)真空抽气饱和。将试样装入饱和器,置于真空缸内,进行抽气,当真空压力达到 1 个大气压时,开启管夹,使清水注入真空缸内,待水面超过饱和器后,即可停止抽气,然后静止大约 10 h,使试样充分吸水饱和。

(2)水头饱和。将试样装入压力室内,施加 20 kPa 的周围压力,使无气泡的水从试样底座进入,待上部溢出,水头高差一般在 1 m 左右,直至流入水量和溢出水量相等为止。

(3)反压力饱和。试样饱和度要求较高时采用反压力饱和(详见实验规程)。

3. 操作步骤

(1)对仪器各部分进行全面检查,周围压力系统、反压力系统、孔隙水压力系统、轴向压力系统是否能正常工作,排水管路是否畅通,管路阀门连接处有无漏水、漏气现象,乳胶膜是否有漏水、漏气现象。

(2)拆开压力室的有机玻璃罩子,将试样放在试样底座的不透水圆板上,在试样的顶部放置不透水试样帽。

(3)将乳胶膜套在承膜筒上,两端翻过来,用吸嘴吸气,使乳胶膜贴紧承膜筒内壁,然后套在试样外放气,翻起乳胶膜,取出承膜筒,用橡皮圈将乳胶膜分别扎紧在试样底座和试样帽上。

(4)装上受压室外罩,安装时应先将活塞提高,以防碰撞试样,然后将活塞对准试样帽中心,并旋紧压力室密封螺帽,再将测力环对准活塞。

(5)向压力室充水,当压力室快注满水时,降低进水速度,当水从排水孔溢出时,关闭排水孔。

(6)开空压机和周围压力阀,施加所需的周围压力,周围压力的大小应根据土样埋深和应力历史来决定,也可按 100 kPa、200 kPa、300 kPa 施加。

(7)旋转手轮,测力环的量表微动,表示活塞与试样接触,然后将测力环的量表和轴向位移量表的指针调整到零位。

(8)启动电动机,开始剪切,剪切速率宜为每分钟应变 0.5%~1.0%。80 mm 高的试样速率为 0.4~0.8 mm/min。开始阶段,试样每产生垂直应变 0.3%~0.4% 时记测力环量表读数和垂直位移量表读数各一次。当接近峰值时应加密读数,如果试样特别松软和硬脆,可酌情减少或加密读数。

(9)当出现峰值后,再进行 3%~5% 的垂直应变或剪至总垂直应变的 15% 后停止试验,若测力环读数无明显减少,则垂直应变应进行到 20%。

(10)试验结束后,关闭电动机,关周围应力阀,拔开离合器,倒转手轮,然后打开排气孔,排去压力室内的水,拆去压力室外罩,取出试样,描述试样破坏的形状,并测得试验后的密度和含水率。

（11）重复以上步骤，分别在不同的周围压力下进行第 2、3、4 个试样的试验。

4. 成果整理

1）计算轴向应变

$$\varepsilon_1 = \frac{\sum \Delta h}{h_0} \times 100\%$$

式中：ε_1 为轴向应变，%；$\sum \Delta h$ 为轴向变形，mm；h_0 为土样初始高度，mm。

2）计算剪切过程中试样的平均面积

$$A_a = \frac{A_0}{1-\varepsilon_1}$$

式中：A_a 为剪切过程中平均断面面积，cm²；A_0 为土样初始断面面积，cm²；ε_1 为轴向应变，%。

3）计算主应力差

$$\sigma_1 - \sigma_3 = \frac{CR}{A_a} \times 10 = \frac{CR(1-\varepsilon_1)}{A_0} \times 10$$

式中：$\sigma_1 - \sigma_3$ 为主应力差，kPa；σ_1 为大主应力，kPa；σ_3 为小主应力，kPa；C 为测力计率定系数，N/0.01 mm；R 为测力计读数，0.01 mm；10 为单位换算系数。

4）绘制主应力差与轴向应变关系曲线

以主应力差（$\sigma_1 - \sigma_3$）为纵坐标，轴向应变 ε_1 为横坐标，绘制主应力差与轴向应变关系曲线，如图 7-23 所示，若有峰值，则取曲线上主应力差的峰值作为破坏点；若无峰值，则取 15% 轴向应变时的主应力差值作为破坏点。

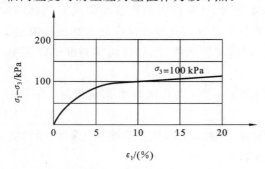

图 7-23　主应力差与轴向应变关系曲线

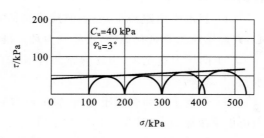

图 7-24　不固结不排水剪强度包线

5）绘制强度包线

以剪应力 τ 为纵坐标，法向应力 σ 为横坐标，在横坐标轴上以破坏时的 $\frac{\sigma_{1f}+\sigma_{3f}}{2}$ 为圆心，以 $\frac{\sigma_{1f}-\sigma_{3f}}{2}$ 为半径，在 τ-σ 坐标系上绘制破坏总莫尔应力圆，并绘制不同周围应力下诸破坏总莫尔应力圆的包线（见图 7-24），包线的倾角为内摩擦角 φ_u，包线在纵坐标上的截距为黏聚力 c_u。

5. 实验报告

（1）三轴剪切试验记录。

该试验数据记录于表 7-3 中。

表 7-3 三轴剪切试验记录

周围压力 /kPa	量力环读数/0.01 mm	轴向荷重 /N	轴向变形 /0.01 mm	轴向应变 /(%)	校正后试样面积/cm²	主应力差 /kPa	轴向应力 /kPa
σ_3	R	$P=CR$	$\sum \Delta h$	$\varepsilon = \dfrac{\sum \Delta h}{h_0}$	$A_a = \dfrac{A_0}{1-\varepsilon_1}$	$\sigma_1 - \sigma_3 = \dfrac{P}{A_a}$	σ_1

（2）画出主应力差与轴向应变关系曲线。

（3）画出不固结不排水剪强度包线。

任务 4 确定地基承载力

❖任务导入❖

地基土的抗剪强度不仅与土的颗粒大小、形状、级配密实度、矿物成分和含水量等因素有关，还与土受剪时的排水条件、剪切速率等外界环境有关，要正确了解和判断土的抗剪强度，必须了解其不同的强度机理，熟悉地基土的抗剪强度特征。

【任务】

（1）熟悉砂类土抗剪强度特征；

（2）熟悉黏性土的抗剪强度特征。

❖知识准备❖

所谓地基承载力，是指地基单位面积上所能承受荷载的能力。地基承载力一般可分为地基极限承载力和地基承载力特征值两种。地基极限承载力是指地基发生剪切破坏丧失整体稳定时的地基承载力,是地基所能承受的基底压力极限值(极限荷载),用 p_u 表示;地基承载力特征值(地基容许承载力)则是满足土的强度稳定和变形要求时的地基承载能力,以 f_a 表示。将地基极限承载力除以安全系数 K,即为地基承载力特征值。

要研究地基承载力,首先要研究地基在荷载作用下的破坏类型和破坏过程。

模块 1　地基的破坏类型与变形阶段

现场载荷试验和室内模型试验表明,在荷载作用下,建筑物地基的破坏通常是由于承载力不足而引起的剪切破坏,地基剪切破坏随着土的性质不同而不同,一般可分为整体剪切破坏、局部剪切破坏和冲切剪切破坏三种类型。三种不同破坏类型的地基作用荷载 p 和沉降 S 之间的关系,即 p-S 关系曲线如图 7-25 所示。

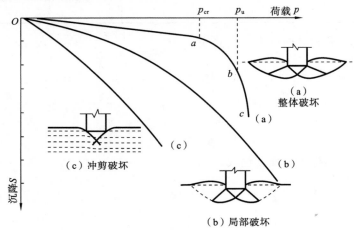

图 7-25　地基土的破坏形式及地基土破坏的 p-S 关系曲线

1. 整体剪切破坏

对于比较密实的砂土或较坚硬的黏性土,常发生这种破坏类型。其特点是,地基中产生连续的滑动面一直延续到地表,基础两侧土体有明显隆起,破坏时基础急剧下沉或向一侧突然倾斜,p-S 关系曲线有明显拐点,如图 7-25(a)所示。

2. 局部剪切破坏

在中等密实砂土或中等强度的黏性土地基中可能发生这种破坏类型。局部剪切破坏的特点是,基底边缘的一定区域内有滑动面,类似于整体剪切破坏,但滑动面没有发展到地表,基础两侧土体微有隆起,基础下沉比较缓慢,一般无明显倾斜,p-S 关系曲线拐点不易确定,如图 7-25(b)所示。

3. 冲切剪切破坏

若地基为压缩性较高的松砂或软黏土,则基础在荷载作用下会连续下沉,破坏时地基无明显滑动面,基础两侧土体无隆起,也无明显倾斜,基础只是下陷,就像"切入"土中一样,故称为冲切剪切破坏,或称刺入剪切破坏。该破坏形式的 p-S 关系曲线无明显的拐点,如图 7-25(c)所示。

4. 地基变形的三个阶段

根据地基从加荷到整体剪切破坏的过程,地基的变形一般要经过三个阶段。

(1) 弹性变形阶段。当基础上的荷载较小时,地基主要产生压密变形,p-S 关系曲线接近于直线,如图 7-25(a)中的 Oa 段,此时地基中任意点的剪应力均小于抗剪强度,土体处于弹性平衡状态。

(2) 塑性变形阶段。在图 7-25(a)中,拐点 a 所对应的荷载称临塑荷载,用 p_{cr} 表示。当作用荷载超过临塑荷载 p_{cr} 时,首先在基础边缘地基中开始出现剪切破坏,剪切破坏随着荷载的增大而逐渐形成一定的区域,称为塑性区。p-S 呈曲线关系,如图 7-25(a)中的 ab 段。

(3) 破坏阶段。在图 7-25(a)中,拐点 b 所对应的荷载称为极限荷载,以 p_u 表示。当作用荷载达到极限荷载 p_u 时,地基土体中的塑性区发展到形成连续的滑动面,若荷载略有增加,基础变形就会突然增大,同时地基土从基础两侧挤出,地基因发生整体剪切破坏而丧失稳定。

模块 2 地基的临塑荷载与临界荷载

1. 临塑荷载

临塑荷载 p_{cr} 是指地基土中即将产生塑性区(即基础边缘将要出现剪切破坏)时对应的基底压力,也是地基从弹性变形阶段转为塑性变形阶段的分界荷载。临塑荷载可根据土中应力计算的弹性理论和土体的极限平衡条件导出。

设在均质地基中,埋深 d 处作用一条形均布铅直荷载 p,如图 7-26 所示,根据弹性理论,在地基中任一深度 M 点处产生的大、小主应力为

$$\left.\begin{array}{l} \sigma_1 = \dfrac{p-\gamma_0 d}{\pi}(\beta_0 \pm \sin\beta_0) + \gamma_0 d + \gamma z \\[2mm] \sigma_3 = \dfrac{p-\gamma_0 d}{\pi}(\beta_0 - \sin\beta_0) + \gamma_0 d + \gamma z \end{array}\right\} \tag{7-23}$$

式中:β_0 为任意点 M 点与基底两侧连线的夹角,弧度;γ_0 为基底以上土的加权平均重度,kN/m^3;γ 为基底以下土的重度,地下水位以下用有效重度,kN/m^3。

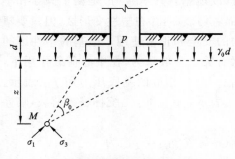

图 7-26 条形均布荷载作用下地基中的主应力

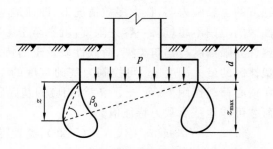

图 7-27 条形基础底面边缘的塑性区

当 M 点达到极限平衡状态时,该点的大、小主应力应满足极限平衡条件。
整理后得

$$z = \frac{(p-\gamma_0 d)}{\gamma\pi}\left(\frac{\sin\beta_0}{\sin\varphi} - \beta_0\right) - \frac{c}{\gamma\tan\varphi} - \frac{\gamma_0}{\gamma}d \tag{7-24}$$

式(7-24)为塑性区的边界方程,它表示塑性区边界上任一点的 z 与 β_0 之间的关系。如果

基础的埋置深度 d、荷载 p，以及土的性质指标 γ、c、φ 均已知，根据式（7-24）可绘出塑性区的边界线，如图 7-27 所示。

在实际应用时，一般只需要了解在一定的荷载 p 作用下塑性区开展的最大深度 z_{max}。塑性变形区开展的最大深度 z_{max} 可由 $dz/d\beta_0 = 0$ 的条件求得，即

$$\frac{dz}{d\beta_0} = \frac{p - \gamma_0 d}{\gamma \pi}\left(\frac{\cos\beta_0}{\sin\varphi} - 1\right) = 0 \tag{7-25}$$

由式（7-25）得出 $\cos\beta_0 = \sin\varphi$，所以，当 $\beta_0 = \pi/2 - \varphi$ 时，式（7-24）有极值。将 $\beta_0 = \pi/2 - \varphi$ 代回式（7-24），即可得到塑性变形区开展的最大深度为

$$z_{max} = \frac{(p - \gamma_0 d)}{\gamma \pi}\left[\cot\varphi - \left(\frac{\pi}{2} + \varphi\right)\right] - \frac{c}{\gamma\tan\varphi} - \frac{\gamma_0}{\gamma}d \tag{7-26}$$

由式（7-26）可见，在其他条件不变的情况下，p 增大时，z_{max} 也增大（即向塑性区发展）。若 $z_{max} = 0$，则表示地基即将产生塑性区，与此相应的基底压力 p 即为临塑荷载 p_{cr}。因此，令 $z_{max} = 0$，得临塑荷载为

$$p_{cr} = \frac{\pi(\gamma_0 d + c \cdot \cot\varphi)}{\cot\varphi - \frac{\pi}{2} + \varphi} + \gamma_0 d = N_c c + N_q \gamma_0 d \tag{7-27}$$

式中：N_c、N_q 为承载力系数，是内摩擦角的函数，其中：

$$N_c = \frac{\pi\cot\varphi}{\cot\varphi - \frac{\pi}{2} + \varphi}$$

$$N_q = \frac{\cot\varphi + \frac{\pi}{2} + \varphi}{\cot\varphi - \frac{\pi}{2} + \varphi}$$

临塑荷载可作为地基承载力特征值，即

$$f_a = p_{cr} \tag{7-28}$$

2. 临界荷载

一般情况下将临塑荷载 p_{cr} 作为地基承载力特征值（或地基容许承载力）是偏于保守和不经济的。经验表明，在大多数情况下，即使地基发生局部剪切破坏，存在塑性变形区，但只要塑性区的范围不超过某一容许限度，就不至于影响建筑物的安全和正常使用。地基的塑性区的容许界限深度与建筑类型、荷载性质及土的特性等因素有关。一般认为，在中心荷载作用下，塑性区的最大深度 z_{max} 可控制为基础宽度的 1/4，即 $z_{max} = b/4$，相应的基底压力用 $p_{1/4}$ 表示。在偏心荷载作用下，令 $z_{max} = b/3$，相应的基底压力用 $p_{1/3}$ 表示。$p_{1/4}$ 和 $p_{1/3}$ 统称临界荷载，临界荷载可作地基承载力特征值。

将 $z_{max} = b/3$ 或 $b/4$ 代入式（7-26），整理得相应的临界荷载 $p_{1/3}$ 或 $p_{1/4}$ 为

$$p_{1/3} = \frac{\pi(\gamma_0 d + c\cot\varphi + \frac{1}{3}\gamma b)}{\cot\varphi - \frac{\pi}{2} + \varphi} = N_{1/3}\gamma b + N_c c + N_q \gamma_0 d \tag{7-29}$$

$$p_{1/4} = \frac{\pi(\gamma_0 d + c\cot\varphi + \frac{1}{4}\gamma b)}{\cot\varphi - \frac{\pi}{2} + \varphi} = N_{1/4}\gamma b + N_c c + N_q \gamma_0 d \tag{7-30}$$

式中：$N_{1/3}$、$N_{1/4}$ 为承载力系数，是内摩擦角的函数，其中：

$$N_{1/3}=\dfrac{\pi}{3\left(\cot\varphi-\dfrac{\pi}{2}+\varphi\right)}, \qquad N_{1/4}=\dfrac{\pi}{4\left(\cot\varphi-\dfrac{\pi}{2}+\varphi\right)}$$

其余符号含义同前。

临塑荷载 p_{cr}、临界荷载 $p_{1/3}$ 和 $p_{1/4}$ 的计算式是在条形均布荷载作用下导出的，对于矩形和圆形基础，其结果偏于安全。

【例 7.1】　有一条形基础，宽度 $b=3$ m，埋置深度 $d=1$ m。地基土的水上重度 $\gamma=19$ kN/m³，水下饱和重度 $\gamma_{sat}=20$ kN/m³，土的抗剪强度指标 $c=10$ kPa，$\varphi=10°$。试求：

（1）无地下水时的临界荷载 $p_{1/4}$、$p_{1/3}$；

（2）地下水位升至基础底面时，地基承载力有何变化。

解　（1）由 $\varphi=10°$，计算得

$$N_{1/3}=0.24,\quad N_{1/4}=0.18,\quad N_q=1.73,\quad N_c=4.17$$

$$p_{1/3}=N_{1/3}\gamma b+N_q\gamma_0 d+N_c c=(0.24×19×3+1.73×19×1+10×4.17)\ \text{kPa}=88.3\ \text{kPa}$$

$$p_{1/4}=N_{1/4}\gamma b+N_q\gamma_0 d+N_c c=(0.18×19×3+1.73×19×1+10×4.17)\ \text{kPa}=84.8\ \text{kPa}$$

（2）当地下水位上升至基础底面时，假设土的强度指标 c、φ 值不变，因而承载力系数同上。地下水位以下土的重度采用有效重度 $\gamma'=(20-9.8)$ kN/m³$=10.2$ kN/m³。将 γ' 及承载力系数等值代入，即可得出地下水位上升后的地基承载力为

$$p_{1/3}=N_{1/3}\gamma' b+N_q\gamma_0 d+N_c c=(0.24×10.2×3+1.73×19×1+10×4.17)\ \text{kPa}=81.9\ \text{kPa}$$

$$p_{1/4}=N_{1/4}\gamma' b+N_q\gamma_0 d+N_c c=(0.18×10.2×3+1.73×19×1+10×4.17)\ \text{kPa}=80.1\ \text{kPa}$$

从以上计算结果可以看出，当有地下水时，会降低地基承载力值。故当地下水位升高较大时，对地基的稳定不利。

模块 3　地基的极限荷载

地基的极限荷载 p_u（即极限承载力）是指地基濒于发生整体破坏时的最大基底压力，即地基从塑性变形阶段转为破坏阶段的分界荷载。根据极限荷载的计算理论，地基不同，其破坏类型有所不同，但目前的计算公式均是按整体剪切破坏模式推导的，只是有的计算公式可根据经验修正后，用于其他破坏模式的计算。下面介绍工程界常用的太沙基公式和汉森公式。

1. 太沙基公式

太沙基（K. Terzaghi）在作极限荷载计算公式推导时，假定条件为：① 基础为条形浅基础；② 基础两侧埋置深度 d 范围内的土重被视为边荷载 $q=\gamma_0 d$，但不考虑这部分土的抗剪强度；③ 基础底面是粗糙的；④ 在极限荷载 p_u 作用下，地基中的滑动面如图 7-28 所示，滑动土体共分为五个区（左右对称）。

（1）Ⅰ区：基底下的楔形压密区（$a'ae$），因基底与土体之间的摩擦力能阻止基底处土体发生剪切位移，故直接位于基底下的土不会处于塑性平衡状态，而是处于弹性平衡状态。楔体与基底面的夹角为 φ，在地基破坏时该区随基础一同下沉。

（2）Ⅱ区：辐射受剪区，滑动面 ec 及 ec' 是按对数螺旋线变化所形成的曲面。

（3）Ⅲ区：朗肯被动土压力区，滑动面上 cd 及 $c'd'$ 为直线，它与水平面的夹角为 $45°-\varphi/2$，作用于 ae 和 $a'e$ 面上的力是被动土压力。

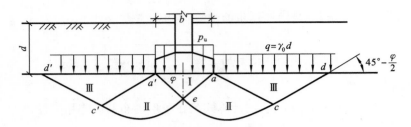

图 7-28　太沙基承载力理论假定的滑动面

根据弹性楔形体 $a'ae$ 的静力平衡条件,求得的太沙基极限荷载 p_u 为

$$p_u = \frac{1}{2}\gamma b N_\gamma + q N_q + c N_c \tag{7-31}$$

式中:b 为基础宽度,m;γ 为基础底面以下土的重度,kN/m^3;q 为基础的旁侧荷载,$q = \gamma_0 d$,kPa;γ_0 为基础底面以上土的重度加权平均值,kN/m^3;d 为基础埋深,m;N_γ、N_q、N_c 为承载力系数,仅与土的内摩擦角有关,可由表 7-4 查得。

表 7-4　太沙基公式承载力系数

$\varphi/(°)$	N_c	N_q	N_γ	N_c'	N_q'	N_γ'
0	5.7	1.0	0.0	5.7	1.0	0.0
5	7.3	1.6	0.5	6.7	1.4	0.2
10	9.6	2.7	1.2	8.0	1.9	0.5
15	12.9	4.4	2.5	9.7	2.7	0.9
20	17.7	7.4	5.0	11.8	3.9	1.7
25	25.1	12.7	9.7	14.8	5.6	3.2
30	37.2	22.5	19.7	19.0	8.3	5.7
34	52.6	36.5	35.0	23.7	11.7	9.0
35	57.8	41.4	42.4	25.2	12.6	10.1
40	95.7	81.3	100.4	34.9	20.5	18.8

　　以上公式适用于条形荷载作用下地基土整体剪切破坏情况,即适用于坚硬黏土和密实砂土。对于地基发生局部剪切破坏的情况,太沙基建议对土的抗剪强度指标进行折减,即取 $c' = 2c/3$、$\tan\varphi' = (2\tan\varphi)/3$。根据调整后的指标并由 φ' 查得 N_c、N_q、N_γ,计算条形基础局部剪切破坏的极限承载力。或者由 φ 查表 7-4 得 N_c'、N_q'、N_γ',按下式计算极限承载力:

$$p_u = (2/3)c N_c' + q N_q' + (1/2)\gamma b N_\gamma' \tag{7-32}$$

对于圆形或方形基础,太沙基建议用下列半经验公式计算地基极限承载力。

对于方形基础(边长为 b),有

整体剪切破坏　　　　　　　$p_u = 1.2c N_c + q N_q + 0.4\gamma b N_\gamma$ 　　　　　　　　(7-33)

局部剪切破坏　　　　　　　$p_u = 0.8c N_c' + q N_q' + 0.4\gamma b N_\gamma'$ 　　　　　　　(7-34)

对于圆形基础(半径为 b),有

整体剪切破坏　　　　　　　$p_u = 1.2c N_c + q N_q + 0.6\gamma b N_\gamma$ 　　　　　　　　(7-35)

局部剪切破坏　　　　　　　　$p_u = 0.8cN_c' + qN_q' + 0.6\gamma bN_\gamma'$　　　　　　　　　(7-36)

按照太沙基公式计算得到的地基极限承载力 p_u 除以安全系数 f_s，即可得到地基承载力特征值 f_a，一般取安全系数 $f_s = 2 \sim 3$。

【例 7.2】 有一条形基础，宽度 $b = 6$ m，埋置深度 $d = 1.5$ m，其上作用中心荷载 $\overline{P} = 1500$ kN/m。地基土质均匀，重度 $\gamma = 19$ kN/m³，土的抗剪强度指标 $c = 20$ kPa，$\varphi = 20°$，若安全系数 $f_s = 2.5$，试验算：

(1) 地基的稳定性；

(2) 当 $\varphi = 15°$ 时，地基的稳定性如何？

解　(1) 当 $\varphi = 20°$ 时的稳定性验算。

基底压力　　　　　　　　$p = \dfrac{\overline{P}}{b} = 1500/6$ kPa $= 250$ kPa

由 $\varphi = 20°$ 查表 7-4，得 $N_\gamma = 5.0$、$N_q = 7.4$ 和 $N_c = 17.7$。将以上各值代入式(7-31)，得到地基的极限荷载为

$$p_u = \frac{1}{2}\gamma bN_\gamma + qN_q + cN_c = \left(\frac{1}{2} \times 19 \times 6 \times 5 + 19 \times 1.5 \times 7.4 + 20 \times 17.7\right) \text{kPa} = 849.9 \text{ kPa}$$

地基承载力特征值为

$$f_a = \frac{p_u}{f_s} = \frac{849.9}{2.5} = 340.0 \text{ kPa}$$

因为基底压力 p 小于地基承载力特征值 f_a，所以地基是稳定的。

(2) 验算 $\varphi = 15°$ 时的地基稳定性。

由 $\varphi = 15°$ 查表 7-4，得 $N_\gamma = 2.5$，$N_q = 4.4$，$N_c = 12.9$。将各值代入，得到地基的极限承载力为

$$p_u = \left(\frac{1}{2} \times 19 \times 6 \times 2.5 + 19 \times 1.5 \times 4.4 + 20 \times 12.9\right) \text{kPa} = 525.9 \text{ kPa}$$

$$f_a = \frac{p_u}{f_s} = \frac{525.9}{2.5} \text{ kPa} = 210.36 \text{ kPa}$$

此时因为 p 大于 f_a，所以地基稳定性不满足要求。

通过计算可以看出，当其他条件不变，仅 φ 由 $20°$ 减小为 $15°$ 时，地基承载力特征值几乎减小一半，可见地基土的内摩擦角 φ 对地基承载力影响极大。

2. 汉森公式

汉森(Hansen. B. J, 1961)公式是半经验公式，适用范围较广，对水利工程有实用意义。

汉森公式的基本形式与太沙基公式的类似，所不同的是汉森公式中考虑了荷载倾斜、基础形状及基础埋深等影响，但承载力系数与太沙基公式的不同。

汉森公式的普遍形式为

$$p_{uv} = \frac{1}{2}\gamma b'N_\gamma i_\gamma s_\gamma d_\gamma g_\gamma + qN_q i_q s_q d_q g_q + cN_c i_c s_c d_c g_c \tag{7-37}$$

式中：γ 为基础底面下土的重度，水下用浮重度，kN/m³；b' 为基础的有效宽度，m，$b' = b - 2e_b$；e_b 为荷载的偏心距，m；b 为基础实际宽度，m；q 为基础底面以上的边荷载，kPa；c 为地基土的黏聚力，kPa；N_γ、N_q、N_c 为汉森承载力系数，可查表 7-5 确定；S_γ、S_q、S_c 为与基础形状有关的形状系数，其值查表 7-6 确定；d_γ、d_q、d_c 为与基础埋深有关的深度系数，$d_\gamma = 1$，$d_q \approx d_c \approx 1 +$

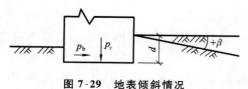

图 7-29　地表倾斜情况

$0.35\dfrac{d}{b'}$，适用于 $d/b'<1$ 的情况，当 d/b' 很小时，可不考虑此系数；d 为基础埋深；i_γ、i_q、i_c 为与荷载倾角有关的荷载倾斜系数，按土的内摩擦角 φ 与荷载倾角 δ（荷载作用线与铅直线的夹角）由表 7-7 查得；g_γ、g_q、g_c 为与基础以外地基表面倾斜有关的倾斜修正系数（见图 7-29）。

$$g_c=1-\frac{\beta}{147°}$$

$$g_q=g_\gamma=(1-0.5\tan\beta)^5$$

相应水平极限荷载的汉森公式为

$$p_{uh}=p_{uv}\tan\delta \tag{7-38}$$

地基承载力特征值（或地基容许承载力）为

$$f_a=p_{uv}/f_s \tag{7-39}$$

式中：f_s 为安全系数，一般取 2～2.5。对于软弱地基或重要建筑物可大于 2.5。

表 7-5　汉森承载力系数

$\varphi/(°)$	N_γ	N_q	N_c	$\varphi/(°)$	N_γ	N_q	N_c
0	0	1.00	5.14	24	6.90	9.61	19.33
2	0.01	1.20	5.69	26	9.53	11.83	22.25
4	0.05	1.43	6.17	28	13.13	14.71	25.80
6	0.14	1.72	6.82	30	18.09	18.40	30.15
8	0.27	2.06	7.52	32	24.95	23.18	35.50
10	0.47	2.47	8.35	34	34.54	29.45	42.18
12	0.76	2.97	9.29	36	48.08	37.77	50.61
14	1.16	3.58	10.37	38	67.43	48.92	61.36
16	1.72	4.34	11.62	40	95.51	64.23	75.36
18	2.49	5.25	13.09	42	136.72	85.36	93.69
20	3.54	6.40	14.83	44	198.77	115.35	118.41
22	4.96	7.82	16.89	45	240.95	134.86	133.86

表 7-6　基础形状系数

基础形状	形状系数	
	S_c、S_q	S_γ
条形	1.0	1.0
矩形	$1+0.3\,b'/l$	$1-0.4\,b'/l$
方形及圆形	1.2	0.6

表 7-7　汉森倾斜系数 i_γ、i_q、i_c

$\varphi/(°)$ ＼ $\tan\delta$ / i	0.1			0.2			0.3			0.4		
	i_γ	i_q	i_c	i_γ	i_q	i_c	i_γ	i_q	i_c	i_γ	i_q	i_c
6	0.64	0.80	0.53									
10	0.72	0.85	0.75									
12	0.73	0.85	0.78	0.40	0.63	0.44						
16	0.73	0.85	0.81	0.46	0.68	0.58						
18	0.73	0.85	0.81	0.47	0.69	0.61	0.23	0.48	0.36			
20	0.72	0.85	0.82	0.47	0.69	0.63	0.26	0.51	0.42			
22	0.72	0.85	0.82	0.47	0.69	0.64	0.27	0.52	0.45	0.10	0.32	0.22
26	0.70	0.84	0.82	0.46	0.68	0.65	0.28	0.53	0.48	0.15	0.38	0.32
28	0.69	0.83	0.82	0.45	0.67	0.65	0.27	0.52	0.49	0.15	0.39	0.34
30	0.69	0.83	0.82	0.44	0.67	0.65	0.27	0.52	0.49	0.15	0.39	0.35
32	0.68	0.83	0.81	0.43	0.66	0.65	0.26	0.51	0.49	0.15	0.39	0.36
34	0.67	0.82	0.81	0.42	0.65	0.64	0.25	0.50	0.49	0.14	0.38	0.36
36	0.66	0.81	0.81	0.41	0.64	0.63	0.25	0.50	0.48	0.14	0.37	0.36
38	0.65	0.80	0.80	0.40	0.63	0.62	0.24	0.49	0.47	0.13	0.37	0.35
40	0.64	0.80	0.79	0.36	0.62	0.62	0.23	0.48	0.47	0.13	0.36	0.35
44	0.61	0.78	0.78	0.36	0.60	0.59	0.20	0.45	0.44	0.11	0.33	0.32
45	0.61	0.78	0.78	0.35	0.59	0.59	0.19	0.44	0.44	0.11	0.33	0.32

模块 4　根据《建筑地基基础设计规范》确定地基承载力特征值

《建筑地基基础设计规范》(GB 50007—2011)规定:地基承载力特征值可由荷载试验或其他原位试验、公式计算,并结合工程实践经验等方法确定。

1. 按载荷试验确定地基承载力特征值

对于设计等级为甲级的建筑物,或地质条件复杂、土质不均、难以取得原状土样的杂填土、松砂、风化岩石等,采用现场荷载试验法,可以取得较精确可靠的地基承载力数值。

现场载荷试验是用一块承压板代替基础,承压板的面积不应小于 0.25 m²,对于软土,承压板的面积不应小于 0.5 m²。在承压板上施加荷载,观测荷载与承压板的沉降量,根据测试结果绘出荷载与沉降关系曲线,即 p-S 关系曲线,如图 7-30 所示,并依据下列规定确定地基承载力特征值。

(1) 当 p-S 关系曲线上有比例界限时,取该比例界限所对应的荷载值。

(2) 当极限荷载小于对应比例界限的荷载值的 2 倍时,取极限荷载值的一半。

(3) 当不能按上述两条要求确定,且承压板面积为 0.25～0.50 m² 时,可取 $S/b = 0.01$～0.015 所对应的荷载,但其值不应大于最大加载量的一半。

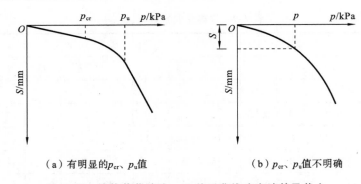

（a）有明显的p_{cr}、p_u值　　　　　　　　（b）p_{cr}、p_u值不明确

图 7-30　按静载荷试验 $p\text{-}S$ 关系曲线确定地基承载力

（4）同一土层参加统计的试验点不应少于三点，当试验实测值的极差不超过其平均值的30%时，取此平均值作为该土层的地基承载力特征值 f_{ak}。

2. 按其他原位试验确定地基承载力特征值

1）静力触探试验

静力触探试验是利用机械或油压装置将一个内部装有传感器的探头以一定的匀速压入土中，由于地层中各土层的强度不同，探头在贯入过程中所受到的阻力也不同，用电子量测仪器测出土的比贯入阻力的试验。土愈软，探头的比贯入阻力愈小，土的强度愈低；土愈硬，探头的比贯入阻力愈大，土的强度愈高。根据比贯入阻力与地基承载力之间的关系确定地基承载力特征值。这种方法一般适用于软黏土、一般黏性土、砂土和黄土等，但不适用于含碎石、砾石较多的土层和致密的砂土层。最大贯入深度为 30 m。

静力触探试验目前在国内应用较广，我国不少单位通过对比试验，已建立了经验公式。不过这类经验公式具有很强的地区性，因此，在使用时要注意所在地区的适用性与土层的相似性。

2）标准贯入试验

标准贯入试验中，先用钻机钻孔，再把上端接有钻杆的标准贯入器放置孔底，然后用质量为 63.5 kg 的穿心锤，以 76 cm 的自由落距，将标准贯入器在孔底先预打入土中 15 cm，再测记打入土中 30 cm 的锤击数，称为标准贯入锤击数 N。标准贯入锤击数 N 越大，说明土越密实，强度越大，承载力越高。利用标准贯入锤击数与地基承载力之间的关系，可以得出相应的地基承载力特征值。标准贯入试验适用于砂土、粉土和一般黏性土。

3）动力触探试验

动力触探试验与标准贯入试验基本相同，都是利用一定的落锤能量，将一定规格的探头连同探杆打入土中，根据探头在土中贯入一定深度的锤击数来确定各类土的地基承载力特征值。它与标准贯入试验不同的是，采用的锤击能量、探头的规格及贯入深度不同。动力触探试验根据锤击能量及探头的规格分为轻型、重型和超重型三种。轻型动力触探适用于浅部的填土、砂土、粉土和黏性土；重型动力触探适用于砂土、中密以下的碎石土、极软岩；超重型动力触探适用于密实和很密实的碎石土、软岩和极软岩。

除载荷试验外，静力触探、标准贯入试验和动力触探试验等原位试验，在我国已积累了丰富的经验，《建筑地基基础设计规范》（GB 50007—2011）允许将其应用于确定地基承载力特征值，但是强调必须有地区经验，即有当地的对比资料。同时还应注意，当地基基础设计等级为甲级和乙级时，应结合室内试验成果综合分析，不宜独立应用。

3. 按公式计算确定地基承载力特征值

《建筑地基基础设计规范》(GB 50007—2011)建议：当偏心距 e 小于或等于基底宽度的 0.033 时，可根据土的抗剪强度指标按下式确定地基承载力特征值 f_a，但尚应满足变形要求。

$$f_a = M_b \gamma b + M_d \gamma_m d + M_c c_k \tag{7-40}$$

式中：f_a 为由土的抗剪强度指标确定的地基承载力特征值，kPa；M_b、M_d、M_c 为承载力系数，可由土的内摩擦角 φ_k 查表 7-8 确定；γ_m 为基础底面以上土的加权平均重度，地下水位以下取浮重度，kN/m³；γ 为基础底面以下土的重度，地下水位以下取浮重度，kN/m³；b 为基础底面宽度，当大于 6 m 时按 6 m 取值，对于砂土，小于 3 m 按 3 m 取值；c_k 为基础底面以下 1 倍短边宽深度范围内土的黏聚力标准值。

表 7-8　承载力系数 M_b、M_d、M_c

土的内摩擦角标准值 φ_k/(°)	M_b	M_d	M_c
0	0	1.00	3.14
2	0.03	1.12	3.32
4	0.06	1.25	3.51
6	0.1	1.39	3.71
8	0.14	1.55	3.93
10	0.18	1.73	4.17
12	0.23	1.94	4.42
14	0.29	2.17	4.69
16	0.36	2.43	5.00
18	0.43	2.72	5.31
20	0.51	3.06	5.66
22	0.61	3.44	6.04
24	0.80	3.87	6.45
26	1.10	4.37	6.90
28	1.40	4.93	7.40
30	1.90	5.59	7.95
32	2.60	6.35	8.55
34	3.40	7.21	9.22
36	4.20	8.25	9.97
38	5.00	9.44	10.80
40	5.80	10.84	11.73

注：φ_k 为基础底面以下 1 倍短边宽深度范围内土的内摩擦角标准值。

土的内摩擦角标准值 φ_k 和黏聚力标准值 c_k，可按下列规定计算。

（1）根据室内 n 组三轴压缩试验的结果，按下列公式计算某一土性指标的变异系数、试验平均值和标准差：

$$\delta = \frac{\sigma}{\mu} \tag{7-41}$$

$$\mu = \frac{\sum\limits_{i-1}^{n} \mu_i}{n} \tag{7-42}$$

$$\sigma = \sqrt{\frac{\sum\limits_{i=1}^{n} \mu_i^2 - n\mu^2}{n-1}} \tag{7-43}$$

式中：δ 为变异系数；μ 为试验平均值；σ 为标准差。

（2）按下列公式计算内摩擦角和黏聚力的统计修正系数 ψ_φ、ψ_c：

$$\psi_\varphi = 1 - \left(\frac{1.704}{\sqrt{n}} + \frac{4.678}{n^2} \right) \delta_\varphi \tag{7-44}$$

$$\psi_c = 1 - \left(\frac{1.704}{\sqrt{n}} + \frac{4.678}{n^2} \right) \delta_c \tag{7-45}$$

式中：ψ_φ 为内摩擦角的统计修正系数；ψ_c 为黏聚力的统计修正系数；δ_φ 为内摩擦角的变异系数；δ_c 为黏聚力的变异系数。

（3）内摩擦角标准值和黏聚力标准值为

$$\varphi_k = \psi_\varphi \varphi_m \tag{7-46}$$

$$c_k = \psi_c c_m \tag{7-47}$$

式中：φ_k 为内摩擦角标准值；c_k 为黏聚力标准值；φ_m 为内摩擦角的试验平均值；c_m 为黏聚力的试验平均值。

4. 按经验方法确定地基承载力

对于简单场地上，荷载不大的中小工程，可根据邻近条件相似的建筑物的设计和使用情况，进行综合分析确定其地基承载力特征值。

5. 地基承载力特征值的修正

地基承载力除了与土的性质有关外，还与基础底面尺寸及埋深等因素有关。《建筑地基基础设计规范》(GB 50007—2011)规定，当基础的宽度 b 大于 3 m，或者基础的埋置深度 d 大于 0.5 m 时，由载荷试验或其他原位测试、经验值等方法确定的地基承载力特征值尚需按下式修正：

$$f_a = f_{ak} + \eta_b \gamma (b-3) + \eta_d \gamma_m (d-0.5) \tag{7-48}$$

式中：f_a 为修正后的地基承载力特征值，kPa；f_{ak} 为修正前的地基承载力特征值，kPa；η_b、η_d 分别为基础宽度和埋置深度的承载力修正系数，按基底土的类别从表 7-9 中查取；γ 为基础底面以下土的重度，地下水位以下取浮重度，kN/m³；γ_m 为基础底面以上土的加权平均重度，地下水位以下取浮重度，kN/m³；b 为基础宽度，基础宽度小于 3 m 按 3 m 计，大于 6 m 按 6 m 计；d 为基础埋置深度，m，一般自室外地面标高算起，在填方整平地区，可自填土地面标高算起，但填土在上部结构施工后完成时，应从天然地面标高算起，对于地下室，如采用箱形基础或筏基，则基础埋深自室外地面标高算起，当采用独立基础或条形基础时，应从室内地面标高算起。

表 7-9 承载力的宽深修正系数

土 的 类 别			η_b	η_d
淤泥和淤泥质土			0	1.0
人工填土 e 或 I_L 大于或等于 0.85 的黏性土			0	1.0
红黏土	含水比 $\alpha_w > 0.8$		0	1.2
	含水比 $\alpha_w \leqslant 0.8$		0.15	1.4
大面积压实填土	压实系数大于 0.95、黏粒含量 $\rho_c \geqslant 10\%$ 的粉土		0	1.5
	最大干密度大于 2.1 t/m³ 的级配砂石		0	2.0
粉土	黏粒含量 $\rho_c \geqslant 10\%$ 的粉土		0.3	1.5
	黏粒含量 $\rho_c < 10\%$ 的粉土		0.5	2.0
e 及 I_L 均小于 0.85 的黏性土			0.3	1.6
粉砂、细砂(不包括很湿和饱和时的稍密状态)			2.0	3.0
中砂、粗砂、砾砂和碎石土			3.0	4.4

❖技能应用❖

技能 1　确定地基承载力

【技能 7-1】　黄河大堤全长达 1370 km,犹如"水上长城"。黄河大堤包括两岸的临黄大堤、北金堤等,是黄河下游防洪工程体系的重要组成部分。

堤防断面采用典型断面稳定分析与经验相结合的办法拟定。堤顶宽度除需满足稳定性要求外,还应考虑防汛抢险交通需要。现行的断面标准是:艾山以上顶宽平工段,9~10 m;险工段,11~12 m。临、背河堤坡坡比为 1:3。艾山以下顶宽平工段,7~8 m;险工段,9~10 m。背河堤坡坡比为 1:3,临河坡坡比为 1:3.0~1:2.5。堤高一般为 7~10 m,高的达 14 m。为了满足渗透稳定要求,平工段浸润线一般按 1:8,险工段按 1:10,不足时加修后戗。戗顶高出背河堤坡浸润线出逸点 1.0 m,戗顶宽 4~6 m,边坡坡比为 1:5,有的地方修多级后戗。

为方便计算,取某一小段简化,形成宽度 $b=3$ m,埋深 $h=1$ m,地基土内摩擦角 $\varphi=30°$,黏聚力 $c=20$ kPa,天然重度 $\gamma=18$ kN/m³。分析确定以下参数:

(1)地基临塑荷载;

(2)当极限平衡区最大深度达到 $0.3b$ 时的均布荷载数值。

分析解答过程如下:

(1) $p_a = \dfrac{\pi(c \cdot \cot\varphi + \gamma H)}{\cot\varphi - \dfrac{\pi}{2} + \varphi} + \gamma H = \left[\dfrac{\pi\left(20\cot\dfrac{\pi}{6} + 18 \times 1\right)}{\cot\dfrac{\pi}{6} - \dfrac{\pi}{2} + \dfrac{\pi}{6}} + 18 \times 1 \right]$ kPa $= 259.5$ kPa

(2)当

$$z_{max} = \dfrac{p - \gamma H}{\gamma \pi}\left(\cot\varphi - \dfrac{\pi}{2} + \varphi\right) - \dfrac{c}{\gamma \tan\varphi} - H = 0.3b$$

时,有

$$\dfrac{p - 18 \times 1}{18\pi}\left(\cot\dfrac{\pi}{6} - \dfrac{\pi}{2} + \dfrac{\pi}{6}\right) - \dfrac{20}{18\tan(\pi/6)} - 1 = 0.3 \times 3 = 0.9$$

化简后,得 $\qquad p_{0.3b}=333.8\ \text{kPa}$

【技能 7-2】 某条形水闸基础,地基土的饱和重度 $\gamma_{sat}=21.0\ \text{kN/m}^3$,湿重度 $\gamma=20\ \text{kN/m}^3$,地下水位与基底齐平,基土的内摩擦角 $\varphi=16°$,黏聚力 $c=18\ \text{kPa}$,基础宽度 $b=18$ m,基础埋深 $d=1.6$ m,闸前后地形平整(即不考虑地面倾斜系数)。水闸刚建成未挡水时,垂直总荷载为 2055 kN/m,偏心距 $e_b=0.21$ m。在设计水位时,垂直总荷载为 1530 kN/m,偏心距 $e_b=0.78$ m。总水平荷载为 300 kN/m。试按汉森公式分别求出水闸刚建成未挡水时及设计水位情况下地基的容许承载力,并验算该水闸是否安全。

分析解答过程如下。

(1) 水闸刚建成未挡水时,由 $\varphi=16°$,查表 7-4,得 $N_q=4.34$,$N_c=11.6$,$N_\gamma=1.72$。因偏心距 $e_b=0.21$ m,故有效宽度 $b'=b-2e_b=(18-2\times0.21)$ m$=17.58$ m。由于 d/b' 很小,可不作深度修正。对于条形基础,形状系数 $S_\gamma=S_q=S_c=1$。

极限荷载为

$$p_{uv}=\left[\frac{1}{2}(21-10)\times17.58\times1.72+1.6\times20\times4.34+18\times11.6\right]\text{kPa}=514\ \text{kPa}$$

取安全系数 $f_s=2$,则 $f_a=\dfrac{p_{uv}}{f_s}=\dfrac{514}{2}\text{kPa}=257\ \text{kPa}$

而地基实际所受的最大压力为

$$p_{max}=\frac{2055}{18}\left(1+\frac{6\times0.21}{18}\right)\text{kPa}=122\ \text{kPa}$$

因地基容许承载力 f_a 为 257 kPa,远大于基底最大压应力 122 kPa,故水闸安全。

(2) 当水闸挡水至设计水位时,各承载力系数 N 值不变,但此时需作偏心荷载及水平荷载两种修正。因 $e_b=0.78$,故 $b'=b-2e_b=(18-2\times0.78)$ m$=16.44$ m。

这时 $\tan\delta=\dfrac{300}{1530}=0.2$,根据 $\varphi=16°$ 查表 7-7,得 $i_\gamma=0.46$,$i_q=0.68$,$i_c=0.58$;由式 (7-37) 得

$$p_{uv}=\left(\frac{1}{2}\times(21-10)\times16.44\times1.72\times0.46+20\times1.6\times4.34\times0.68+18\times11.6\times0.58\right)\text{kPa}=287.08\ \text{kPa}$$

仍取安全系数 $f_s=2$,得

$$f_a=\frac{p_{uv}}{f_s}=\frac{287.08}{2}\text{kPa}=143.54\ \text{kPa}$$

而此时地基所受的最大基底压力为

$$p_{max}=\frac{1530}{18}\left(1+\frac{6\times0.78}{18}\right)\text{kPa}=107.1\ \text{kPa}$$

因此时地基容许承载力 f_a 仍大于基底最大压力 p_{max},故水闸安全。

思 考 题

1. 已知地基土的抗剪强度指标 $c=10\ \text{kPa}$,$\varphi=30°$,问当地基中某点的大主应力 $\sigma_1=400\ \text{kPa}$,而小主应力 σ_3 为多少时,该点刚好发生剪切破坏?

2. 对某砂土试样进行三轴固结排水剪切试验,测得试样破坏时的主应力差 $\sigma_1 - \sigma_3 = 400$ kPa,周围压力 $\sigma_3 = 100$ kPa,试求该砂土的抗剪强度指标。

3. 某土样 $c' = 20$ kPa, $\varphi' = 30°$,承受大主应力 $\sigma_1 = 420$ kPa、小主应力 $\sigma_3 = 150$ kPa 的作用,测得孔隙水压力 $u = 46$ kPa,试判断土样是否达到极限平衡状态。

4. 已知地基中一点的大主应力为 σ_1,地基土的黏聚力和内摩擦角分别为 c 和 φ。求该点的抗剪强度 τ_f。

5. 某土样进行直接剪切试验,在法向压力为 100 kPa、200 kPa、300 kPa、400 kPa 时,测得抗剪强度 τ_f 分别为 52 kPa、83 kPa、115 kPa、145 kPa。

(1) 用作图法确定土样的抗剪强度指标 c 和 φ。

(2) 如果在土中的某一平面上作用的法向应力为 260 kPa,剪应力为 92 kPa,该平面是否会剪切破坏? 为什么?

6. 某黏性土试样由固结不排水试验得出有效抗剪强度指标 $c' = 24$ kPa, $\varphi' = 22°$,如果该试件在周围压力 $\sigma_3 = 200$ kPa 下进行固结排水试验至破坏,试求破坏时的大主应力 σ_1。

项目8　挡土墙的稳定性验算

❖任务导入❖

在土木、交通、水利、港口航道等工程中,为了阻挡土体的下滑或截断土坡的延伸,常常设置各式各样的挡土结构物(挡土墙),例如,平整场地时填方区使用的挡墙、房屋的侧墙、水闸的岸墙、桥梁的桥台及支撑基坑或边坡的板桩墙。另外,散粒的贮仓、筒仓等亦按挡土墙理论进行分析计算。很多挡土墙,由于没有进行土压力的计算及稳定性验算,因而发生倒塌,既造成了一定的经济损失,又给人们带来了很多安全隐患。

1. 土壤地质情况

地面为水田,有 60 cm 的挖淤,地表 1~2 m 为黏土,允许承载力为 $[\sigma]=800$ kPa,以下为完好砂岩,允许承载力为 $[\sigma]=1500$ kPa,基底摩擦系数为 f 为 0.6~0.7,取 0.6。

2. 墙背填料

选择就地开挖的砂岩碎石屑作墙背填料,容重 $\gamma=20$ kN/m³,内摩擦角 $\varphi=35°$。

3. 墙体材料

7.5 号砂浆砌 30 号片石,砌石 $\gamma_r=22$ kN/m³,砌石允许压应力 $[\sigma_r]=800$ kPa,允许剪应力 $[\tau_r]=160$ kPa。

4. 设计荷载

公路一级。

5. 稳定系数

$[K_c]=1.3$,$[K_0]=1.5$。

【任务】

(1) 设计挡土墙,使之符合要求。

任务1　朗肯土压力计算

❖知识准备❖

模块1　土压力的种类与影响因素

土压力是指挡土墙墙后填土对墙背产生的侧压力。由于土压力是挡土墙的主要外荷载,因此,设计挡土墙时首先要确定作用在墙背上土压力的性质、大小、方向和作用点。土压力的计算是个比较复杂的问题,它涉及填料、挡土墙及地基三者之间的相互作用,不仅与挡土墙的高度、结构形式、墙后填土的性质、填土面的形状及荷载情况有关,而且还与挡土墙的位移大小和方向及填土的施工方法等有关。

1．土压力的种类

根据挡土墙的位移情况和墙后土体所处的应力状态，土压力可分为静止土压力、主动土压力和被动土压力三种。

当挡土墙在土压力的作用下无任何方向的位移或转动而保持原来的位置，土体处于静止的弹性平衡状态时，墙背所受的土压力称为静止土压力，用 E_0 表示，如图 8-1(a)所示。如船闸的边墙、地下室的侧墙、涵洞的侧墙及其他不产生位移的挡土构筑物，通常可视为受静止土压力作用。

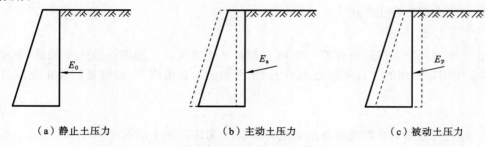

（a）静止土压力　　　　　（b）主动土压力　　　　　（c）被动土压力

图 8-1　挡土墙的三种土压力

当挡土墙在土压力的作用下，向离开土体的方向移动或转动时，随着位移量的增加，墙后的土压力逐渐减小，当位移量达某一微小值时，墙后土体开始下滑，作用在墙背上的土压力达最小值，墙后土体达到主动极限平衡状态。此时作用在墙背上的土压力称为主动土压力，用 E_a 表示，如图 8-1(b)所示。多数挡土墙按主动土压力计算。

与产生主动土压力的情况相反，挡土墙在外力作用下向墙背方向移动或转动时，墙推向土体，随着向后位移量的增加，墙后土体对墙背的反力也逐渐增大，当达某一位移量时，墙后土体开始上隆，作用在墙背上的土压力达最大值，墙后土体达到被动极限平衡状态。此时作用在墙背上的土压力称为被动土压力，用 E_p 表示，如图 8-1(c)所示。如桥台受到桥上荷载的推力作用，作用在台背上的土压力可按被动土压力计算。

试验研究表明，在相同的墙高和填土条件下，主动土压力小于静止土压力，而静止土压力又小于被动土压力，即 $E_a < E_0 < E_p$，而且产生被动土压力所需的位移量 $\Delta\delta_p$ 比产生主动土压力所需的位移量 $\Delta\delta_a$ 要大得多。

2．土压力的影响因素

影响土压力大小的因素主要可以归纳为以下几方面。

（1）挡土墙的位移。挡土墙的位移方向和位移量的大小是影响土压力大小的最主要的因素。

（2）挡土墙的形状。挡土墙的剖面形状，包括墙背是竖直或是倾斜、墙背是光滑或是粗糙，都影响土压力的大小。

（3）填土的性质。挡土墙后填土的性质，包括填土的松密程度、干湿程度、土的强度指标的大小及填土表面的形状（水平、上斜等），均影响土压力的大小。

由此可见，土压力的大小及其分布规律受到墙体可能位移的方向、墙后填土的性质、填土面的形状、墙的截面刚度和地基的变形等一系列因素影响。

模块 2　静止土压力的计算

1. 产生的条件

静止土压力产生的条件是挡土墙无任何方向的移动或转动，即位移和转角为零。

修筑在坚硬地基上、断面很大的挡土墙背上的土压力，可以认为是静止土压力。例如，岩石地基上的重力式挡土墙符合上述条件。由于墙的自重大，不会发生位移，又因地基坚硬不会产生不均匀沉降，墙体不会产生转动，挡土墙背面的土体处于静止的弹性平衡状态，因此挡土墙背面的土压力即为静止土压力。

2. 计算公式

静止土压力可按下述方法计算。在填土表面下任意深度 z 处取一微小单元体（见图 8-2(a)），其上作用着竖向的土自重应力 $\sigma_{cz} = \gamma z$，水平向的土自重应力，即该处的静止土压力强度 σ_0 为

$$\sigma_0 = K_0 \gamma z \qquad (8\text{-}1)$$

式中：K_0 为土的侧压力系数或称静止土压力系数；γ 为墙后填土的重度，kN/m^3。

静止土压力系数 K_0 与土的性质、密实程度等因素有关。一般对于砂土，$K_0 = 0.35 \sim 0.50$；对于黏性土，$K_0 = 0.50 \sim 0.70$；对于正常固结土，K_0 可近似地按半经验公式 $K_0 = 1 - \sin\varphi'$（φ' 为土的有效内摩擦角）计算。K_0 也可以在室内用 K_0 试验仪直接测定。

由式（8-1）可知，静止土压力沿墙高呈三角形分布，如取纵向单位墙长计算，则作用在墙背上的静止土压力的合力为

$$E_0 = \frac{1}{2} \gamma h^2 K_0 \qquad (8\text{-}2)$$

式中：h 为挡土墙高度，m。E_0 的作用点在距墙底 $h/3$ 处。

模块 3　朗肯土压力理论

朗肯土压力理论是根据弹性半空间土体中的应力状态和土的极限平衡理论而得出的土压力计算方法。为了满足土体的极限平衡条件，朗肯在基本理论推导中，作出如下的假定：

（1）墙是刚性的，墙背铅直。

（2）墙后填土面水平。

（3）墙背光滑，与填土之间没有摩擦力。

1. 主动土压力

1）基本概念

图 8-2(a)所示的为表面水平的半无限空间体，距弹性半空间土体表面深度 z 处的微单元体（M 点），其上竖向自重应力和水平自重应力分别为 $\sigma_{cz} = \gamma z$，$\sigma_{cx} = K_0 \gamma z$，由于土体内每一竖直面都是对称面，因此竖直面和水平面上的剪应力都等于 0。因而 M 点处于主应力状态，σ_{cz} 和 σ_{cx}（以下简写为 σ_z 和 σ_x）分别为最大、最小主应力。

假设有一挡土墙，墙背竖直、光滑、填土面水平。根据这些假定，墙背与填土间无摩擦力，因而无剪应力，亦即墙背为主应力作用面。设想用挡土墙代替 M 点左侧的土体，墙背如同半空间土体内的一铅直面，如果挡土墙无位移，墙后土体处于弹性状态，则墙背上的应力状态与

（a）半空间体内深度为z的微元体

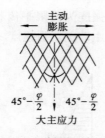
（b）主动朗肯状态

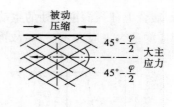
（c）被动朗肯状态

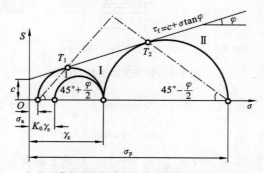

（d）用莫尔应力圆表示的主动和被动朗肯状态

图 8-2　半空间体的极限平衡状态

弹性半空间土体的应力状态相同。在离填土面深度 z 处的 M 点，$\sigma_z = \sigma_1 = \gamma z$，$\sigma_x = \sigma_3 = K_0 \gamma z$，用 σ_1 与 σ_3 作成的莫尔应力圆与土的抗剪强度线不相切，如图 8-2(d)中圆 I 所示。

当挡土墙离开土体向左移动（见图 8-2(b)）时，墙后土体有向外移动的趋势，此时竖向应力 σ_z 不变，水平应力 σ_x 减小，σ_z 和 σ_x 仍为最大主应力和最小主应力，当挡土墙位移达到 $\Delta \delta_a$ 时，σ_x 减小到土体达极限平衡状态，σ_x 达最小值，σ_z 与 σ_x 作成的莫尔应力圆与抗剪强度包线相切（见图 8-2(d)中圆 II）。墙后土体形成一系列剪切破坏面，面上各点都处于极限平衡状态，称为朗肯主动状态。此时墙背上水平向应力 σ_x 为最小主应力，即朗肯主动土压力强度 σ_a。由于土体处于朗肯主动状态时最大主应力作用面是水平面，故剪切破坏面与水平面的夹角为 $\alpha = 45° + \dfrac{\varphi}{2}$。

2）计算公式

根据土的强度理论，当土体中某点处于极限平衡状态时，最大主应力和最小主应力应满足以下关系式。

黏性土：
$$\sigma_1 = \sigma_3 \tan^2\left(45° + \frac{\varphi}{2}\right) + 2c\tan\left(45° + \frac{\varphi}{2}\right) \tag{8-3}$$

或
$$\sigma_3 = \sigma_1 \tan^2\left(45° - \frac{\varphi}{2}\right) - 2c\tan\left(45° - \frac{\varphi}{2}\right) \tag{8-4}$$

无黏性土：
$$\sigma_1 = \sigma_3 \tan^2\left(45° + \frac{\varphi}{2}\right) \tag{8-5}$$

或
$$\sigma_3 = \sigma_1 \tan^2\left(45° - \frac{\varphi}{2}\right) \tag{8-6}$$

如前所述，墙背竖直光滑，填土面水平（见图 8-3(a)），当挡土墙向左移动达到主动朗肯状态时,墙背上任一深度 z 处的主动土压力强度为极限平衡状态时的最小主应力,即 $\sigma_a = \sigma_3$,与其相应的最大主应力 $\sigma_1 = \gamma z$,故可得朗肯主动土压力强度 σ_a。

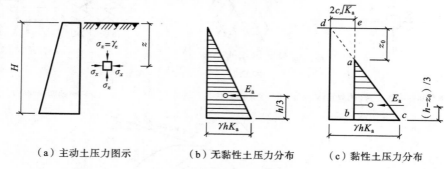

（a）主动土压力图示　　　　（b）无黏性土压力分布　　　　（c）黏性土压力分布

图 8-3　朗肯主动土压力分布

黏性土:
$$\sigma_a = \sigma_1 \tan^2\left(45° - \frac{\varphi}{2}\right) - 2c\tan\left(45° - \frac{\varphi}{2}\right) = \gamma z K_a - 2c\sqrt{K_a} \tag{8-7}$$

无黏性土:
$$\sigma_a = \gamma z K_a \tag{8-8}$$

式中:K_a 为主动土压力系数,$K_a = \tan^2\left(45° - \frac{\varphi}{2}\right)$;$c$ 为填土的黏聚力,kPa;γ 为填土的重度,kN/m³,地下水位以下用浮重度。

由式(8-8)可知,无黏性土的主动土压力强度与 z 成正比,沿墙高的压力分布为三角形(见图 8-3(b)),如取单位墙长计算,则主动土压力 E_a 为

$$E_a = \frac{1}{2}\gamma h^2 K_a \tag{8-9}$$

且 E_a 通过三角形压力分布图的形心,即作用点距墙底 $h/3$ 处。

由式(8-7)知,黏性土的主动土压力强度由两部分组成:一部分是由土的自重引起的土压力 $\gamma z K_a$;另一部分是由土的黏聚力 c 引起的负侧压力 $2c\sqrt{K_a}$。这两部分土压力叠加的结果如图 8-3(c)所示,图中 ade 部分为负侧压力,即拉力。实际上挡土墙与填土之间是不能承担拉力的,因而 σ_a 随深度 z 的增加会逐渐由负值变小而等于 0。由于产生的拉力将使土脱离墙体,故计算土压力时,该部分应略去不计。因此,黏性土的土压力分布实际为 abc 部分。a 点离填土面的深度 z_0 称为临界深度,在填土面无荷载的情况下,可令式(8-7)的 $\sigma_a = 0$,即

$$\gamma z_0 K_a - 2c\sqrt{K_a} = 0$$

故临界深度

$$z_0 = \frac{2c}{\gamma\sqrt{K_a}} \tag{8-10}$$

若取单位墙长计算,则主动土压力 E_a 为

$$E_a = \frac{1}{2}(h - z_0)(\gamma h K_a - 2c\sqrt{K_a})$$

$$= \frac{1}{2}\gamma h^2 K_a - 2ch\sqrt{K_a} + \frac{2c}{\gamma} \tag{8-11}$$

E_a 通过三角形压力分布图 abc 的形心,作用点在距离墙底 $\frac{h - z_0}{3}$ 处。

尚需注意,当填土面有超载时,不能直接用式(8-10)计算临界深度,此时应按 z_0 处侧压力

$\sigma_a=0$ 求解方程而得。

2. 被动土压力

1）基本概念

如果挡土墙在外力的作用下向右挤压土体（见图 8-4（a）），竖向应力 σ_z 仍不变，而水平应力 σ_x 随着挡土墙位移增加而逐渐增大，当 σ_x 超过 σ_z 时，σ_z 变为最小主应力，直到挡土墙位移达到 $\Delta\delta_p$ 时，土体达到被动极限平衡状态，σ_x 达最大值，莫尔应力圆与抗剪强度包线相切。土体形成一系列剪切破坏面，此种状态称为朗肯被动状态。此时墙背上水平应力 σ_x 为最大主应力，即朗肯被动土压力强度 σ_p。因土体处于朗肯被动状态时，最大主应力作用面是竖直面，故剪切破坏面与水平面的夹角为 $\alpha'=45°-\dfrac{\varphi}{2}$。

2）计算公式

如前所述，当挡土墙在外力的作用下向右挤压土体达到被动朗肯状态时，墙背上任一深度 z 处的被动土压力强度为极限平衡状态时的最大主应力，即 $\sigma_p=\sigma_1$，与其相应的最小主应力 $\sigma_3=\gamma z$，于是由式（8-3）和式（8-5）可得朗肯被动土压力强度 σ_p。

对于黏性土，有

$$\sigma_p=\sigma_3\tan^2\left(45°+\frac{\varphi}{2}\right)+2c\tan\left(45°+\frac{\varphi}{2}\right)=\gamma z K_p+2c\sqrt{K_p} \tag{8-12}$$

对于无黏性土，有

$$\sigma_p=\gamma z\tan\left(45°+\frac{\varphi}{2}\right)=\gamma z K_p \tag{8-13}$$

式中：K_p 为被动土压力系数，$K_p=\tan^2\left(45°+\dfrac{\varphi}{2}\right)$；其余符号含义同前。

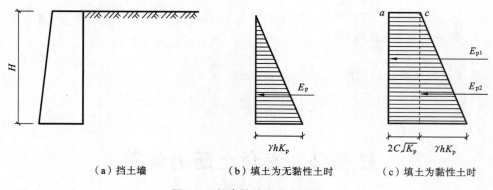

（a）挡土墙　　　　　（b）填土为无黏性土时　　　　　（c）填土为黏性土时

图 8-4　朗肯被动土压力分布

由式（8-12）和式（8-13）可知，无黏性土的被动土压力强度呈三角形分布（见图 8-4（b）），黏性土的被动土压力强度则呈梯形分布（见图 8-4（c））。如取单位墙长计算，则被动土压力 E_p 为

黏性土：
$$E_p=\frac{1}{2}\gamma h^2 K_p+2ch\sqrt{K_p} \tag{8-14}$$

无黏性土：
$$E_p=\frac{1}{2}\gamma h^2 K_p \tag{8-15}$$

E_p 通过三角形或梯形压力分布的形心。

朗肯土压力理论应用弹性半空间体的应力状态,根据土的极限平衡理论推导和计算土压力。其概念明确,计算公式简便,但假定墙背竖直光滑,填土面水平,使计算条件和适用范围受到限制,计算结果与实际有出入,所得主动土压力值偏大,被动土压力值偏小,其结果偏于安全。

【例 8-1】 某挡土墙,高 6 m,墙背直立光滑,填土面水平。填土的物理力学性质指标为 $c=10\ \text{kPa}, \varphi=20°, \gamma=18\ \text{kN/m}^3$。试求主动土压力及作用点,并绘出土压力强度分布图。

解 已知该墙满足朗肯条件,故可按朗肯土压力公式计算沿墙高的土压力强度。

$$K_a = \tan^2\left(45° - \frac{\varphi}{2}\right) = \tan^2\left(45° - \frac{20°}{2}\right) = 0.49$$

墙顶处:

$$\sigma_a = \gamma z K_a - 2c\sqrt{K_a} = 18×0×0.49\ \text{kPa} - 2×10\sqrt{0.49}\ \text{kPa} = -14\ \text{kPa}$$

因在墙顶处出现拉力,故需计算临界深度 z_0,由式(8-7)得

$$\gamma z_0 K_a - 2c\sqrt{K_a} = 0$$

$$z_0 = \frac{2×10\sqrt{0.49}}{18×0.49}\ \text{m} = 1.59\ \text{m}$$

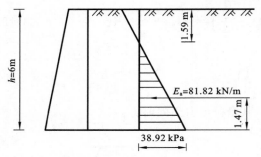

图 8-5 主动土压力分布图

墙底处:

$$\sigma_a = \gamma h K_a - 2c\sqrt{K_a}\quad \sigma_a = \gamma h K_a - 2c\sqrt{K_a}$$
$$= 18×6×0.49\ \text{kPa} - 2×10\sqrt{0.49}\ \text{kPa}$$
$$= 38.9\ \text{kPa}$$

土压力分布图如图 8-5 所示,其主动土压力 E_a 为

$$E_a = \frac{1}{2}×38.9×(6-1.59)\ \text{kN/m}$$
$$= 85.8\ \text{kN/m}$$

E_a 作用点距离墙底的距离 $= \dfrac{h-z_0}{3}$

$$= \frac{6-1.59}{3}\ \text{m} = 1.47\ \text{m}$$

任务 2 库仑土压力计算

❖知识准备❖

模块 1 库仑土压力理论

库仑土压力理论是根据墙后土体处于极限平衡状态并形成滑动楔体时,从楔体的静力平衡条件得出的土压力计算理论。基本假设有:

(1)墙后填土是均匀的散粒体(即无黏性土)。

(2)滑动破坏面为通过墙踵的平面。

（3）滑动楔体视为刚体。

与朗肯理论相比，库仑理论可以考虑墙背倾斜（α 角）、填土面倾斜（β 角）及墙背与填土间的摩擦角（δ）等因素的影响。如图 8-6 所示，倾角为 θ 的滑动破坏面 AC 通过墙踵 A 点。取墙后滑动楔体 ABC 进行分析。当滑动楔体向下或向上移动，土体处于极限平衡状态时，根据楔体的静力平衡条件可求得墙背上的主动或被动土压力。分析时一般沿墙长度方向取 1 m 墙长计算。

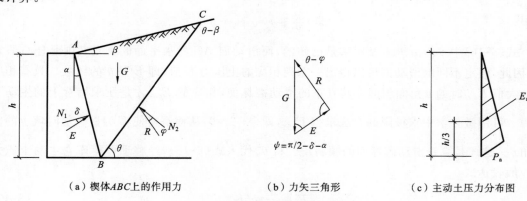

（a）楔体ABC上的作用力　　　　　（b）力矢三角形　　　　　（c）主动土压力分布图

图 8-6　库仑主动土压力计算图

1. 主动力压力

如图 8-6 所示，当楔体 ABC 向下滑动处于极限平衡状态时，作用在楔体上的力有：

1）楔体重力 G

楔体重力 G 由土楔体 ABC 自重引起。只要破坏面 BC 的位置确定，G 的大小就是已知的，方向向下，根据几何关系可得

$$G=\frac{1}{2}AC \cdot BC \cdot \gamma$$

在三角形 ABC 中，由正弦定理得

$$AC=AB\frac{\sin(90°-\alpha+\beta)}{\sin(\theta-\beta)}$$

又因

$$AB=\frac{h}{\cos\alpha}$$

$$BC=AB\cos(\theta-\alpha)=h\frac{\cos(\theta-\alpha)}{\cos\alpha}$$

故

$$G=\frac{1}{2}AC \cdot BC\gamma=\frac{\gamma h^2}{2}\frac{\cos(\alpha-\beta)\cos(\theta-\alpha)}{\cos^2\alpha\sin(\theta-\beta)}$$

2）AC 面反力 R

R 为滑动破坏面的法向分力与破坏面上土体之间的摩擦力的合力，其大小是未知的，但其方向是已知的。反力 R 与破坏面 AC 的法向分力 N_1 之间的夹角为土的内摩擦角 φ，当楔体下滑时，位于 N_1 的下侧。

3）墙背反力 E

它与作用在墙背上的土压力大小相等，方向相反。反力 E 与墙背 AB 的法向分力 N_2 呈 δ

角，δ 角为墙背与填土间的摩擦角，称为外摩擦角。当楔体下滑时，墙对土楔的阻力是向上的，故 E 位于 N_2 的下侧。

土楔体 ABC 在上述三力作用下处于静止平衡状态，因此三力必构成闭合的力矢三角形（见图 8-7(b)），由正弦定理得

$$E=G\frac{\sin(\theta-\varphi)}{\sin\omega}=\frac{\gamma h^2}{2}\frac{\cos(\alpha-\beta)\cos(\theta-\alpha)\sin(\theta-\varphi)}{\cos^2\alpha\sin(\theta-\beta)\sin\omega} \tag{8-16}$$

其中：

$$\omega=\frac{\pi}{2}+\delta+\alpha+\varphi-\theta$$

式(8-16)中 γ、h、α、β、φ 及 δ 都是已知的，而滑动面 AC 与水平面的夹角 θ 则是任意假定的，因此，假定不同的滑动面可以得出一系列相应的土压力 E 值，即 E 是 θ 的函数。只有相应于最大值 $E_{\max}$ 时的 θ 角倾斜面才是真正的滑动破坏面，相应的 $E_{\max}$ 才是所求墙背上的主动土压力。可用微分学中求极限的方法求得 $E_{\max}$，即令 $\frac{\mathrm{d}E}{\mathrm{d}\theta}=0$，从而解得使 E 为极大值时填土的破坏角 θ_{cr}，这才是真正滑动破坏面的倾斜角。将 θ_{cr} 代入式(8-16)，经整理可得库仑主动土压力的一般表达式

$$E_a=\frac{1}{2}\gamma h^2 K_a \tag{8-17}$$

其中：

$$K_a=\frac{\cos^2(\varphi-\alpha)}{\cos^2\alpha\cos(\alpha+\delta)\left[1+\sqrt{\frac{\sin(\varphi+\delta)\sin(\varphi-\beta)}{\cos(\alpha+\delta)\cos(\alpha-\beta)}}\right]^2} \tag{8-18}$$

式中：α 为墙背与竖直线的夹角，°，俯斜时取正号，仰斜时取负号；β 为墙后填土面的倾角，°；δ 为土与墙背材料间的外摩擦角，°；K_a 为库仑主动土压力系数，可由公式计算，也可查表确定。

当墙背直立($\alpha=0$)、光滑($\delta=0$)，填土面水平($\beta=0$)时，式(8-18)变为

$$K_a=\tan^2\left(45°-\frac{\varphi}{2}\right)$$

可见满足朗肯理论的假设时，库仑理论与朗肯理论的主动土压力计算公式相同。

墙顶以下任意深度 z 以上的主动土压力由式(8-17)可得

$$E_{a(z)}=\frac{1}{2}\gamma z^2 K_a$$

对 z 求导数，得到主动土压力强度沿墙高的分布计算公式：

$$\sigma_a=\frac{\mathrm{d}E_{a(z)}}{\mathrm{d}z}=\frac{\mathrm{d}}{\mathrm{d}z}\left(\frac{1}{2}\gamma z^2 K_a\right)=\gamma z K_a \tag{8-19}$$

可见库仑主动土压力强度沿墙高呈三角形分布（见图 8-6(c)），E_a 的作用方向与墙背的法线夹角为 δ，作用点在距离墙底 $h/3$ 处。必须注意图中所示的土压力分布图只表示其大小，而不表示其作用方向。

2. 被动土压力

当挡土墙在外力作用下挤压土体，楔体沿破坏面向上滑动而处于极限平衡状态时，由于楔体上滑，E 和 R 均位于法向线的上侧，同理可得作用在楔体上的三个力构成的力矢三角形如图 8-7(b)所示。按求主动土压力相同的方法求得被动土压力 E_p 的库仑公式为

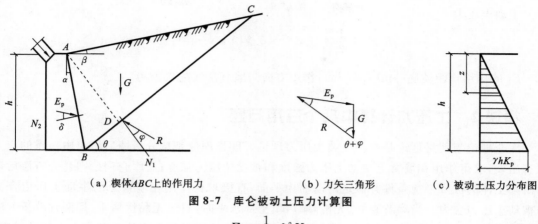

（a）楔体 *ABC* 上的作用力　　（b）力矢三角形　　（c）被动土压力分布图

图 8-7　库仑被动土压力计算图

$$E_p = \frac{1}{2}\gamma h^2 K_p \tag{8-20}$$

式中：K_p 为被动土压力系数。

$$K_p = \frac{\cos^2(\varphi+\alpha)}{\cos^2\alpha\cos(\alpha-\delta)\left[1-\sqrt{\dfrac{\sin(\varphi+\delta)\sin(\varphi+\beta)}{\cos(\alpha-\delta)\sin(\alpha-\beta)}}\right]^2} \tag{8-21}$$

若墙背竖直（$\alpha=0$）、光滑（$\delta=0$）、墙后填土面水平（$\beta=0$），则式（8-21）变为

$$K_p = \tan^2\left(45° + \frac{\varphi}{2}\right)$$

显然当满足朗肯理论条件时，库仑理论与朗肯理论的被动土压力计算公式也相同。由此可见，朗肯理论实际上是库仑理论的特例。

同理墙顶以下任意深度 z 处的库仑被动土压力强度计算公式为

$$\sigma_p = \frac{\mathrm{d}E_{p(z)}}{\mathrm{d}z} = \frac{\mathrm{d}}{\mathrm{d}z}\left(\frac{1}{2}\gamma z^2 K_p\right) = \gamma z K_p$$

被动土压力强度沿墙高也呈三角形分布（见图 8-7（c））。E_p 的作用方向与墙背法线夹角为 δ，作用点在距墙底 $h/3$ 处。

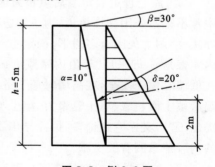

图 8-8　例 8-2 图

【例 8-2】　如图 8-8 所示，挡土墙高 $h=5$，墙背俯斜，倾角 $\alpha=10°$，填土面坡脚 $\beta=30°$，墙后填料为粗砂，重度 $\gamma=18\ \mathrm{kN/m^3}$，$\varphi=36°$，砂与墙背间摩擦角 $\delta=\dfrac{2}{3}\varphi$，试用库仑公式求作用在墙背上的主动土压力 E_a。

解　已知墙背与填土间的摩擦角 $\delta=\dfrac{2}{3}\varphi=24°$ 及 $\alpha=10°$，$\beta=30°$，$\varphi=36°$，故库仑主动土压力系数为

$$
\begin{aligned}
K_a &= \frac{\cos^2(36°-10°)}{\cos^2 10°\cos(10°+24°)\left[1+\sqrt{\dfrac{\sin(36°+24°)\sin(36°-30°)}{\cos(10°+24°)\cos(10°-30°)}}\right]^2}\\[2mm]
&= \frac{0.808}{0.985\times0.829\left[1+\sqrt{\dfrac{0.866\times0.105}{0.829\times0.94}}\right]^2} = 0.549
\end{aligned}
$$

主动土压力

$$E_a = \frac{1}{2}\gamma h^2 K_a = \frac{1}{2} \times 18 \times 5^2 \times 0.549 \text{ kN/m} = 123.5 \text{ kN/m}$$

E_a 的作用点距墙底 $\frac{5}{3}$ m(1.67 m),作用方向与墙背法线的夹角为 24°。

模块 2　土压力计算中几个应用问题

库仑理论与朗肯理论是两种经典土压力理论。朗肯理论是从分析墙后填土中一点的应力状态出发,求得作用在墙背上主动土压力强度和被动土压力强度;而库仑理论则是分析墙后楔形滑动土体的极限平衡条件并假定滑动面为平面,直接求得作用在墙背上的主动土压力合力和被动土压力合力。当墙背直立、光滑,墙后填土面水平时,对于无黏性填土,用两种分析方法算出的主动土压力、被动土压力分别相同。尽管朗肯理论比较符合实际土体中应力调整过程,但在墙截面形状复杂、墙背与填土之间的摩擦不能忽略,以及填土表面有不规则超载等情况下,难以用朗肯理论直接计算土压力。因此,在工程中库仑土压力公式得到广泛应用。为了避免烦琐计算,有些设计手册和参考书给出了根据式(8-18)和式(8-21)编制的库仑主动系数 K_a 及被动土压力系数 K_p 值表格。

具体计算土压力时,应考虑到以下几个问题:

(1) 库仑土压力理论假定滑动面是平面,而实际的滑动面常为曲面,只有当墙背倾角 α 不大,墙背近似光滑时,滑动面才可能接近平面,因此计算结果存在一定的偏差。试验和现场观测资料表明,计算主动土压力时偏差为 2%~10%,可认为能够满足工程精度要求;但在计算被动土压力时,由于破坏面接近于对数螺线,故计算结果误差较大,甚至比实测值大 2~3 倍。

(2) 库仑理论假定墙后填料为理想的散粒体,因此理论上只适用于无黏性土,但实际工程中常不得不采用黏性填土,为了考虑黏性土的黏聚力 c 对土压力数值的影响,可以用图解试算办法,绘制力矢闭合多边形,确定主动土压力值,但这比较麻烦。一种常用的简化方法是,增大内摩擦角 φ,即采用"等值内摩擦角 φ_D",再按式(8-17)计算,但这种方法与实际情况差别较大,在低墙时偏于安全,在高墙时偏于危险。因此,近年来较多学者在库仑理论的基础上,计入了墙后填土面超载、填土黏聚力、填土与墙背间的黏聚力及填土表面附近的裂缝深度等的影响,提出了"广义库仑理论"。据此导出了主动土压力系数 K_a 的计算公式。由于篇幅有限,相关的内容请参阅有关文献。

(3) 抗剪强度指标的选定。确定填土的抗剪强度指标是个很复杂的问题,必须考虑挡土墙在长期工作下墙后填土状态的变化及其长期强度下降的情况,这样方能保证挡土墙的安全。根据国外研究成果,此数值约为标准抗剪强度的 1/3。有的规定填土的计算摩擦角为其标准值减去 2°,计算黏聚力值为其标准值的 0.3~0.4。根据对大量挡土墙的调查,将土的试验值折算为相应的计算值进行挡土墙的设计,与实际比较相符。

(4) 墙背与填土间的摩擦角 δ,其取值大小对计算结果影响较大。根据计算,当填土为砂性土,δ 从 0°提高到 15°时,挡土墙的圬工体积可减少 15%~20%。δ 与墙背粗糙程度、填土性质、填土表面倾斜程度、墙后排水条件等因素有关。如果墙背愈粗糙,填土的 φ 值愈大,则 δ 也愈大。根据经验,δ 一般在 0 到 φ 之间变化。有关土对挡土墙墙背的摩擦角 δ 的规定如表 8-1 所示。

表 8-1　土对挡土墙墙背的摩擦角 δ

挡土墙情况	摩擦角 δ
墙背平滑,排水不良	$(0 \sim 0.33)\varphi_k$
墙背粗糙,排水良好	$(0.33 \sim 0.50)\varphi_k$
墙背很粗糙,排水良好	$(0.50 \sim 0.67)\varphi_k$
墙背与填土间不可能滑动	$(0.67 \sim 1.00)\varphi_k$

注:φ_k 为墙背填土的内摩擦角标准值。

任务 3　挡土墙的地基稳定验算

❖知识准备❖

模块 1　挡土墙上几种常见荷载分布分析

1. 填土表面有均布荷载

当墙后填土面有连续均布荷载 q 作用时,如图 8-9 所示,若墙背竖直光滑、填土面水平,则可采用朗肯理论计算。这时墙顶以下任意深度 z 处的竖向应力为 $\sigma_z = \gamma z + q$。当墙后填土为黏性土时,主动土压力强度和被动土压力强度公式分别为

$$\sigma_a = (\gamma z + q)K_a - 2c\sqrt{K_a} \qquad (8\text{-}22)$$

$$\sigma_p = (\gamma z + q)K_p + 2c\sqrt{K_p} \qquad (8\text{-}23)$$

若填土为无黏性土,式(8-22)、式(8-23)中第 2 项为 0。图 8-10 所示的为无黏性土主动土压力分布图。E_a 通过梯形压力分布图的形心,可通过一次求矩得到。

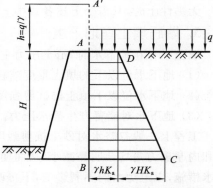

图 8-9　填土面有均布荷载的土压力计算

可见,当填土面上有连续均布荷载时,其土压力强度只要在无荷载情况下再加上 qK_a 即可。黏性土填土情况亦是一样。

2. 墙后填土为成层土

如果墙后填土有几种不同水平土层,如图 8-10 所示,第 1 层的土压力仍按均质计算;计算第 2 层土压力时,可将第 1 层土的重量 $\gamma_1 h_1$ 作为超载作用在第 2 层的顶面,并按第 2 层的指标计算土压力,但仅在第 2 层厚度范围内有效。由于各土层土的性质不同,则土压力系数也不相同,因此在土层的分界面上将出现两个土压力值,一个是上层面的土压力,另一个是下层面的土压力。

多层土时,计算方法相同。现以朗肯理论黏性土主动土压力为例,图 8-10 所示墙背上各点土压力为

$$\sigma_{a1} = -2c_1\sqrt{K_{a1}}$$

$$\sigma_{a2}^{\text{上}} = \lambda_1 h_1 K_{a1} - 2c_1\sqrt{K_{a1}}$$

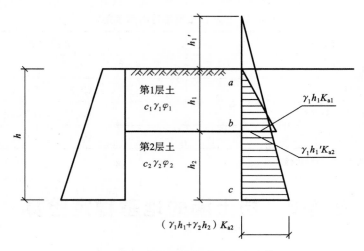

图 8-10　成层土填土的土压力计算

$$\sigma_{a2}^{\text{下}} = \gamma_1 h_1 K_{a2} - 2c_2 \sqrt{K_{a2}}$$

$$\sigma_{a3}^{\text{上}} = (\gamma_1 h_1 + \gamma_2 h_2) K_{a2} - 2c_2 \sqrt{K_{a2}}$$

$$\sigma_{a3}^{\text{下}} = (\gamma_1 h_1 + \gamma_2 h_2) K_{a3} - 2c_3 \sqrt{K_{a3}}$$

$$\sigma_4 = (\gamma_1 h_1 + \gamma_2 h_2 + \gamma_3 h_3) K_{a3} - 2c_3 \sqrt{K_{a3}}$$

无黏性土时,只需令上述各式中 $c_i = 0$ 即可。

3. 墙后填土有地下水

填土中存在地下水时,给土压力主要带来三方面的影响:

(1) 地下水位以下的填土重度减轻为浮重度。

(2) 地下水位以下填土的抗剪强度将有不同程度的改变。

(3) 地下水对墙背产生静水压力。

工程上一般忽略水对砂土抗剪强度指标的影响,但对黏性土,随着含水率的增加,其黏聚力和内摩擦力角均会明显减小,从而使主动土压力增大。因此,一般次要工程可考虑采用加强排水措施,以避免水的不利影响,不再改变土的强度指标;而对于重要工程,土压力计算时还应考虑适当降低抗剪强度指标 c 和 φ 值。此外地下水位以下土的重度取浮重度,还应计入地下水位对挡土墙产生的静水压力 $\gamma_w h_2$ (见图 8-11)。因此,作用在墙背上的总侧压力为土压力和水压力之和。

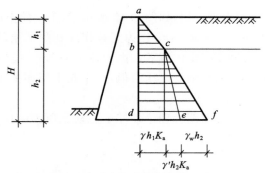

图 8-11　填土中有地下水的土压力计算

模块 2　挡土墙稳定性分析

常用的挡土墙,按其结构形式可分为重力式、悬臂式、扶臂式、锚定板及锚杆式。一般应根据工程需要、土质情况、材料供应、施工技术及造价等因素合理选择。

(1) 重力式挡土墙一般由石块或混凝土材料砌筑,墙身截面较大,根据墙背倾斜方向分为俯斜、直立、倾斜和衡重式等 4 种(见图 8-12),适用于墙高小于 6 m、地基稳定、开挖土石方时不会危及相邻建筑物安全的地段,高度较大时宜用衡重式挡土墙。重力式挡土墙依靠墙身自重抵挡土压力引起的倾覆弯矩,其结构简单,能就地取材,在土建工程中应用最广。

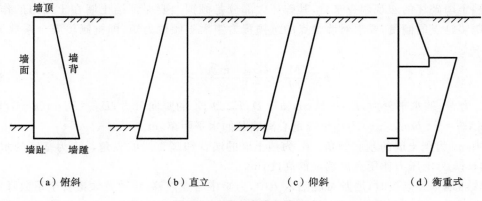

（a）俯斜　　　　　（b）直立　　　　　（c）仰斜　　　　　（d）衡重式

图 8-12　重力式挡土墙形式

(2) 悬臂式挡土墙一般由钢筋混凝土建造。墙的稳定性主要依靠墙踵悬臂以上土重维持。墙体内设置钢筋承受拉应力,故墙身截面较小。它适用于墙高 5 m、地基土质差、当地缺少石料等情况,多用于市政工程及贮料仓库。

(3) 扶臂式挡土墙,当墙高大于 10 m 时,挡土墙立臂挠度较大。为了增强立臂的抗弯性能,常沿墙纵向每隔一定距离(0.3~0.6)h 设置一道扶臂,故称为扶臂式挡土墙,扶臂间填土可增加抗滑和抗倾覆能力。扶臂式挡土墙一般用于重要的大型土建工程。扶臂式挡土墙设计时,可先初选截面尺寸,然后将墙身及墙踵作为三边固定的板,用有限元或有限差分计算机程序进行优化计算,使设计最为经济合理。

(4) 锚定板挡土墙由预制的钢筋混凝土立柱、墙面、钢拉杆和埋在填土中的锚定板在现场拼装而成。这种结构依靠填土与结构的相互作用力而维持其自身的稳定。与重力式挡土墙相比,其结构轻、柔性大、工程量少、造价低、施工方便,特别适用于地基承载力不大的地区。设计时,为了维持锚定板的挡土结构内力平衡,必须保证锚定板的抗拔力大于墙面上的土压力;为了保证锚定板挡土结构周边的整体稳定,必须满足土的摩擦阻力(锚定板的被动土压力)大于由土的自重和超载引起的土压力。

(5) 锚杆式挡土墙是利用墙嵌入坚实岩层的灌浆锚杆作拉杆的一种挡土墙。

除上述挡土结构外,还有混合式挡土墙、构架式挡土墙、板桩墙和加筋挡土墙等。

模块 3　挡土墙验算

1. 重力式挡土墙验算

挡土墙的截面尺寸一般按试算确定,即先根据挡土墙场地的工程地质条件、填土性质及墙身材料和施工条件等,凭经验初步拟定截面尺寸,然后进行验算。如不满足要求,则修改截面尺寸或采取其他措施。

　　作用在挡土墙上的荷载有土压力 E_a、挡土墙自重 G。墙面埋入土中部分受被动土压力,但一般可忽略不计,其他结果偏于安全。

　　验算挡土墙的稳定性时,仍采用安全系数法,所以计算土压力及挡土墙所受到的重力时,其荷载分项系数采用 1.0。验算挡土墙墙体的结构强度时,根据所用的材料,参照有关结构设计规范进行,土压力作为外荷载,应采用设计值,即乘以 1.1～1.2 的土压力增大系数。

1）抗倾覆稳定性验算

　　从挡土墙破坏的宏观调查来看,其破坏大部分是倾覆。要保证挡土墙在土压力的作用下不发生绕墙趾点的倾覆,要求对墙趾点的抗倾覆力矩大于倾覆力矩,即抗倾覆安全系数 K_t 应满足:

$$K_t = \frac{M_1}{M_2} = \frac{Gx_0 + E_{az}x_f}{E_{ax}z_f} \geqslant 1.6 \qquad (8\text{-}24)$$

式中:E_{ax} 为 E_a 的水平分力,$E_{ax} = E_a\cos(\alpha+\delta)$;$E_{az}$ 为 E_a 的竖向分力,$E_{az} = E_a\sin(\alpha+\delta)$;$x_f = b - z\tan\alpha$,$z_f = z - b\tan\alpha_0$;$x_0$ 为挡土墙重心离墙趾的水平距离,m。

　　其中:α_0 为挡土墙的基底倾角,°;α 为挡土墙的墙背和竖直线的夹角,°;b 为基底的水平投影宽度,m;z 为土压力作用点离墙踵的高度,m。

　　在软弱地基上倾覆时,墙趾可能陷入土中,力矩中心点内移,导致抗倾覆安全系数降低,有时甚至会沿圆弧滑动而发生整体破坏,因此验算时应注意土的压缩性。验算悬臂式挡土墙时,可视土压力作用在墙踵的垂直面上,将墙踵悬臂以上土重计入挡土墙自重。

　　若验算结果不能满足式(8-25)的要求,则可按以下措施处理:

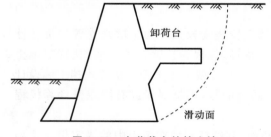

卸荷台

滑动面

图 8-13　有荷载台的挡土墙

　　(1) 增大挡土墙断面尺寸,使 G 增大,但注意此时工程量也增大。

　　(2) 加大 x_0,即伸长墙趾。

　　(3) 将墙背做成仰斜,可减小土压力。

　　(4) 在挡土墙垂直墙背做卸荷台,如图 8-13 所示,或加预制的卸荷板,则平台以上土压力不能传到平台以下,总土压力减小,且抗倾覆稳定性加大。

2）抗滑动稳定性验算

　　在土压力作用下,挡土墙也有可能沿基础面滑动,因此要求基底的抗滑动力 F_1 大于其滑动力 F_2,即抗滑安全系数 K_s 应满足:

$$K_s = \frac{F_1}{F_2} = \frac{(G_n + E_{an})\mu}{E_{at} - G_t} \geqslant 1.3 \qquad (8\text{-}25)$$

式中:G_n 为 G 垂直于墙底的分力,$G_n = G\cos\alpha_0$;G_t 为 G 平行于墙底的分力,$G_t = G\sin\alpha_0$;E_{an} 为 E_a 垂直于墙底的分力,$E_{an} = E_a\sin(\alpha+\alpha_0+\delta)$;$E_{at}$ 为 E_a 平行于墙底的分力,$E_{at} = E_a\cos(\alpha+\alpha_0+\delta)$;$\mu$ 为土对挡土墙基底的摩擦系数,宜按试验确定,也可按表 8-2 选用。

　　若验算不能满足式(8-25)要求,则应采取以下措施加以解决。

　　(1) 修改挡土墙的截面尺寸,以加大 G 值。

表 8-2　土对挡土墙基底的摩擦系数

土 的 类 别		摩擦系数 μ
黏性土	可塑	$0.25\sim0.30$
	硬塑	$0.30\sim0.35$
	坚硬	$0.35\sim0.45$
粉土		$0.30\sim0.40$
中砂、粗砂、砾砂		$0.40\sim0.50$
碎石土		$0.40\sim0.60$
软质岩石		$0.40\sim0.60$
块石、表面粗糙的硬质岩石		$0.65\sim0.75$

注:① 对易风化的软质岩石和塑性指数 I_P 大于 22 的黏性土,基底摩擦系数应通过试验确定。
　　② 对碎石土,摩擦系数可根据其密实度、填充物状况、风化程度等确定。

（2）将挡土墙底面做成砂、石垫层,以提高 μ 值。

（3）将挡土墙底做成逆坡,以利用滑动面上部分反力来抗滑。

（4）在软土地基上,其他方法无效或不经济时,可在墙踵后加拖板,利用拖板上的土来抗滑,拖板与挡土墙之间应用钢筋连接。

（5）加大被动土压力（抛石、加荷等）。

3）地基承载力与墙身强度的验算

挡土墙在自重及土压力的垂直分力作用下,基底压力按线性分布计算。其验算方法及要求与天然地基浅基验算方法及要求完全相同,同时要求基底合力的偏心不应大于基础宽度的 1/4,挡土墙墙身材料强度应按《混凝土结构设计规范》(GB 50010—2011)和《砌体结构设计规范》(GB 50003—2011)中相关内容的要求验算。

2. 提高重力式挡土墙稳定的构造措施

挡土墙的构造必须满足强度和稳定性的要求,同时应考虑就地取材、经济合理、施工养护的方便。

1）墙背的倾斜形式

墙型的合理选择对挡土墙设计的安全和经济有较大的影响。如果按照相同的计算方法和计算指标进行计算,主动土压力以仰斜为最小,直立为居中,俯斜为最大。因此,就墙背所受主动土压力而言,仰斜墙背较为合理。然而墙背的倾斜形式还应根据使用要求、地形和施工等条件综合考虑确定。一般挖坡建墙宜用仰斜,其土压力小,且墙背可与边坡紧密贴合。墙背仰斜时,其坡度不宜缓于 1:0.25（高宽比）,且坡面应尽量与墙背平行。如果在填方地区筑墙,则可采用直立或俯斜形式,便于施工,易使墙后填土夯实,俯斜墙背的坡度不大于 1:0.36;而在山坡上建墙,宜采用直立墙,因为俯斜墙土压力较大,而用倾斜墙时,其墙身较高,使砌筑的工程量增加。

2）墙顶的宽度和墙趾台阶

挡土墙的顶宽,如无特殊要求,对于一般块石挡土墙,不宜小于 0.4 m,混凝土挡土墙,不宜小于 0.2 m。挡墙高较大时,基底压力常常是控制截面的重要因素。为了使基底压力不超过地基土的承载力,在墙趾处宜设台阶。

3）基底逆坡及基底埋置深度

为了增加挡土墙的抗滑稳定性,常将基底做成逆坡。但是基底逆坡过大,可能使墙身连同基地下的一块三角形土体一起滑动,因此一般土质地基的基底逆坡坡度不宜大于 1∶10,岩石地基的不宜大于 1∶5。挡土墙基底埋置深度(如基底倾斜,则基底埋深从最浅的墙趾计算)应根据地基的承载力、冻结深度、岩石的风化程度、水流冲刷等因素确定,在土质地基中基底埋置深度不宜小于 0.5 m,在软质岩石地基中,不宜小于 0.3 m。

此外,重力式挡土墙每隔 10～20 m 设置一道伸缩缝。当地基有变化时宜加设沉降缝。在拐角处应适当采取加强的构造措施。

挡土墙常因排水不良而大量积水,使土的抗剪强度指标下降,土压力增大,导致挡土墙破坏。因此,挡土墙应设置泄水孔,其间距宜取 2～3 m,外斜坡度宜为 5%,孔眼尺寸不宜小于 φ100 mm。墙后要做好反滤层和必要的排水盲沟,在墙顶地面宜铺设防水层。当墙后有山坡时,还应在坡下设置截水沟。

墙后填土宜选择透水性较强的填料,如砂土、砾石、碎石等,因为这类土的抗剪强度较稳定,即内摩擦角受浸水的影响很小,而且它们的内摩擦角较大,能够显著减小主动土压力。当采用黏性土填料时,宜掺入适量的石块。在季节性冻土地区,墙后填土应选用非冻胀性填料(如矿渣、碎石、粗砂等)。对于重要的、较高的挡土墙,不宜采用黏性土填料,因黏性土的性能不稳定,干缩湿胀,这种交错变化将使挡土墙产生较大的侧压力,而在设计中无法考虑,其数值也可能较计算压力大许多倍,导致挡土墙外移,甚至失去控制,发生事故。此外,墙后填土要分层次夯实,以提高填土质量。

❖技能应用❖

技能 1　挡土墙设计

1. 设计资料与技术要求

1）土壤地质情况

地面为水田,有 60 cm 的挖淤,地表 1～2 m 为黏性土,允许承载力为 $[\sigma]=800$ kPa,以下为完好砂岩,允许承载力为 $[\sigma]=1500$ kPa,基底摩擦系数 f 为 0.6～0.7,取 0.6。

2）墙背填料

选择就地开挖的砂岩碎石屑作墙背填料,容重 $\gamma=20$ kN/m³,内摩阻角 $\varphi=35°$。

3）墙体材料

7.5 号砂浆砌 30 号片石,砌石 $\gamma_r=22$ kN/m³,砌石允许压应力 $[\sigma_r]=800$ kPa,允许剪应力 $[\tau_r]=160$ kPa。

4）设计荷载

公路一级。

5）稳定系数

$[K_c]=1.3$,$[K_0]=1.5$。

2. 挡土墙类型的选择

根据设计资料可知,此处布置挡土墙是为了收缩坡角,避免多占农田,因此考虑布置路肩挡土墙。布置时应注意防止挡土墙靠近行车道,直接受行车荷载作用,毁坏挡土墙。

　　K1＋172 断面边坡最高,故在此断面布置挡土墙,以确定挡土墙修建位置。为保证地基有足够的承载力,初步拟订将基础直接置于砂岩上,即将挡土墙基础埋置于地面线 2 m 以下。因此,结合横断面资料,最高挡土墙布置 K1＋172 断面的墙高足 10 m,结合上述因素,考虑选择俯斜视挡土墙。

3. 挡土墙的基础与断面的设计

1)断面尺寸的拟订

　　根据横断面的布置,该断面尺寸如图 8-14 所示。

$$b_1=1.65 \text{ m}, \quad b_2=1.00 \text{ m}, \quad b_3=3.40 \text{ m}$$

$$b=4.97 \text{ m}, \quad N_1=0.2, \quad N_2=0.2, \quad N_3=0.05$$

$$H_1=7.00 \text{ m}, \quad H_2=1.50 \text{ m}, \quad H=9.49 \text{ m}$$

$$d=(0.75+2.5-1.65) \text{ m} = 1.6 \text{ m}$$

$$\alpha=\arctan N_1=\arctan 0.2=11.3°$$

$$\delta=\frac{1}{2}\varphi=35°/2=17.5°$$

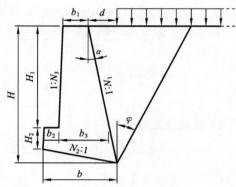

图 8-14　断面尺寸

2)换算均布土层厚度 h_0

　　根据路基设计规范,$h_0=\dfrac{q}{\gamma}$,其中 q 是车辆荷载附加荷载强度,墙高小于 2 m 时,取 20 kN/m²;墙高大于 10 m 时,取 10 kN/m²;墙高为 2～10 m 时,附加荷载强度用直线内插法计算,γ 为墙背填土重度。

$$\frac{10-2}{7-2}=\frac{10-20}{q-20}$$

即

$$q=13.75 \text{ kN/m}^2$$

$$h_0=\frac{q}{\gamma}=\frac{13.75}{20} \text{ m}=0.6875 \text{ m}$$

4. 挡土墙稳定性验算

1)土压力计算

　　假定破裂面交于荷载内,采用《路基设计手册》(2 版)表 3-2-1 主动土压力第三类公式计算:

$$\omega=\varphi+\alpha+\delta=35°+11.3°+17.5°=63.8°$$

$$A=\frac{2dh_0}{H(H+2h_0)}-\tan\alpha=\frac{2\times1.6\times0.6875}{9.49\times(9.49+2\times0.6875)}-0.2=-0.178$$

$$\begin{aligned}
\tan\theta &= -\tan\omega\pm\sqrt{(\cot\varphi+\tan\omega)(\tan\omega+A)}\\
&= -\tan63.8°\pm\sqrt{(\cot35°+\tan63.8°)(\tan63.8°-0.178)}\\
&= -4.5667(\text{或}\ 0.500)
\end{aligned}$$

所以 $\theta=-77.64°$(或 26.58°),即 $\theta=26.58°$。

$$\tan\theta\cdot H+\tan\alpha\cdot H=(0.5\times9.49+0.2\times9.49) \text{ m}=6.643 \text{ m}>1.6 \text{ m}$$

所以假设成立,破裂面交于荷载内。

$$K_a = \frac{\cos(\theta+\varphi)}{\sin(\theta+\omega)}(\tan\theta+\tan\alpha) = \frac{\cos(26.58°+35°)}{\sin(26.58°+63.8°)}(\tan26.58°+\tan11.31°) = 0.333$$

$$h_1 = \frac{d}{\tan\theta+\tan\alpha} = \frac{1.6}{\tan26.58°+\tan11.31°} \text{ m} = 2.285 \text{ m}$$

$$K_1 = 1 + \frac{2h_0}{H}\left(1-\frac{h_1}{H}\right) = 1 + \frac{2\times0.6875}{9.49}\times\left(1-\frac{2.285}{9.49}\right) = 1.11$$

$$E_a = \frac{1}{2}\gamma H^2 K_a K_1 = \frac{1}{2}\times20\times9.49^2\times0.333\times1.11 \text{ kPa} = 333.21 \text{ kPa}$$

$$E_x = E_a\cos(\alpha+\delta) = 333.21\cos(11.31°+17.5°) \text{ kPa} = 291.96 \text{ kPa}$$

$$E_y = E_a\sin(\alpha+\delta) = 333.21\sin(11.31°+17.5°) \text{ kPa} = 160.57 \text{ kPa}$$

$$z_x = \frac{H}{3} + \frac{h_0(H-2h_1)^2-h_0 h_1^2}{2H^2 K_1}$$

$$= \left[\frac{9.49}{3} + \frac{0.6875\times(9.49-2\times2.285)^2-0.6875\times2.285^2}{2\times9.49^2\times1.11}\right] \text{ m} = 3.23 \text{ m}$$

$$z_y = b - z_x\tan\alpha = (4.97-3.23\times\tan11.31°) \text{ m} = 4.32 \text{ m}$$

2）抗滑稳定性验算

$$K_c = \frac{(G+E_y)f}{E_x} = \frac{(546.6+160.57)\times0.6}{291.96} = 1.453 \geqslant [K_c] = 1.3$$

所以抗滑稳定性满足要求。

3）抗倾覆稳定性验算

$$K_0 = \frac{\sum M_y}{\sum M_0} = \frac{Gz_G+E_y z_y}{E_x z_x} = \frac{1351.71+160.57\times4.32}{291.96\times3.23} = 22.63 \geqslant [K_0] = 1.5$$

所以抗倾覆稳定性满足要求。

4）基底合力及合力偏心距验算

$$e = \frac{b}{2} - z_n = \frac{b}{2} - \frac{Gz_G+E_y z_y-E_x z_x}{G+E_y}$$

$$= \left(\frac{4.97}{2} - \frac{1351.713+160.57\times4.32-291.96\times3.23}{546.60+160.57}\right) \text{ m}$$

$$= 0.82 \text{ m} \leqslant [e_0] \leqslant 1.5\rho = 1.5\frac{W}{A} = 1.5\times\frac{b^2}{6b} = 1.5\times\frac{4.97}{6} \text{ m} = 1.24 \text{ m}$$

$$e = 0.82 \text{ m} > \frac{b}{6} = \frac{4.97}{6} \text{ m} = 0.83 \text{ m}$$

$$\sigma_{1,2} = \frac{\sum N}{A} + \frac{\sum M}{W} = \frac{G+E_y}{b}\times\left(1\pm\frac{6e}{b}\right) = \frac{546.6+160.57}{4.97}\times\left(1\pm\frac{6\times0.82}{4.97}\right) \text{ kPa}$$

$$\sigma_{max} = 301.12 \text{ kPa} < [\sigma] = 1500 \text{ kPa}$$

所以基底合力及合力偏心距满足要求。

5. 挡土墙截面墙身验算

1）土压力计算

假定破裂面交于荷载内，采用《路基设计手册》（2版）表 3-2-1 主动土压力第三类公式计算：

$$\omega = \varphi+\alpha+\delta = 35°+11.3°+17.5° = 63.8°$$

$$A = \frac{2dh_0}{H_1(H_1+2h_0)} - \tan\alpha = \frac{2\times1.6\times0.6875}{7\times(7+2\times0.6875)} - 0.2 = -0.162$$

$$\tan\theta = -\tan\omega \pm \sqrt{(\cot\varphi+\tan\omega)(\tan\omega+A)}$$

$$= -\tan63.8° \pm \sqrt{(\tan35°+\tan63.8°)(\tan63.8°-0.162)}$$

$$= -4.577(\text{或}\ 0.511)$$

所以 $\theta = -77.68°$（或 $27.09°$），即 $\theta = 27.09°$。

$$\tan\theta H_1 + \tan\alpha H_1 = (0.511\times7+0.2\times7)\ \text{m} = 4.98\ \text{m} > 1.6\ \text{m}$$

所以假设成立,破裂面交于荷载内。

$$K_a = \frac{\cos(\theta+\varphi)}{\sin(\theta+\omega)}(\tan\theta+\tan\varphi) = \frac{\cos(27.09°+35°)}{\sin(27.09°+63.8°)}(\tan27.09°+\tan11.31°) = 0.333$$

$$h_1 = \frac{d}{\tan\theta+\tan\alpha} = \frac{1.6}{\tan27.09°+\tan11.31°}\ \text{m} = 2.249\ \text{m}$$

$$K_1 = 1 + \frac{2h_0}{H_1}\left(1-\frac{h_1}{H_1}\right) = 1 + \frac{2\times0.6875}{7}\times\left(1-\frac{2.249}{7}\right) = 1.133$$

$$E_a = \frac{1}{2}\gamma H_0^2 K_a K_1 = \frac{1}{2}\times20\times7^2\times0.333\times1.133\ \text{kPa} = 184.92\ \text{kPa}$$

$$E_x = E_a\cos(\alpha+\delta) = 184.92\cos(11.31°+17.5°)\ \text{kPa} = 162.08\ \text{kPa}$$

$$E_y = E_a\sin(\alpha+\delta) = 184.92\sin(11.31°+17.5°)\ \text{kPa} = 89.14\ \text{kPa}$$

$$z_x = \frac{H_1}{3} + \frac{h_0\times(H_1-2h_1)^2 - h_0 h_1^2}{2H_1^2 k_1}$$

$$= \left[\frac{7}{3} + \frac{0.6875\times(7-2\times2.249)^2 - 0.6875\times2.249^2}{2\times7^2\times1.11}\right]\ \text{m}$$

$$= 2.34\ \text{m}$$

$$z_y = b_3 - z_x\tan\alpha = (3.4-2.34\tan11.31°)\ \text{m} = 2.93\ \text{m}$$

2）截面墙身强度验算

（1）法向应力验算。

$$e_1 = \frac{b_1}{2} - z_n = \frac{b_1}{2} - \frac{G_1 z_{G_1} + E_{1y} z_{1y} - E_{1x} Z_{1x}}{G_1 + E_{1y}}$$

$$= \left(\frac{3.4}{2} - \frac{570.76+160.57\times2.75-291.96\times3.23}{388.85+160.57}\right)\ \text{m}$$

$$= 0.54\ \text{m} \leqslant [e_0] \leqslant 1.5\rho = 1.5\frac{W}{A} = 1.5\frac{b^2}{6b} = 1.5\times\frac{3.4}{6}\ \text{m} = 0.85\ \text{m}$$

$$e = 0.54\ \text{m} < \frac{b}{6} = \frac{3.4}{6}\ \text{m} = 0.57\ \text{m}$$

$$\sigma_{1,2} = \frac{\sum N}{A} + \frac{\sum M}{W} = \frac{G_1+E_{1y}}{b_1}\cdot\left(1\pm\frac{6e_1}{b_1}\right) = \frac{388.85+160.57}{3.4}\times\left(1\pm\frac{6\times0.49}{3.4}\right)\ \text{kPa}$$

$$\sigma_{max} = 275.66\ \text{kPa} < [\sigma_r] = 800\ \text{kPa}$$

（2）剪应力验算。

$$\tau = \frac{T_1}{A_1} = \frac{E_{1x}}{b_3} = \frac{162.08}{3.4} = 47.66\ \text{kPa} \leqslant [\tau_r] = 160\ \text{kPa}$$

所以截面墙身强度满足要求。

技能 2　重力式挡土墙设计

1. 某边坡重力式路挡土墙设计资料

（1）墙身构造：墙高 5 m，墙背仰斜坡度为 1∶0.25(14°02')，墙身分段长度为 20 m，其余初始拟采用尺寸如图 8-15 所示。

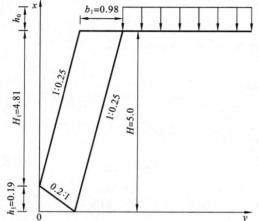

图 8-15　初始拟采用挡土墙尺寸图（单位：m）

（2）土质情况：墙背填土容重 $\gamma = 18$ kN/m³；内摩擦角 $\varphi = 35°$；填土与墙背间的摩擦角 $\delta = 17.5°$；地基为岩石地基容许承载力 $[\sigma] = 500$ kPa，基地摩擦系数 $f = 0.5$。

（3）墙身材料：砌体容重 $\gamma = 20$ kN/m³，砌体容许压应力 $[\sigma] = 500$ kPa，容许剪应力 $[\tau] = 80$ kPa。

2. 破裂棱体位置确定

1）破裂角（θ）的计算

假设破裂面交于荷载范围内，则有

$$\psi = \alpha + \delta + \varphi = -14°02' + 17°30' + 35° = 38°28'$$

因为 $\omega < 90°$，则

$$B_0 = \frac{1}{2}ab + (b+d)h_0 - \frac{1}{2}H(H + 2a + 2h_0)\tan\alpha$$

$$= 0 + (0+0)h_0 - \frac{1}{2}H(H + 2h_0)\tan\alpha$$

$$= -\frac{1}{2}H(H + 2h_0)\tan\alpha$$

$$A_0 = \frac{1}{2}(a + H + 2h_0)(a + H) = \frac{1}{2}H(H + 2h_0)$$

根据路堤挡土墙破裂面交于荷载内部时破裂角的计算公式：

$$\tan\theta = -\tan\psi + \sqrt{(\cot\varphi + \tan\psi)\left(\frac{B_0}{A_0} + \tan\psi\right)}$$

$$= -\tan\psi + \sqrt{(\cot\varphi + \tan\psi)(\tan\psi - \tan\alpha)}$$

$$= -\tan 38°28' + \sqrt{(\cot 35° + \tan 38°28')(\tan 38°28' + \tan 14°02')}$$

$$= -0.7945 + \sqrt{(1.428 + 0.7945)(0.7945 + 0.25)}$$

$$= 0.7291$$

$$\theta = 36°5'44''$$

2）验算破裂面是否交于荷载范围内

破裂契体长度：

$$l_0 = H(\tan\theta + \tan\alpha) = 5(0.7291 - 0.25)\ \text{m} = 2.4\ \text{m}$$

车辆荷载分布宽度：

$$l = Nb + (N-1)m + d = (2 \times 1.8 + 1.3 + 0.6)\ \text{m} = 3.5\ \text{m}$$

所以 $l_0 < l$，即破裂面交于荷载范围内，符合假设。

3. 荷载当量土柱高度计算

墙高 5 m，按墙高确定附加荷载强度进行计算。按照线性内插法，计算附加荷载强度

$$q = 16.25 \text{ kN/m}^2$$

$$h_0 = \frac{q}{\gamma} = \frac{16.25}{18} \text{ m} = 0.9 \text{ m}$$

4. 土压力计算

$$A_0 = \frac{1}{2}(a + H + 2h_0)(a + H) = \frac{1}{2}(0 + 5.0 + 2 \times 0.9)(0 + 5.0) \text{ m}^2 = 17 \text{ m}^2$$

$$B_0 = \frac{1}{2}ab + (b + d)h_0 - \frac{1}{2}H(H + 2a + 2h_0)\tan\alpha$$

$$= \left[0 + 0 - \frac{1}{2} \times 5.0(5 + 0 + 2 \times 0.9)\tan(-14°2') \right] \text{ m}^2 = 4.25 \text{ m}^2$$

根据路堤挡土墙破裂面交于荷载内部，土压力计算公式为

$$E_a = \gamma(A_0\tan\theta - B_0)\frac{\cos(\theta + \varphi)}{\sin(\theta + \psi)} = 18 \times (17 \times 0.7291 - 4.25)\frac{\cos(36°5'44'' + 35°)}{\sin(36°5'44'' + 38°28'')} \text{ kN}$$

$$= 49.25 \text{ kN}$$

$$E_x = E_a\cos(\alpha + \delta) = 49.25\cos(-14°2' + 17°30') \text{ kN} = 49.14 \text{ kN}$$

$$E_y = E_a\sin(\alpha + \delta) = 49.25\sin(-14°2' + 17°30') \text{ kN} = 2.97 \text{ kN}$$

5. 土压力作用点位置计算

$$K_1 = 1 + 2h_0/H = 1 + 2 \times 0.9/5 = 1.36$$

$$z_{x1} = H/3 + h_0/3K_1 = (5/3 + 0.9/3 \times 1.36) \text{ m} = 1.59 \text{ m}$$

式中：z_{x1} 为土压力作用点到墙踵的垂直距离。

6. 土压力对墙趾力臂计算

基地倾斜，土压力对墙趾力臂：

$$z_x = z_{x1} - h_1 = (1.59 - 0.19) \text{ m} = 1.4 \text{ m}$$

$$z_y = b_1 - z_x\tan\alpha = (0.98 + 1.4 \times 0.25) \text{ m} = 1.33 \text{ m}$$

7. 稳定性验算

1）墙体重量及其作用点位置计算

挡墙按单位长度计算，为方便计算，从墙趾处沿水平方向把挡土墙分为两部分，上部分为四边形，下部分为三角形：

$$V_1 = b_1 H_1 = 0.98 \times 4.48 \times 1 \text{ m}^3 = 4.71 \text{ m}^3$$

$$G_1 = V_1\gamma_1 = 4.71 \times 20 \text{ kN} = 94.28 \text{ kN}$$

$$z_{G1} = 1/2(H_1\tan\alpha + b_1) = 1.09 \text{ m}$$

$$V_2 = 1/2b_1 h_1 = 0.5 \times 0.98 \times 0.19 \text{ m}^3 = 0.093 \text{ m}^3$$

$$G_2 = V_2\gamma_1 = 1.86 \text{ kN}$$

$$z_{G2} = 0.651b = 0.651 \times 0.98 \text{ m} = 0.64 \text{ m}$$

2）抗滑稳定性验算

倾斜基地坡度为 0.2∶1（$\alpha_0 = 11°18'36''$），验算公式为

$$[1.1G + \gamma_{q1}(E_y + E_x\tan\alpha_0 - \gamma_{q2}E_p\tan\alpha_0)]\mu + (1.1G + \gamma_{q1}E_y)\tan\alpha_0 - \gamma_{q1}E_x + \gamma_{q2}E_p > 0$$

即　　　　　$[1.1×96.14+1.4×(2.97+49.14×0.198-0)]×0.5$

$　　+(1.1×96.14+1.4×2.97)×0.198-1.4×49.14+0$

$　=[105.75+1.4(2.97+9.73)]×0.5+(105.75+4.16)×0.198-68.80$

$　=10.28>0$

所以抗滑稳定性满足。

3）抗倾覆稳定性验算

$$0.8Gz_G+\gamma_{q1}(E_yz_x-E_xz_y)+\gamma_{q1}E_pz_p>0$$

即　　$0.8(94.28×1.09+1.86×0.64)+1.4×(2.97×1.4-49.14×1.33)+0$

$　=-2.5<0$

所以倾覆稳定性不足，应采取改进措施以增强抗倾覆稳定性。

重新拟定 $b_1=1.02$ m 倾斜基地，土压力对墙趾的力臂：

$$z_x=1.4 \text{ m}$$

$$z_y=b_1+z_x\tan\alpha=(1.02+1.4×0.25) \text{ m}=1.37 \text{ m}$$

$$V_1=b_1H_1=1.02×4.81×1 \text{ m}^3=4.91 \text{ m}^3$$

$$G_1=4.91×20 \text{ kN}=98.12 \text{ kN}$$

$$z_{G1}=0.5(H_1\tan\alpha+b_1)=0.5×(4.87\tan14°02'+1.02) \text{ m}=1.11 \text{ m}$$

$$V_2=0.5b_1H_1=0.5×1.02×0.19 \text{ m}^3=0.10 \text{ m}^3$$

$$G_2=0.0969×20 \text{ kN}=1.94 \text{ kN}$$

$$z_{G2}=0.651b_1=0.66 \text{ m}$$

$$0.8Gz_G+\gamma_{q1}(E_yz_x-E_xz_y)+\gamma_{q1}E_pz_p>0$$

即　　$0.8(94.12×1.11+1.94×0.66)+1.4×(2.97×1.4-49.14×1.33)+0$

$　=1.44>0$

所以倾覆稳定性满足。

8. 基地应力和合力偏心矩验算

1）合力偏心矩计算

$$e=\frac{M}{N_1}=\frac{1.2M_E+1.4M_G}{(G\gamma_G+\gamma_{q1}E_y-W)\cos\alpha_0+\gamma_{q1}E_x\sin\alpha_0}$$

上式中弯矩为作用于基底形心的弯矩，所以计算时先要计算对形心的力臂。根据前面计算过的对墙趾的力臂，可以计算对形心的力臂。

$$z'_{G1}=z_{G1}-\frac{b}{2}=(1.09-0.51) \text{ m}=0.58 \text{ m}$$

$$z'_{G2}=z_{G2}-\frac{b}{2}=(0.64-0.51) \text{ m}=0.13 \text{ m}$$

$$z'_x=z_x+\frac{b}{2}\tan\alpha_0=(1.4+0.51×0.198) \text{ m}=1.5 \text{ m}$$

$$z'_y=z_y-\frac{b}{2}=(1.33-0.51) \text{ m}=0.82 \text{ m}$$

$$e=\frac{M}{N_1}=\frac{1.2M_E+1.4M_G}{(G\gamma_G+\gamma_{q1}E_y-W)\cos\alpha_0+\gamma_{q1}E_x\sin\alpha_0}=\frac{1.2(E_yz'_y-E_xz'_x)+1.4(G_1z'_{G1}+G_2z'_{G2})}{(G\gamma_G+\gamma_{q1}E_y-W)\cos\alpha_0+\gamma_{q1}E_x\sin\alpha_0}$$

$$=\frac{1.2×(2.97×0.82-49.14×1.5)+1.4×(98.12×0.58+1.94×0.13)}{(100.14×1.2+1.4×2.97-0)×0.98+1.4×49.14×0.19} \text{ m}$$

$=0.04\ \text{m}<b_1/4=0.26\ \text{m}$

所以基底合力偏心矩满足规范的规定。

2）基地应力验算

$$p=\frac{N_1}{A}\left(1\pm\frac{6e}{b}\right)=\frac{252.55}{1.02}\left(1\pm\frac{6\times0.04}{1.02}\right)$$

$$p_{max}=307.02\ \text{kPa}$$

$$p_{min}=188.17\ \text{kPa}$$

$$p_{max}=307.02\ \text{kPa}<[\sigma]=500\ \text{kPa}$$

所以基底应力满足要求。

9. 截面内力计算

墙面、墙背平行，截面最大应力出现在接近基地处，由基地应力验算可知偏心矩及基地应力满足地基承载力，墙身应力也满足，验算内力通过，墙顶顶宽 1.02 m，墙高 5 m。

10. 设计图纸及工程量

（1）典型断面如图 8-16 所示，立面布置如图 8-17 所示，平面布置如图 8-18 所示。

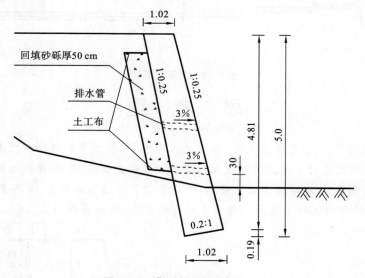

图 8-16 典型断面图（单位：m）

（2）挡土墙工程数量如表 8-3 所示。

路肩墙墙体间隔 20 m 设置一道沉降缝，缝内用沥青麻絮嵌塞；泄水孔尺寸为 10 cm×10 cm，2～3 m 布置一个，泄水孔应高出地面不小于 30 cm；墙背均应设置 50 cm 砂砾透水层，并做土工布封层。

表 8-3 工程数量表

墙高/m	断面尺寸/m					7.5 号浆砌片石单位数量/(m³/m)
	h_1	H	H_1	B_1	b_1	
5.0	0.19	5.0	4.81	1.02	1.02	4.84

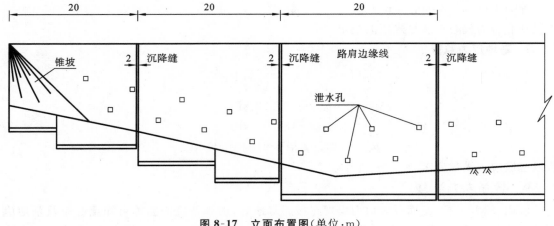

图 8-17　立面布置图(单位:m)

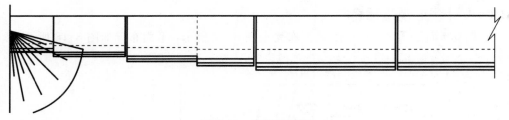

图 8-18　平面布置图

思 考 题

1. 某挡土墙高 4 m,墙背竖直光滑,墙后填土面水平,填土为干砂,$\gamma = 18$ kN/m³,$\varphi = 36°$,$\varphi' = 38°$。试计算作用在挡土墙上的静止土压力 E_0、主动土压力 E_a 及被动土压力 E_p。

2. 某挡土墙高 8 m,墙后填土为两层,其物理力学性质指标如图 8-19 所示,试用朗肯理论分别计算作用在墙背的主动土压力和被动土压力的分布、大小及作用点。

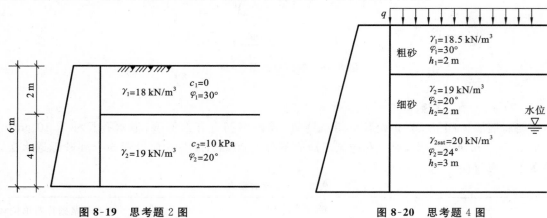

图 8-19　思考题 2 图　　　　　　　　　　　图 8-20　思考题 4 图

3. 某挡土墙高 4.5 m,墙后填土为中密粗砂,$\gamma = 18.48$ kN/m³,$\varphi = 36°$,$\delta = 18°$,$\beta = 15°$,墙背与竖直线的夹角 $\alpha = -8°$,试计算该挡土墙主动土压力大小、方向及作用点。

4. 某挡土墙高 7 m,墙背竖直光滑,墙后填土面水平,并作用连续均布荷载 $q = 20$ kPa,填土组成、地下水位及土的性质指标如图 8-20 所示,试计算墙背总侧压力 E 及作用点的位置,并绘出侧压力分布图。

5. 一均质土坡,坡高 5 m,坡度为 1∶2,土的重度 $\gamma=18$ kN/m³,黏聚力 $c=10$ kPa,内摩擦角 $\varphi=15°$,试用条分法计算土坡的稳定安全系数。

6. 某地基土的天然重度 $\gamma=18.6$ kN/m³,内摩擦角 $\varphi=15°$,黏聚力 $c=8$ kPa,当采用坡度 1∶1 开挖基坑时,试确定最大开挖深度为多少。

项目 9　工程地质勘察报告

任务 1　工程地质勘察的内容与方法

❖任务导入❖

某工程岩土工程勘察任务书及技术要求如表 9-1 所示。

【任务】

(1) 了解工程地质勘察的内容与方法。

❖知识准备❖

工程地质勘察报告是工程地质勘察工作的总结。根据勘察设计书的要求,考虑工程特点及勘察阶段,综合反映和论证勘察地区的工程地质条件和工程地质问题,作出工程地质评价。它是提供设计、施工部门间接使用的重要资料和依据。报告内一般包括工程地质条件的论述、工程地质问题的分析评价以及结论和建议。报告以说明问题为原则,格式不强求一致,要求重点突出、观点明确、论据充足、评价确切、措施具体。报告除文字部分外,还包括插图、附图、附表及照片等。

模块 1　勘察技术要求

(1) 钻孔布设应在桥位工程地质调查与测绘的基础上进行。每个墩台布设不少于 2 个钻孔,钻孔一般布设在桥梁中心线上。

(2) 钻孔深度低于沟底以下不得少于 15 m。

(3) 查明拟建建筑物范围内的地层结构和均匀性,以及其岩土土层的物理力学性质。查明各层岩土的类别、结构、厚度、坡度、工程特性,计算和评价地基的稳定性和承载力。

(4) 查明有无影响建筑场地稳定性的不良地质条件及其程度。查明不良地质现象的成因、类型、分布范围、发展趋势及危害程度,提出评价与整治所需的岩土技术参数和整治方案建议。

(5) 对可供采用的地基基础设计方案进行论证分析,提出经济合理的设计方案建议;提供与设计要求相对应的地基承载力及变形计算参数,并对设计与施工应注意的问题提出建议。

(6) 提出确保基础工程施工质量的建议及措施。

(7) 其余未明之处必须遵守《岩土工程勘察规范》(GB 50021—2009)的规定。

模块 2　要求提交勘察资料的内容

(1) 提供岩土物理力学性质主要指标及基础设计参数(桩基端阻力及侧阻力),推荐合适

表 9-1　岩土工程勘察任务书及技术要求

建设单位	××公司	工程名称	1#、2#、3#车间	场地位置	××区×××镇
				提交报告日期	2010.04.15
				资料份数	6 份
				勘察阶段	详细

勘察技术要求：

(1) 查明拟建物范围内各层岩土的类别、结构、厚度、工程特性。

(2) 了解场地内是否有暗浜、沟塘、池、井等，查明不良地质作用的成因、类型、分布范围、发展趋势及危害程度。

(3) 划分场地类别，分析地震效应情况，判定饱和砂土和饱和粉土的地震液化情况，并计算其液化指数。

(4) 查明地下水的埋藏条件，评价场地地内水、土对砼、砼中钢筋的腐蚀性。

(5) 对可能采取的基础型式提出建议。

(6) 提出桩基础，需查明并提供相关参数。若为基础，需查明基础埋深及提供相关参数。

(7) 未尽事宜按现行《岩土工程勘察规范》(GB 50021—2009) 等规范执行。

(8) 地勘部门可根据相关规范要求适当调整勘探孔间距及勘探孔深度

要求提交勘察资料内容：

(1) 提供岩土层主要物理力学性质指标及基础设计参数。

(2) 提供勘探点平面布置图、地质剖面图、地质柱状图等相关图件。

(3) 提供土工试验成果及原位测试成果表、水位分析报告及其他测试统计表。

(4) 提供相关规范规定的指标特征值。

(5) 提供抗浮设计水位及地下埋藏条件。

(6) 提供同边环境的不利影响分析。

(7) 提供岩土工程勘察报告书。

备注：该工程项目由具备工程勘察专业类岩土工程（勘察）乙级以上资质的单位进行勘察。总建筑面积约 23568 m²

顺序号	建筑物名称	工程重要性等级	建筑物抗震设防类别	对差异沉降敏感程度	层数/结构类型	高度	黄海标高	建筑物基底尺寸	建(构)筑物基础			主要设备说明					地下室或地下室设备情况	备注
									最大柱距	基础埋深	单柱荷载/kN	设备名称	尺寸形状/(m×m)	材料	砌置深度/m	单位荷载/(kN/m²)		
1	1#车间	三级	丙	一般	二层/框架结构	17.8 m	4.95 m	128 m×60 m	10.0 m×8.0 m	1.8 m	2500							
2	2#车间	三级	丙	一般	四层/框架结构	16.5 m	4.95 m	54 m×20 m	10.0 m×8.0 m	1.8 m	3800							
3	3#车间	三级	丙	一般	四层/框架结构	15.0 m	4.95 m	54 m×20 m	10.0 m×8.0 m	1.8 m	3800							

的桩型。

（2）提供桥位处的河床地质断面图、钻孔地质柱状图及工程地质剖面图。

（3）提供土工试验成果图、原位测试成果表、水位分析报告。

（4）提供成果统计表。

（5）提供岩土工程勘察报告书。

根据某工程地质勘察任务书不难看出，工程地质勘察就是根据工作任务要求，针对工程地质问题，因地制宜，结合运用各种勘察方法和手段进行包括工程地质测绘、工程地质勘探（含地球物理勘探）、工程地质试验和工程地质监测等的工作。布置勘察工作，必须遵循由面到点、点面结合、由地表到地下、由宏观到微观、由定性到定量的原则，坚持先测绘后勘探、试验的工作顺序，以免遗漏重要的地质现象而作出错误的分析和判断，同时也可避免盲目布置勘探工作而造成浪费。

1. 工程地质勘察的目的

工程地质勘察的目的是以各种勘察手段和方法，了解和查明建筑场地与地基的工程地质条件及天然建筑材料资源，分析可能存在的工程地质问题，为建筑物选址、规划设计和施工提供所需的基本资料，并提出地基和基础设计方案建议。

2. 工程地质勘察等级

工程地质勘察的等级应根据工程安全等级、场地等级和地基等级，综合分析确定。具体划分标准如表9-2至表9-5所示。

3. 工程地质勘察的内容

地质勘察工作通常分阶段进行，一般按工程类别、规模大小、重要性和地质条件复杂程度而定，工作范围由面到点逐渐深入，工作内容由一般到具体，精度由粗到细。工程地质勘察分为可行性研究地质勘察、初步地质勘察和详细地质勘察。

表9-2　工程安全等级划分标准

安全等级	工程类型	破坏后果
一	重要工程	很严重
二	一般工程	严重
三	次要工程	不严重

表9-3　场地等级划分标准

场地等级	地震地段	不良地质现象	地质环境	地形地貌	地下水
一	抗震危险地段	强烈发育	已经或可能受到强烈破坏	复杂	复杂
二	抗震不利地段	一般发育	已经或可能受到一般破坏	较复杂	基础以上
三	抗震烈度小于或等于6度，或抗震有利地段	不发育	基本未受到破坏	简单	无影响

注：地震地段、不良地质现象、地质环境、地形地貌、地下水标准中满足任何一条即可定级；从一级开始，向二级、三级推定，以最先满足为准。

表 9-4 地基等级划分标准

地基等级	岩土种类	土层性质	特殊岩土
一	多	很不均匀、变化大	严重湿陷、膨胀、有盐渍、被污染的特殊性岩土,以及其他情况复杂、需作专门处理的岩土
二	较多	不均匀、变化较大	除一级中规定外的特殊性岩土
三	单一	均匀、变化不大	无

注:岩土种类、土层性质、特殊岩土标准中满足任何一条即可定级。

表 9-5 工程地质勘察等级划分标准

勘察等级	工程重要性等级	场地等级	地基等级
甲	一项或多项为一级		
乙	除甲、丙级以外的勘查项目		
丙	均为三级		

1）可行性研究地质勘察

可行性研究地质勘察的任务是取得拟建场地的主要工程地质资料,并对拟选场地的稳定性和适宜性作出方案比较和岩土工程评价。主要勘察内容如下:

（1）收集区域地质、地形地貌、地震、矿产、当地的工程地质、岩土工程和建筑经验等资料。

（2）在充分收集和分析已有资料的基础上,通过踏勘,了解场地的地层、构造、岩性、不良地质作用和地下水等工程地质条件。

（3）当拟建场地工程地质条件复杂,已有资料不能满足要求时,应根据具体情况进行工程地质测绘和必要的勘探工作。

2）初步地质勘察

初步地质勘察是在建筑物场址已经确定后进行的,其任务是对场内拟建建筑物地段的稳定性作出评价,并为确定建筑物总平面布置、主要建筑物的地基基础方案及不良地质现象的防治措施提供工程地质资料和依据。

（1）主要勘察内容如下:

① 收集拟建工程的有关文件、工程地质和岩土工程资料及工程场地范围的地形图。

② 初步查明地质构造、地层结构、岩土工程特性、地下水埋藏条件、地下水对建筑材料的腐蚀性、冻结深度等。

③ 查明场地不良地质现象的成因、分布、规模及其发展趋势,并对场地稳定性作出评价。

④ 对于抗震设防烈度大于或等于 6 度的场地,应对场地和地基的地震效应作出初步评价。

（2）初步勘察工作应符合下列要求:

① 勘探线应垂直地貌单元、地质构造和地层界线布置。

② 每个地貌单元均应布置勘探点,在地貌单元交接部位和地层变化较大的地段,勘探点应加密。

③ 在地形平坦地区,可按网格布置勘探点。勘探线和勘探点的布置、勘探孔的深度,可根据表 9-6、表 9-7 或当地经验确定。

表 9-6　初步勘察勘探线、勘探点间距

地基复杂程度等级	勘探线间距/m	勘探点间距/m
一级(复杂)	50～100	30～50
二级(中等复杂)	75～150	40～100
三级(简单)	150～300	75～200

注:表中间距不适用于地球物理勘探,控制性勘探点宜占勘探点总数的 1/5 ～1/3,且每一个地质单元均应有控制性勘探点。

表 9-7　初步勘察探孔深度

工程重要性等级	一般性勘探孔/m	控制性勘探孔/m
一级(重要工程)	15	30
二级(一般工程)	10～15	15 ～ 30
三级(次要工程)	6～10	10～20

注:勘探孔包括钻孔、探井和原位探测孔等,特殊用途钻孔除外。

3)详细地质勘察

经过可行性研究地质勘察和初步地质勘察之后,为配合技术设计和施工图设计,需进行详细地质勘察。详细地质勘察的任务是:对具体的建筑物提出详细的岩土工程资料和设计、施工所需的岩土参数;对建筑地基作出岩土工程评价,并对地基类型、基础形式、地基处理、基坑支护、工程降水和不良地质作用的防治提出建议。主要工作内容如下:

(1)收集附有坐标和地形的建筑物总平面图,场区的地面整平标高,建筑物的性质、规模、荷载、结构特点、基础形式、埋深,地基允许变形等资料。

(2)查明不良地质作用的类型、成因、分布范围、发展趋势和危害程度,提出整治方案的建议。

(3)查明建筑范围内岩土层的类型、深度、分布、工程特性,分析和评价地基的稳定性、均匀性和承载力。

(4)对需进行沉降计算的建筑物,提供地基变形计算参数,预测建筑物的变形特征。

(5)查明地下水的埋藏条件和侵蚀性,提供地下水位及其冻结深度。

(6)对抗震设防烈度大于或等于 6 度的场地,应划分场地土类型和场地类别;对抗震设防烈度大于或等于 7 度的场地,尚应分析预测地震效应,判定饱和土与粉土的地震液化程度,并应计算液化指数,判定液化等级。

(7)对深基坑开挖,尚应提供稳定计算和支护设计所需的岩土技术参数,论证和评价基坑开挖、降水对邻近工程的影响。

(8)若可能采用桩基础,则需要提供桩基础设计所需的岩土技术参数,并确定单桩承载力;提出桩的类型、长度和施工方法等建议。

4. 工程地质勘察方法

工程地质测绘是在地形图上布置一定数量的观察点和观测线,以便按点和线进行观测和描绘。工程地质勘察是在工程地质测绘的基础上,为了进一步查明地表以下的工程地质问题,取得深部地质资料而进行的。勘察方法的选用应符合勘察目的和岩土的特性,勘探方法主要有坑探、钻探、物探和原位测试等。

1）坑探

坑探工程也称掘进工程、井巷工程,它在岩土工程勘探中占有一定的地位。与一般的钻探工程相比较,其优点是:勘察人员能直接观察到地质结构,准确可靠,且便于素描;可不受限制地从中采取原状岩土样和用于大型原位测试,尤其对研究断层破碎带、软弱泥化夹层和滑动面(带)等的空间分布特点及其工程性质等,更具有重要意义。坑探工程的缺点是:使用时往往受到自然地质条件的限制,耗费资金多且勘探周期长,尤其是重型坑探工程不可轻易采用。岩土工程勘探中常用的探坑有探槽、试坑、浅井、竖井(斜井)、平硐和石门(平巷)(见图 9-1)。其中前三种为轻型坑探工程,后三种为重型坑探工程。各种坑探工程的特点和适用条件如表 9-8 所示。

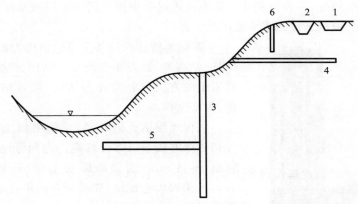

图 9-1　工程地质常用探坑类型示意图
1—探槽;2—试坑;3—竖井;4—平硐;5—石门;6—浅井

表 9-8　各种坑探工程的特点和适用条件

名　称	特　点	适　用　条　件
探槽	在地表深度小于 5 m 的长条形槽子	剥除地表覆土,揭露基岩,划分地层岩性,研究断层破碎带;探查残坡积层的厚度和物质组成、结构
试坑	从地表向下,铅直的、深度小于 5 m 的圆形或方形小坑	局部剥除覆土,揭露基岩;做载荷试验、渗水试验,取原状土样
浅井	从地表向下,铅直的、深度为 5～15 m 的圆形或方形井	确定覆盖层及风化层的岩性及厚度;做载荷试验,取原状土样
竖井(斜井)	形状与浅井的相同,但深度大于 15 m,有时需支护	了解覆盖层的厚度和性质、风化壳分带、软弱夹层分布、断层破碎带及岩溶发育情况、滑坡体结构及滑动面等;布置在地形较平缓、岩层又较缓倾的地段
平硐	在地面有出口的水平坑道,深度较大,有时需支护	调查斜坡地质结构,查明河谷地段的地层岩性、软弱夹层、破碎带、风化岩层等;做原位岩体力学试验及地应力量测,取样;布置在地形较陡的山坡地段

名　称	特　点	适 用 条 件
石门(平巷)	不出露地面而与竖井相连的水平坑道,石门垂直于岩层走向,平巷平行于岩层走向	了解河底地质结构,做试验等

2）钻探

钻探是工程地质勘察中最常用的一种方法。工程地质钻探是利用钻进设备在地层中钻孔,以鉴别和划分地层,通过采集岩心或观察井壁,以探明地下一定深度内的工程地质条件,补充和验证地面测绘资料的勘探工作。工程地质钻探既是获取地下准确地质资料的重要方法,也是采取地下原状岩土样和进行多种现场试验及长期观测的重要手段。

场地内布置的钻孔一般分为技术孔和鉴别孔两类。钻进时,仅取扰动土样,用于鉴别土层分布、厚度及状态的钻孔,称为鉴别孔。如在钻进过程中按不同的土层和深度采取原状土样的钻孔,称为技术孔。原状土样的采取常用取土器。

图 9-2　回转式钻探机

工程地质钻探设备主要包括动力机、钻机、泥浆泵、钻杆、钻头等,如图 9-2 所示。钻探方法有多种,根据破碎岩土的方法可分为冲击钻探、回转钻探、冲击圆转钻探、振动钻探等。

工程地质钻孔的孔径,一般根据工程要求、地质条件和钻探方法予以综合确定。为划分地层,终孔直径不宜小于 33 mm;为采取原状土样,孔径不宜小于 108 mm;为采取岩心试样,软质岩石的不宜小于 108 mm,硬质岩石的不宜小于 89 mm。

3）物探

物探是地球物理勘探的简称。它是利用岩土间的电学性质,以及磁性、重力场特征等物理性质的差异探测场区地下工程地质条件的勘探方法的总称。其中利用岩土间的电学性质差异而进行的勘探称为电法勘探;利用岩土间的磁性变化而进行的勘探称为磁法勘探;利用岩土间的地球引力场特征差异而进行的勘探称为重力勘探;利用岩土间传播弹性波的能力差异而进行的勘探称为地震勘探。此外,还有利用岩土的放射性、热辐射性质的差异而进行的物探方法。

物探虽然具有速度快、成本低的优点,但由于其仅能对物理性质差异明显的岩土进行辨别,且勘察过程中无法对岩土进行直接的观察、取样及其他的试验测试,因而在一般岩土工程中,主要用于特定的工程地质环境中的精度要求较低的早期勘察阶段的大型构造、采空区、地下管线等的探测。

4）原位测试

常规的勘探方法是由钻探取样,在实验室测定土的物理力学性质指标。这样土样在钻取、包装、运送、折封及试验过程中很难保持原有的天然结构。为了给勘探工作提供更确切的数据,原位测试方法显得重要。原位测试在建筑物场地实际测定地基土层不同深度处地基土的性质指标,如土的抗剪强度指标、压缩性、渗透性和物理性质。原位测试方法应根据岩土条件、设计对参数的要求、地区经验和测试方法的适用性等因素选用。

目前常用的原位测试方法主要有动力触探试验、静力触探试验、旁压试验、标准贯入试验、载荷试验、十字板剪切试验、大型现场剪切试验等。

根据原位测试成果,利用地区性经验估算岩土工程特性参数和对岩土工程问题作出评价时,应与室内试验及工程反算参数作对比,检验其可靠性。

❖技能应用❖

技能 1　编写某工程地质勘察报告(大纲)

1　概述

1.1　概况

1.2　勘察目的、任务及工作依据

1.2.1　勘察目的

1.2.2　主要任务

1.2.3　工作依据

2　区域地质概况

2.1　自然地理条件

2.1.1　地形地貌

2.1.1.1　侵蚀-溶蚀地貌

1. 峰丛洼地-谷地

2. 峰林谷地

2.1.1.2　构造-侵蚀地貌

2.1.1.3　岩溶个体形态

2.1.2　气象

2.1.3　水系

2.2　区域地质概况

2.2.1　地层岩性

(1)寒武系(∈)。

(2)泥盆系(D):上、中、下三统发育齐全。

(3)石炭系(C):主要分布于下雷以西及太平以东等地。

(3)第四系(Q)。

2.2.2　地质构造

2.2.2.1　四城岭背斜

2.2.2.2　四城岭断层

2.2.2.3　芭兰-板烟断裂

2.2.2.4　黑水河断裂

任务 2　编写、阅读工程地质勘察报告

❖任务导入❖

工程地质勘察成果是对工程地质勘察工作的说明、总结和对勘察区域内的工程地质条件的综合评价及相应图表的总称。它一般由工程地质勘察报告及附件两个部分组成。

【任务】

(1) 掌握工程勘察报告的编写格式。

(2) 掌握工程地质勘察报告的阅读方法。

❖知识准备❖

模块 1　工程地质勘察报告的编写

1. 工程地质勘察报告的编写要求

工程地质勘察报告是工程地质勘察成果中的文字说明部分,主要对工程地质勘察工作进行说明和总结,并对勘察区域内的工程地质条件进行综合评价。它应达到以下要求:

(1) 原始资料应进行整理、检查、分析,并确认无误后方可使用。

(2) 内容完整、真实,数据正确,图表清晰,结论有据,建议合理,重点突出,有明确的工程针对性。

(3) 便于使用和长期保存。

2. 工程地质勘察报告编写的内容

工程地质勘察报告的内容应根据任务要求、勘察阶段、工程特点和地质条件等具体情况编写,通常包括以下内容:

(1) 勘察目的、任务要求和依据的技术标准。

(2) 拟建工程概况。

(3) 勘察方法和勘察工作布置。

(4) 场地的地形、地貌、地层、地质构造特征,以及岩土的类别、地下水、不良地质现象描述和对工程危害程度的评价。

(5) 岩土的物理力学性质指标及地基承载力的建议值。

(6) 地下水埋藏情况、类型和水对工程材料的腐蚀性。

(7) 对场地稳定性和适宜性的评价。

(8) 对岩土利用、整治和改造方案的分析论证。

(9) 对工程施工和使用期间可能发生的岩土工程问题的预测,以及监控和预防措施建议。

(10) 成果报告应附下列必要的图表:① 勘察点平面布置图;② 工程地质柱状图;③ 工程地质剖面图;④ 原位测试成果图表;⑤ 室内试验成果图表;⑥ 岩土利用、整治、改造方案的有关图表;⑦ 岩土工程计算简图及计算成果图表。

3. 工程地质勘察报告的编写格式

1）绪论

绪论主要说明勘察工作的任务、勘察阶段和需要解决的问题、采用的勘察方法及其工作量，以及取得的成果，附以实际材料图。为了明确勘察的任务和意义，应先说明建筑的类型和规模，以及其国民经济意义。

2）通论

通论是通过阐明工作地区的工程地质条件、所处的区域地质地理环境，以明确各种自然因素，如大地构造、地势、气候等，对该区工程地质条件形成的意义。通论一般可分为区域自然地理概述，区域地质、地貌、水文地质概述，以及建筑地区工程地质条件。这一部分内容应当既能阐明区域性及地区性工程地质条件的特征及其变化规律，又需紧密联系工程目的，不要泛泛而论。在规划阶段的工程地质勘察中，通论部分占有重要地位，在以后的阶段中其比重愈来愈小。

3）专论

专论一般是工程地质勘察报告的中心内容，因为它既是结论的依据，又是结论内容选择的标准。专论的内容是对建设中可能遇到的工程地质问题进行分析，并回答设计方面提出的地质问题与要求，对建筑地区作出定性、定量的工程地质评价，作为选定建筑物位置、结构型式和规模的地质依据，并在明确不利的地质条件的基础上，考虑合适的处理措施。专论部分的内容与勘察阶段的关系特别密切，勘察阶段不同，专论涉及的深度和定量评价的精度也有差别。专论还应明确指出遗留的问题，进一步勘察工作的方向。

4）结论

结论的内容是在专论的基础上对各种具体问题作出简要、明确的回答。态度要明朗，措词要简练，评价要具体，问题不彻底的可以如实说明，但不要含糊其辞、模棱两可。

工程地质勘察报告必须与工程地质图一致，互相照应，互为补充，共同达到为工程服务的目的。

4. 工程地质勘察报告的附件

工程地质勘察报告的附件主要是指报告附图、附表和照片图册等，一般包括以下内容。

（1）钻孔柱状图。

钻孔柱状图是表示该钻孔所穿过的地层面的综合图表，如图 9-3 所示。图中标示有：地层的地质年代、埋藏深度、厚度、顶、底标高，特征描述，取样和测试的位置，实测标准贯入击数，地下水位标高和测量日期，以及有关的物理力学性质指标随钻孔深度的增加变化曲线等。钻孔柱状图的比例尺一般为 1：5000～1：100。

（2）工程地质剖面图。

工程地质剖面图反映某一勘探线上地层沿竖向和水平向的分布情况，图上画出该剖面的岩土单元体的分布、地下水位、地质构造、标准贯入击数、静力触探曲线等。由于勘探线的布置常与主要地貌单元或地质构造轴线相垂直，或与建筑物的轴线一致，故工程地质剖面图是岩土工程勘探报告最基本的图件。

（3）原位测试成果图表。

原位测试成果图表即标准贯入试验、静力触探试验、动力触探试验、十字板剪切试验、旁压试验、载荷试验、波速试验、水底地层剖面仪探测等原位测试的成果图表。

（4）岩土试验图表。

岩土试验图表包括岩土物理力学性质指标统计表、孔隙比-压力关系曲线、应力-应变关系

钻孔柱状图											
工程 名称					勘察 单位						
钻孔 编号			坐标	*X*:	钻孔 深度		m	初见 水位			m
孔口 标高		m		*Y*:	钻孔 日期		m	稳定 水位			m
地质年代及其成因	层序	层底标高 /m	层底深度 /m	分层厚度 /m	柱状图比例尺 (1∶100)	岩土描述	采取率 /(%)	标准贯入	岩土样	备注	
								击数	土样编号		
								深度 /m	深度 /m		

图 9-3　钻孔柱状图

曲线、颗粒级配曲线等。

（5）特殊地质条件或为满足特殊需要而绘制的专门图表。

具体内容包括：软土、基岩或持力层顶板等高线图，风化岩的标准贯入击数等值线图，地下水等水位线图，不良地质现象分布图，特殊性土的土工试验图表等。

（6）岩心照片图册。

模块 2　工程地质勘察报告的阅读

工程地质勘察报告的内容根据勘察阶段、任务要求和工程地质条件不同而有所不同,阅读时从文字和图表两方面入手。

1. 阅读钻孔平面位置图

了解钻探的工作量和工程场地的基本情况,包括钻孔数量、孔深、场地的地形地貌条件、地质构造、不良地质现象及地震基本烈度。

2. 阅读钻孔柱状图

了解场地内每个钻孔沿深度方向岩性的变化厚度、取样深度、现场试验及地下水的埋藏条件。

3. 阅读工程地质剖面图

了解场地内纵横方向岩性在深度上的变化和地下水的埋藏条件,继而确定厚度厚且相对稳定的地层作为可选基础持力层。

4. 阅读岩土试验成果表和土的主要物理力学性质一览表

了解场地的地层分布、岩石和土的均匀性、物理力学性质和其他设计计算指标,为基础选择良好的地基提供依据。

5. 阅读场地的综合工程地质评价

了解场地的稳定性和适宜性、可能存在的问题、有关地基基础方面的建议等。

❖ 技能应用 ❖

技能 1　阅读肥西县三河镇万年禅寺工程地质勘察报告

1. 概述

1) 工程概况

三河镇古名鹊渚,有 2000 多年历史,具有典型水乡古镇风貌。万年禅寺由法华寺、松林寺演变而来,后毁于动乱。近几年经济繁荣发展,三河镇经四期恢复更新建设,已初现"古镇"风貌。现拟建恢复三河镇万年禅寺。修复工程分二期,一期为寺庙主题工程,二期工程为紫竹苑园林。受合肥市三河镇万年禅寺委托,我方承担寺庙一期工程:大雄宝殿(3 层,31 m×23 m)、天王殿(2 层,19 m×10 m)、地藏殿(2 层,10 m×7 m)及疗房(2 层,45.5 m×7.5 m)的岩土工程勘察工作(详勘)。

根据《岩土工程勘察规范》(GB 50021—2001)及现场勘察情况,拟建筑物工程重要性等级为二级,拟建场地等级为三级、地基等级为二级,本次岩土工程勘察等级为乙级。

2) 勘察依据

(1)《岩土工程勘察规范》(GB 50021—2001);

(2)《建筑地基基础设计规范》(GB 50007—2002);

(3)《建筑抗震设计规范》(GB 50011—2001);

(4)《建筑地基处理技术规范》(JGJ 79—2002);

(5)《建筑桩基技术规范》(JGJ 94—1994);

(6)《土工试验方法规范》(GB/T 50123—1999)等。

3）目的、任务

（1）查明建筑范围内地基土层的类型、分布情况、工程特性，分析和评价地基的定性、均匀性和承载力。

（2）查明场地地下水的埋藏条件，并判定其对混凝土的侵蚀性。

（3）查明场地有无其他不良地质现象，并提出防治方案建议。

（4）划分场地土类型及场地类别。

（5）提供满足设计、施工所需的岩土技术参数。

（6）提出经济合理的地基与基础设计方案建议。

按上述有关规范要求并结合拟建场地的地基土层条件，本次勘察共布置施工 18 个勘察孔，其中取样及标贯试验孔 5 个、静探试验孔 10 个、鉴别孔 3 个，取土样 13 件（因场地内地下水较丰富，地基土主要为砂石，取样困难，主要为扰动样），现场标贯试验 28 次，钻（触）探总进尺 266.5 m。

于 2004 年 3 月 14 日至 3 月 15 日进行外业勘察，内业资料整理工作于 3 月 25 日完成。

2. 地形地貌

场地地形经人工改造，总体地形较平坦，勘察孔孔口高 18.6 m～20.0 m，最大高差为 1.39 m。地貌单元属河漫滩。

测量基准点 BM 为场地西侧原建 2 层厂房的室内水泥地坪。位置见勘探点平面图，假定其标高 20.00 m。

场地南侧邻近小南河，该河因人工改道，现河道已废弃。勘察期间，小南河水位标高 15.62 m。

3. 场地地基土的组成及其物理力学指标

根据本次勘察，场地内地基土可分为 4 个工程地质层（其中①层根据其性质的差异，分为 2 个亚层），分述如下。

①-1 杂填土：厚 0.7～3.5 m；杂色，成分主要为碎砖石等建筑垃圾。该层为新近拆迁堆填，均匀性较差，主要分布于疗房的西端 5、9 号孔处。

①-2 素填土：厚 0.7～5.3 m；褐色、少量灰色，成分主要为粉土、粉质黏土，湿、软塑，松散～稍密，可见少量碎石、碳渣及植物根系，分布普遍。

该层比贯入阻力 P_s 值一般为 0.6～2.5 MPa，均值为 1.3 MPa。

② 中砂：厚 4.50～8.50 m，层顶埋深 2.8～4.8 m，层顶标高 16.72～14.86 m；褐黄色、褐色、饱和，稍密状。分选性差，夹稍密状粉土，粉土厚 50 cm 左右，可见铁锰质浸染。该层分布不均匀，主要分布于大雄宝殿及 1、2 号孔处。

该层比贯入阻力 P_s 值一般为 3.0～5.0 MPa，均值为 3.9 MPa。标贯击数为 11～22 击，标准值为 11 击。

③ 粉土：厚 0.6～7.70 m，层顶埋深 3.00～11.10 m，层顶标高 16.39～8.52 m；褐色、黄褐色、深灰色，很湿，稍密，局部夹团块状粉细砂透镜体，可见微层理。其底部 1～2 m 为可塑状粉质黏土（夹粉土），分布普遍。

该层比贯入阻力值 P_s 值一般为 0.6～1.5 MPa，均值为 0.9 MPa。标贯击数一般为 4～10 击，均值为 5 击。

④ 粉细砂夹粉土，厚 0.8～4.70 m，层顶埋深 6.0～12.20 m，层顶标高 13.82～7.29 m；

灰黄色、褐色,饱和,稍密～中密,粉土厚 50 cm 左右,稍密状。该层分布不均匀,主要分布于 1～8 号及 12 号孔处。

该层比贯入阻力值 P_s 值一般为 2.0～4.5 MPa,均值为 2.8 MPa。标贯击数为 18 击。

⑤ 粉细砂夹粉土,揭露厚 7.10 m(未揭穿),层顶埋深 8.40～14.30 m,层顶标高 11.71～4.97 m;黄色、深黄色、灰绿色,湿,密实,粉土厚 50 cm 左右,分布普遍。

该层比贯入阻力值 P_s 一般为 6.0～12.0 MPa,均值为 7.3 MPa。标贯击数一般为 21～36 击,均值为 25 击。

各层地基土方的分布情况见工程地质剖面图。

4. 地下水

在本次勘察深度内,场地内地下水类型主要为②～⑤层粉土及砂土中赋存的松散层孔隙潜水,地下水较丰富。场地内地下水主要接受大气降水的入渗补给,并与场地南侧的原小南河水位有一定的水力联系(勘察期间小南河水位为 15.62 m)。现场勘察中,地下水初见水位埋深 4～5 m,静止水位埋深 3 m 左右。

根据区域地质资料及场地已有建筑物的建筑经验,场地内地下水对混凝土无腐蚀性。

5. 场地岩土工程分析评价

1)地基土主要岩土设计参数

根据本次勘察,经综合统计、分析并结合地区经验,场地地基土主要岩土参数建议如表9-9所示。

表 9-9　地基土主要岩土参数表

岩性	天然重度 $\gamma/(kN/m^3)$	黏聚力 c/kPa	内摩擦角 φ	压缩模量 E_s/MPa	标贯击数 N	比贯入阻力 P_s/MPa	地基承载力特征值 f_{ak}/kPa
杂填土	19.0						
素填土	19.0	10	15	2.5	4	1.3	60
中砂	20.0	5	22	5.0	14	3.9	100
粉土	19.0	10	10	3.0	4	0.9	60
粉细砂夹粉土	20.2			7.0	14	2.8	150
粉细砂夹粉土	20.5			10.0	24	7.3	200

注:因场地内地下水较丰富,地基土主要为砂土,未取得原状土样,表中 γ、c、φ、E_s 值主要根据地区经验及现场原位测试得出。

2)场地与地基的地震效应评价

根据本次勘察及区域地质资料,覆盖层厚约 50 cm。按《建筑抗震设计规范》(GB 50011—2001)的有关规定,场地土类型属软弱土,场地类别为Ⅲ类。拟建场地为对建筑抗震不利地段。

肥西地区抗震设防烈度为 7 度,属第一组,设计基本地震加速度为 0.10g。

场地内②层粉土黏粒含量大于 10%,为非液化土。③、④、⑤层砂土,呈中密、中密～密实状,标贯击数为 11～36 击,均为非液化土。

6. 基础类型及持力层选择

根据上述综合分析,拟建场地上部地基土质较差,但拟建筑物荷载及规模均较小,并根据当地建筑施工经验,拟建筑物若采用天然地基方案,宜采用筏板基础,并宜加强上部结构,地基持力层选用①-2 层素填土。

拟建疗房西端(5、9 号孔处)原地势较低洼,临近小南河,其上部①-1 层杂填土,为新近拆迁堆填,均匀性较差,未经处理不宜作天然地基处理层,并宜设置护坡。

若天然地基不能满足设计要求,可采用粉喷桩进行地基处理。桩端持力层可根据地基土层的分布情况分别选用②、④、⑤层。①、③层的侧阻力特征值 q_{si} 分别为 12 kPa、15 kPa。

7. 结论与建议

(1) 根据本次勘察,拟建场地无其他不良地质作用,场地与地基基本稳定,可进行本工程的建议。

(2) 场地内地基土可分为 6 层:①-1 层杂填土、①-2 层素填土,②层中砂、③层粉土、④层粉细砂夹粉土、⑤层粉细砂夹粉土;各层的地基承载力特征值 f_{ak} 分别为 40 kPa、60 kPa、10 kPa、60 kPa、150 kPa、200 kPa。

(3) 拟建建筑物荷载小、规模小,可首先考虑采用天然地基,持力层为①-2 层素填土,宜采用筏板基础,并加强上部结构的强度和刚度。

(4) 若采用粉喷桩进行地基处理,则桩端持力层分别为:大雄宝殿为②层中砂,天王殿为④层粉细砂夹粉土,疗房为⑤层粉细砂夹粉土。①、③层的侧阻力特征值为 12 kPa、15 kPa。

(5) 拟建疗房西端①-1 层杂填土较厚,未经处理不宜作天然地基持力层。

(6) 基槽开挖时应加强排水及支护措施,并请通知我方验槽。

思　考　题

1. 工程地质勘察的目的是什么?

2. 工程地质勘察应查明的工程地质条件有哪些?

3. 岩土工程地质勘察如何分级?

4. 勘察为什么要分阶段进行? 详细勘察阶段应完成哪些工作?

5. 工程地质勘察的方法有哪些?

6. 工程地质勘察报告应包括哪些内容?

7. 工程地质勘察报告的附件应包括哪些内容?

8. 如何阅读工程地质勘察报告?

参 考 文 献

[1]　刘春原.工程地质学[M].北京:中国建材工业出版社,2000.

[2]　崔冠英.水利工程地质[M].北京:中国水利水电出版社,1999.

[3]　王启亮,盛海洋.工程地质[M].郑州:黄河水利出版社,2007.

[4]　高大钊.土力学与基础工程[M].北京:中国建筑工业出版社,1998.

[5]　务新超.土力学[M].郑州:黄河水利出版社,2003.

[6]　刘福臣,杨邵平.工程地质与土力学[M].郑州:黄河水利出版社,2009.

[7]　张守民,张书俭.土力学[M].郑州:黄河水利出版社 2009.

[8]　秦植海.土力学与地基基础[M].北京:中国水利水电出版社,2008.

[9]　王启亮.工程地质与土力学[M].北京:人民交通出版社,2007.

[10]　叶火炎,王玉珏.土力学与地基基础[M].郑州:黄河水利出版社,2009.

[11]　莫海鸿.基础工程[M].北京:中国建筑工业出版社,2003.

[12]　张荫.土木工程地基处理[M].北京:中国科学出版社,2009.

[13]　张力霆.土力学与地基基础[M].北京:高等教育出版社,2002

[14]　赵明华,俞晓.土力学与基础工程[M].2版.武汉:武汉理工大学出版社,2003.

[15]　陈希哲.土力学与基础工程[M].4版.北京:清华大学出版社,2004.

[16]　李相然.土力学应试指导[M].北京:中国建材工业出版社,2001.

[17]　龚晓南.土力学[M].北京:中国建筑工业出版社,2002.

[18]　GB 50287—1999.水利水电工程地质勘察规范[S].1999.

[19]　GB 50021—2001.岩土工程勘察规范[S].2002.

[20]　GB 50007—2002.建筑地基基础设计规范[S].2003.

[21]　GB 50007—2011.建筑地基基础设计规范[S].2012.

[22]　GB 50010—2010.混凝土结构设计规范[S].2011.

[23]　GB/T 50123—1999.土工试验方法标准[S].2000.

[24]　SL 237—1999.土工试验规程[S].2000.

[25]　DL/T 5129—2001.碾压式土石坝施工规范[S].2002.

[26]　DL/T 5330—2005.水工混凝土配合比设计规范[S].2006.

[27]　DL/T 5335—2006.水电水利工程土工试验规程[S].2007.

[28]　GB 50487—2008.水利水电工程地质勘查规范[S].2009.